U0184673

数学文化丛书

TANGJIHEDE
+
XIXIFUSI
SHIDONGRANJU JI

唐吉诃德+西西弗斯
十动然拒集

刘培杰数学工作室○编

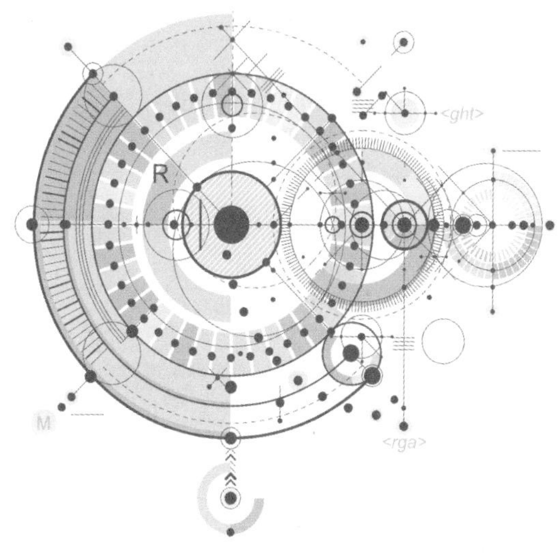

哈尔滨工业大学出版社
HARBIN INSTITUTE OF TECHNOLOGY PRESS

内 容 提 要

本丛书为您介绍了数百种数学图书的内容简介,并奉上名家及编辑为每本图书所作的序、跋等. 本丛书旨在为读者开阔视野,在万千数学图书中精准找到所求著作,其中不乏精品书、畅销书. 本书为其中的十动然拒集.

本丛书适合数学爱好者参考阅读.

图书在版编目(CIP)数据

唐吉诃德+西西弗斯. 十动然拒集/刘培杰数学工作室编. —哈尔滨:哈尔滨工业大学出版社,2021.4

(百部数学著作序跋集)

ISBN 978-7-5603-9373-5

Ⅰ.①唐…　Ⅱ.①刘…　Ⅲ.①数学-著作-序跋-汇编-世界　Ⅳ.①O1

中国版本图书馆 CIP 数据核字(2021)第 060539 号

策划编辑　刘培杰　张永芹
责任编辑　王勇钢
封面设计　孙茵艾
出版发行　哈尔滨工业大学出版社
社　　址　哈尔滨市南岗区复华四道街 10 号　邮编 150006
传　　真　0451-86414749
网　　址　http://hitpress.hit.edu.cn
印　　刷　辽宁新华印务有限公司
开　　本　787 mm×960 mm　1/16　印张 21.5　字数 306 千字
版　　次　2021 年 4 月第 1 版　2021 年 4 月第 1 次印刷
书　　号　ISBN 978-7-5603-9373-5
定　　价　68.00 元

◎ 目录

zeta 函数,q-zeta 函数,相伴级数与积分

斯利瓦斯塔瓦
催真尚 著

编辑手记

本书是一部内容艰深的好书.

赫柏林院士曾告诫年轻的学子:"看书一定要'深',要'多'.你可以看比你们课本里讲的更深一些的东西,即使看不懂,可以自己想办法找一本别的引论书,总之是要把它弄懂."(就本书而言可参考例如王竹溪,郭敦仁著的《特殊函数概论》.科学出版社,1979年,北京.)

本书论及的问题理论价值很高.因为类似问题在《美国数学月刊》的问题栏中常可见到,有些简单,有些稍难,但都很有趣.(《美国数学月刊》——*American Mathematical Monthly*,英文缩写为AMM.其下各题中标注有本题在《美国数学月刊》中的编号.)如:

1. 计算 $\sum_{m=1,(m,n)=1}^{\infty}\sum_{n=1}^{\infty}\frac{1}{m^2n^2}$.(AMM E1762)

解 对 $k_1,k_2,\cdots,k_r>1$ 定义

$$S(k_1,\cdots,k_r)=\sum_{(n_1,\cdots,n_r)}\frac{1}{n_1^{k_1}n_2^{k_2}\cdots n_r^{k_r}}$$

那么

$$\begin{aligned}(k_1+\cdots+k_r)S(k_1,\cdots,k_r)&=\sum_{a=1}^{\infty}\frac{1}{a^{k_1+\cdots+k_r}}\sum_{(n_1,\cdots,n_r)}\frac{1}{n_1^{k_1}n_2^{k_2}\cdots n_r^{k_r}}\\&=\sum_{a=1}^{\infty}\sum_{(n_1,\cdots,n_r)}\frac{1}{(an_1)^{k_1}\cdots(an_r)^{k_r}}\end{aligned}$$

$$= \sum_{a=1}^{\infty} \sum_{(m_1,\cdots,m_r)=a} \frac{1}{m_1^{k_1}\cdots m_r^{k_r}}$$

$$= \sum_{m_1,\cdots,m_r=1}^{\infty} \frac{1}{m_1^{k_1}\cdots m_r^{k_r}}$$

$$= \zeta(k_1)\cdots\zeta(k_r)$$

因此

$$S(k_1,\cdots,k_r) = \frac{\zeta(k_1)\cdots\zeta(k_r)}{\zeta(k_1+\cdots+k_r)}$$

在此问题中，$k_1 = k_2 = 2$，因此

$$S(2,2) = \frac{\zeta^2(2)}{\zeta(4)} = \frac{(\pi^2/6)^2}{\pi^4/90} = \frac{5}{2}$$

2. 证明：$\sum_{k=1}^{\infty} \frac{\zeta(2k)}{\zeta(2k+1)\cdot 2^{2k}} = \ln \pi - 1$，其中 ζ 是黎曼 – 泽塔(Riemann-Zeta)函数.(AMM E3103)

证明 从欧拉(Euler)公式

$$\sin \pi x = \pi x \prod_{n=1}^{\infty} \left(1 - \frac{x^2}{n^2}\right)$$

我们得出

$$\ln \sin \pi x = \ln \pi x + \sum_{n=1}^{\infty} \ln\left(1 - \frac{x^2}{n^2}\right)$$

$$= \ln \pi x - \sum_{n=1}^{\infty} \sum_{k=1}^{\infty} \frac{x^{2k}}{kn^{2k}}$$

$$= \ln \pi x - \sum_{k=1}^{\infty} \frac{\zeta(2k)}{k} x^{2k}$$

当 $|x| < 1$ 时，易于验证上述级数是绝对收敛的.

现在，从 $x = 0$ 到 $x = \frac{1}{2}$ 积分，我们得出

$$\frac{1}{2} \sum_{k=1}^{\infty} \frac{\zeta(2k)}{k(2k+1)2^{2k}} = \int_0^{\frac{1}{2}} \ln \pi x \mathrm{d}x - \int_0^{\frac{1}{2}} \ln \sin \pi x \mathrm{d}x$$

$$= \frac{1}{2}\ln \pi + \left(\frac{1}{2}\ln \frac{1}{2} - \frac{1}{2}\right) + \frac{1}{2}\ln 2$$

$$= \frac{1}{2}\ln \pi - \frac{1}{2}$$

注 如果我们从 0 到 1 积分,那么可以得出

$$\sum_{k=1}^{\infty}\frac{\zeta(2k)}{k(2k+1)}=\ln 2\pi-1$$

本题明确提出了黎曼 - 泽塔函数,这也是本书的一个重要内容. 为方便阅读,下面简介一下:

黎曼 - 泽塔函数 复变函数$\xi(s)=\sum_{n=1}^{\infty}n^{-s}$,其中$s=\sigma+\mathrm{i}t$是复数,$\sigma>1$. 欧拉就讨论过$s$为实变数的情况,并且证明了著名的欧拉恒等式

$$\zeta(s)=\prod_{p}\left(1-\frac{1}{p^{s}}\right)^{-1}$$

式中$\prod_{p}$表示对所有的素数求积. 1859 年,黎曼在其著名论文《论不大于一个给定值的素数个数》中提出复变函数$\zeta(s)$,并证明了$\zeta(s)$的一些性质,如,当$\sigma>1$时,$\zeta(s)$没有零点;当$\sigma<0$时,$s=-2,-4,\cdots,-2n,\cdots$是它的一级零点,称为“平凡零点”,此外,$\zeta(s)$没有零点;$\zeta(s)$可能有的其他零点一定都是位于带形区域$0\leqslant\sigma\leqslant1$中的复零点,它们称为“非平凡零点”. 黎曼还预言了$\zeta(s)$的一些深刻的结果,为后来的人们所证明,如,在带形区域$0\leqslant\sigma\leqslant1$中$\zeta(s)$有无穷多个复零点,于 1893 年被阿达马(Adama)所证明;设$T>0$,以$N(T)$表示$\zeta(s)$在矩形$0\leqslant\zeta\leqslant1,0<t<T$中的零点个数,则有

$$N(T)\sim\frac{T}{2\pi}\ln\frac{T}{2\pi}-\frac{T}{2\pi}$$

于 1905 年被曼格尔(H. Von Munger)所证明;提出的$\zeta(s)$的非平凡零点与$\pi(x)$的一个关系式,于 1894 年为曼格尔所证明. 黎曼在这篇论文中还提出一个著名的猜想:$\zeta(s)$的非平凡零点都在直线$\mathrm{Re}\ s=\frac{1}{2}$上,也称为黎曼假设,记为 *RH*. 关于 *RH* 的研究见黎曼猜想. 关于$\zeta(s)$还有许多重要成果,如 1918 年哈代(G. H. Hardy)等证明了

$$\int_{-T}^{T}\left|\zeta\left(\frac{1}{2}+\mathrm{i}t\right)\right|^{2}\mathrm{d}t\sim2T\ln T$$

1926 年 A. E. 英厄姆(Ingham)证明了

$$\int_{-T}^{T}\left|\zeta\left(\frac{1}{2}+\mathrm{i}t\right)\right|^{4}\mathrm{d}t \sim \frac{1}{\pi^{2}}T\ln^{4}T$$

1940 年他又证明了,当$\frac{1}{2} \leqslant \sigma < 1$时

$$N(\sigma,T) = O(T^{3\frac{1-\sigma}{2-\sigma}}\ln^{5}T)$$

其中,$T \geqslant 2, \frac{1}{2} \leqslant \alpha < 1, N(\alpha,T)$ 表示在矩形 $\alpha \leqslant \sigma < 1, |t| \leqslant T$ 中的零点个数,此结果后来有所改进,一般称之为零点密度定理. 黎曼提出用复变函数特别是 $\zeta(s)$ 研究数论的新思想和新方法,开创了解析数论的新时期,并对单复变函数论的发展有深刻的影响. 在黎曼思想的影响下,后来人们定义并研究了多种 ζ 函数,如戴德金 ζ 函数(1877),阿廷 L 函数(1930),西格尔 ζ 函数(1938),韦伊 L 函数(1951),玉河 ζ 函数(1963) 等,极大地推进了数论、函数论、代数理论的发展.

本书内容包罗万象、题目众多、风格各异,其与《美国数学月刊》中的问题颇有相似之处,不妨再举几例:

3. 证明:$\sum_{n=2}^{N}\frac{\zeta(n)}{n} = \ln N + o(1)$. (AMM 6399)

证明

$$\sum_{n=2}^{\infty}\frac{\zeta(n)-1}{n} = \sum_{n=2}^{\infty}\sum_{m=2}^{\infty}\frac{1}{nm^{n}} = \sum_{m=2}^{\infty}\sum_{n=2}^{\infty}\frac{1}{nm^{n}}$$

$$= \sum_{m=2}^{\infty}\left(\ln\frac{m}{m-1}-\frac{1}{m}\right)$$

$$= \lim_{M\to\infty}\left(\ln M-\frac{1}{2}-\frac{1}{3}-\cdots-\frac{1}{M}\right)$$

$$= 1-\gamma$$

其中 γ 是欧拉常数,因此

$$\sum_{n=2}^{N}\frac{\zeta(n)}{n} = \sum_{n=2}^{N}\frac{\zeta(n)-1}{n}+\frac{1}{2}+\frac{1}{3}+\cdots+\frac{1}{N}$$

$$= 1-\gamma-1+\gamma+\ln N+o(1)$$

$$= \ln N+o(1)$$

4. 求级数 $\sum_{n=2}^{\infty}\zeta(n)\left(\frac{a}{b}\right)^{n}$ 的值,其中 $0 < \frac{a}{b} < 1$ 是有理数. (AMM 6127)

解

$$\sum_{n=2}^{\infty}\zeta(n)\left(\frac{a}{b}\right)^{n}=\sum_{n=2}^{\infty}\sum_{m=1}^{\infty}\left(\frac{a}{bm}\right)^{n}=\sum_{m=1}^{\infty}\frac{\left(\frac{a}{bm}\right)^{2}}{1-\frac{a}{bm}}$$

$$=a\sum_{m=1}^{\infty}\left(\frac{1}{bm-a}-\frac{1}{bm}\right)$$

设 b 是固定的,$S_N(a)=\sum_{m=1}^{n}\frac{1}{bm-a}$. 如果 $\omega\neq 1$ 是 1 的 b 次单位根,那么当 $N\to\infty$ 时

$$\sum_{a=0}^{b-1}\frac{S_N(a)}{\omega^{a}}=\omega+\frac{\omega^{2}}{2}+\cdots+\frac{\omega^{bN}}{bN}\to-\ln(1-\omega)$$

其中我们在虚部中从 $-\pi$ 到 $+\pi$ 取对数的值. 现在

$$S_N(a)-S_N(0)=\frac{1}{b}\sum_{\omega}(\omega^{a}-1)\sum_{j=0}^{b-1}\frac{S_N(j)}{\omega^{j}}$$

因此

$$\sum_{n=2}^{\infty}\xi(n)\left(\frac{a}{b}\right)^{n}=-\frac{a}{b}\sum_{\omega}(\omega^{a}-1)\ln(1-\omega)$$

其中 ω 是遍历 1 的除 1 之外的 b 次单位根.

有些问题在题目中并没有出现黎曼-泽塔函数. 但实质上是相关的结论,如:

5. 证明

$$\sum_{k=1}^{\infty}\frac{1}{(k^{2}+k)^{3}}=10-\pi^{2}$$

更一般的,证明

$$(-1)^{n-1}\sum_{k=1}^{\infty}\frac{1}{(k^{2}+k)^{n}}=C_{2n-1}^{n-1}+\sum_{j=1}^{\left[\frac{n}{2}\right]}\frac{1}{(2j)!}C_{2n-1-2j}^{n-1}B_{2j}(-4\pi^{2})^{j}$$

其中,$B_2,B_4,B_6,\cdots$ 是伯努利数 $\frac{1}{6},-\frac{1}{30},\frac{1}{42},-\frac{1}{30},\frac{5}{66},\cdots$.

(AMM 6490)

证明 定义

$$I_{mn}=\sum_{k=1}^{\infty}\frac{1}{k^{m}(k+1)^{n}}\quad(m,n\geqslant 0,m+n\geqslant 2)$$

那么我们有循环关系

$$I_{m+1,n+1}=\sum_{k=1}^{\infty}\frac{1}{k^m(k+1)^n}\left(\frac{1}{k}-\frac{1}{k+1}\right)$$

$$I_{m+1,n}-I_{m,n+1}\quad(m,n\geqslant 0,m+n\geqslant 1)$$

初始值是 $I_{11}=1,I_{n0}=\zeta(n),I_{0n}=\zeta(n)-1,n\geqslant 2$. 由对 m 的归纳法易证明

$$I_{n1}=(-1)^n\left[-1+\sum_{k=2}^{n}(-1)^k\zeta(k)\right]\quad(n\geqslant 2)$$

$$I_{1n}=n-\sum_{k=2}^{n}\zeta(k)\quad(n\geqslant 2)$$

以及

$$I_{mn}=(-1)^m\left[-C_{m+n-1}^{n-1}+\sum_{k=2}^{m}(-1)^kC_{m+n-k-1}^{n-1}\zeta(k)+\right.$$

$$\left.\sum_{k=2}^{n}C_{m+n-k-1}^{m-1}\zeta(k)\right]\quad(m,n\geqslant 2)$$

(这里应用了公式 $C_p^q=C_{p-1}^q+C_{p-1}^{q-1}$ 和 $C_p^p+C_{p+1}^p+\cdots+C_{p+q}^p=C_{p+q+1}^{p+1}$) 对 $m=n$,将 k 为奇数的项消去,因而

$$I_{nn}=(-1)^n\left[-C_{2n-1}^{n-1}+2\sum_{j=1}^{\left[\frac{n}{2}\right]}C_{2n-2j-1}^{n-1}\zeta(2j)\right]\quad(n\geqslant 2)$$

特别

$$I_{22}=-3+2\zeta(2),I_{33}=10-6\zeta(2)=10-\pi^2$$

一般的结果可由众所周知的公式

$$\zeta(2j)=-\frac{(-4\pi^2)^j}{2(2j)!}B_{2j}$$

得出.

有些问题还会出现胡尔维茨 - 泽塔(Hurwitz-Zeta) 函数,如:

6. 设 $a(n)$ 是最接近于 $\sqrt[3]{n}$ 的整数,计算 $\sum_{n=1}^{\infty}\frac{1}{a(n)^4}$. (AMM 10212)

解 更一般的,考虑级数 $\sum_{n=1}^{\infty}\frac{1}{a(n)^s}$. 这一级数可以写成 $\sum_{r=1}^{\infty}\frac{f(r)}{r^s}$ 的形式,其中 $f(r)$ 是使得 $\sqrt[3]{n}$ 最接近于 r 的正整数 n 的数目. $f(r)$ 是不等式

$$\left(r-\frac{1}{2}\right)^3<n<\left(r+\frac{1}{2}\right)^3$$

的正整数解的数目(端点可以被排除,由于它们不可能是整数). 上面的不等式确定了一个长度为 $3r^2+\frac{1}{4}$ 的区间,因此他将包含 $3r^2$ 个或者 $3r^2+1$ 个整数(当 $r>0$ 时,这两种情况都可能发生). 当且仅当 $(2r+1)^3\equiv 1(\bmod 8)$ 时,这个区间包含 $3r^2+1$ 个整数,而当且仅当 $r\equiv 0(\bmod 4)$ 时,$(2r+1)^3\equiv 1(\bmod 8)$,因而

$$\sum_{n=1}^{\infty}\frac{1}{a(n)^s}=\sum_{r=1}^{\infty}\frac{f(r)}{r^s}=\sum_{r=1}^{\infty}\frac{3r^2}{r^s}+\sum_{m=1}^{\infty}\frac{1}{(4m)^s}$$

$$=3\zeta(s-2)+\frac{1}{4^s}\zeta(s)$$

令 $s=4$,即可得出

$$\sum_{n=1}^{\infty}\frac{1}{a(n)^4}=3\zeta(2)+\frac{1}{4^4}\zeta(4)=\frac{\pi^2}{2}+\frac{\pi^4}{23\ 040}$$

M. Borwein & Leo C. Hsu, Rick Mabry & Keith Neu, Josef Roppert, Douglas B. Tyler, B. M. M. de Weger 考虑了更一般的和 $S_N(s)=\sum_{n=1}^{\infty}\frac{1}{a_N(n)^s}$,其中 $a_N(n)$ 是最接近于$\sqrt[N]{n}$ 的整数. 用上面所述的对 $N=3$ 的方法也可给出

$$S_2(s)=2\zeta(s-1)$$

和

$$S_4(s)=4\zeta(s-3)+\zeta(s-1)$$

对更大的 N,解中将出现胡尔维茨 - 泽塔函数

$$\zeta(a,s)=\sum_{n=0}^{\infty}\frac{1}{(n+a)^s}$$

并且只有 Chu 以及 Borwein 和 Hsu 的小组给出了对任意 $N>4$ 时 $S_N(n)$ 的值. 后者的解答证明了 $S_N(n)$ 是一个 π 的多项式,其系数是代数数,而 $n-N$ 是一个奇数. 例如

$$Q_6=\frac{170\ 912+49\ 928\sqrt{2}}{15}$$

$$Q_7=\frac{246\ 013+353\ 664\sqrt{2}}{45}$$

$$S_5(6)=\frac{5\pi^2}{6}+\frac{\pi^4}{36}+\left(\frac{1}{945}-Q_6\sqrt{1-\sqrt{\frac{1}{2}}}\right)\frac{\pi^6}{4^{12}}$$

$$S_6(7)=\pi^2+\frac{\pi^4}{18}+\frac{\pi^6}{2\ 520}+Q_7\frac{\pi^7}{2^{27}}$$

在国内目前此类书寥寥无几，其中卢昌海的《黎曼猜想漫谈》是一本高水平的科普书. 其最早是由上海科学技术出版社的田廷彦先生推荐到笔者主编的《数学奥林匹克与数学文化》上发表的，后来由清华大学结集出版. 除此之外就都是一些零星的材料了，如在国内的大学生数学竞赛辅导读物中笔者还发现了如下相近问题：

7. 设 $\zeta(n)=1+\frac{1}{2^n}+\frac{1}{3^n}+\cdots,n=2,3,\cdots$. 证明

$$\frac{\zeta_{2n}}{\pi^{2n}}-\frac{\zeta_{2n-2}}{3!\ \pi^{2n-2}}+\frac{\zeta_{2n-4}}{5!\ \pi^{2n-4}}-\cdots+(-1)^{n-1}\frac{\zeta_2}{(2n-1)!\ \pi^2}+(-1)^n\frac{n}{(2n+1)!}=0\quad(n=1,2,\cdots)$$

本书是笔者拜访爱思唯尔公司时经杨陆小姐与熊贞小姐的推荐发现的，笔者对本书爱不释手，不假思索，遂决定购买英文版权，影印推出.

游走英美书世界数十年，探访过数千家书店的钟芳玲在2012年出版了《书天堂》的全新增订版，在书中她特意设计了两个独特的单元页，其中“BOOK PEOPLE”的页面上摘录了英国14世纪德伦主教理查·德伯利的传世之作《书之爱》中的一段话：“凡是与书相关之人，不论性别、阶级、职位，都最容易敲开我们的心扉，而且获得我们的热情与偏爱.”

刘培杰

2015年10月1日

于哈工大

算　术　域
(第3版)

迈克尔·弗里德
摩西·贾登　著

编辑手记

本书是一本大部头专著,又引自国际著名出版机构,自然价格不菲,所以一定要给出一个理由. 为什么要引入? 为谁引入的?

钱锺书曾经这样评论他的几位老师:"叶公超太懒,吴宓太笨,陈福田太俗",虽然经他的夫人杨绛撰文郑重否认过,却并没有动摇学界的判断:这话就是钱锺书说的,别人不敢说也说不出来,且钱锺书说此话时人在西南联大,杨绛当年却在上海,证伪力度不足. 有人评论说:杨绛太卫护夫君了,把一个当代稀有的"魏晋人物",生生弄成了无趣的方巾之士,未免大煞风景.

借用钱先生的句式有人给出了数学圈的评语:官科太忙,民科太蠢,粉丝太浅.

限于本身的专业特点和笔者的学识水平,这里就不一一介绍内容和作者情况了. 据 Moshe Jarden 介绍,本书的主题是学习域的种类的基本性质及其在相关的算法问题中使用的代数工具.《算术域》的第一版在 1986 年出版,在第一版的结尾作者给出了 21 个开放性的问题. 不过值得注意的是自从第一版出版以后,其中的 15 个问题已经被部分或完全地解决了. 同时,在许多方面,算术域已经发展成代数学与数论中的独立分支,这些发展中的一部分已经在许多著作中被证明了.《算术域》

的第三版与第二版相比较,在两个方面进行了改善. 首先,第三版更正了一些打字错误和数学表达上的错误,特别是填补了第二版中关于吉尔摩与罗宾逊、坎特与鲁伯兹凯的所有参考文献的空白. 其次,第三版报告了2005年(第二版出版)以后出现的五个开放性问题. János Kollár 解决了第二个问题及第三个问题,第31个问题也被Lior Bary-Soroker解决了. 最后,Eric Rosen 建议承认第二版中的推论28.5.3,导致第33个问题也被成功地解决了. 不幸的是,原版中前四个解决方案的完整描述没有出现在这一版里. 能够告诉读者的只有一点,那就是它是一本物有所值的书,值得精读与收藏. 光是许多标题就很令数论爱好者遐想:函数域上的黎曼假设,平面曲线,契巴塔廖夫密度定理,代数几何基础,希尔伯特域上的伽罗瓦群,哈尔测度,算术几何问题,弗罗比尼乌斯域,不可判定性,等等. 当然引进这只是笔者的一厢情愿,消费者是否认可就是另外一个问题了,这可能就涉及一个较大的话题,即供给侧改革和共识的撕裂.

供给者完全不考虑受众,以自嗨的方式选择生产什么、生产多少. 从社会大生产角度而论这是个复杂且敏感的话题,暂且不论,单就文化生产领域它也不是那么简单的,比如喝咖啡为什么一定要 decaf 呢? 查寻了一下 decaf 的来源,根据《韦氏大字典》解释,decaf 是 decaffeinated coffee 的缩写,decaf 最早出现于1984年. 1970年,法国哲学家波德里亚便在他的《消费社会》中指出,消费将变成一个"能指"的符号,物的消费将不再仅仅是物的使用价值和交换价值,更重要的是其符号价值,而"消费的过程成为一种意义的建构,比如社会地位、身份标识、文化品位以及美学趣味的彰显等." 可见,decaf 是现代社会的产物,并无疑在某种程度上,成为某种能指的符号,成为某种"社会地位、身份标识、文化品位以及美学趣味的彰显". 喝上一杯 decaf,不是为了让自己保持清醒,而是体会一种咖啡的感觉和氛围.

别的出版机构如何决定引进版权图书的决策机制笔者不

了解,但我们工作室就一个因素,即笔者的趣味,这当然极不科学,但这才是形成特色的根本之道.

多年的出版实践使我们认识到:我们永远也不要低估了任何一位潜在读者的阅读趣味和能力. 笔者在 2015 年第 2 期《十月》(108 页) 上读到一段文字:

> 在 1994 年,深圳打工者李家淳给家人的信中这么写道:最近读了《文化苦旅》才知道散文流变极快,余秋雨老师算是开辟了某种新的散文文体,比之传统,语言风格也有了很大的突破和创新,…… 散文贵在真实,这种真实是指精神意象的真实,不过据我粗浅的翻读,我觉察出了散文语言太过于追求新颖和变化,也许容易陷于某种“语言虚假”,《文化苦旅》中的某些段落,便散发出了这种味道(李家淳:《打工者书信》,《天涯》,2013 年第 6 期).

笔者作为专业出版人几乎同时读到过这本书,但心得比之打工者李家淳差多了. 在另一位专业出版人启航著的《无间书道》(新星出版社,2010 年,北京) 中有一段关于出版人的论述,笔者深以为是:

在《出版人:汤姆 · 麦奇勒回忆录》的封底印着麦奇勒的一段话,对于正在从事出版工作的人来说,可以把它当成一面镜子 —— 经常有人问我,我如何决定是否应该出版某一本书. 要回答这个问题很难,因为做出这样的选择完全是一种个人行为,带有很强的主观性,没有什么规律可循. 我只能说,于我而言,我很少出于商业原因来甄选书籍或者作者. 要想做好出版,出版人就必须对书籍本身充满热情. 对我来说,要想做到这一点,我就必须真正喜欢这本书,而要喜欢这本书,我就必须真正赞赏这本书的品质. 这就是我唯一的原则. 一旦做出了决定,接下来就开始操作. 首先在出版社内部传播这种信念,然后再传播到外界.

不论学历如何,不论曾经做过什么,作为一名当下的出版从业者,应该认真问一问自己,我真的热爱图书吗?我清楚自己最喜欢哪一种类型的图书吗?如果对于这两个问题能有坚定的答案,并在行动上忠诚于自己的心,同时充满前行的热情,那么,成为一名优秀的出版者将指日可待.这就是汤姆·麦奇勒给我的启示.

刘培杰

2017 年 9 月 10 日

于哈工大

高等数学竞赛：1962 ~ 1991 年米洛克斯·史怀哲竞赛

伽伯·舍克里　著

编辑手记

古人说某人没有名声，默默无闻. “名不出闾里，悲夫！”也就是说这个人名声不出闾巷，很可悲.

中国是个数学竞赛大国，许多世界著名数学竞赛在中国很有名，如IMO，CMO，PTN，USAMO等. 但真正世界上顶级的数学竞赛，其优胜者会成长为世界重量级数学大师的 Schweitzer 竞赛，在中国却只有圈子里的小部分人知道，悲夫！

1929 年 12 月 7 日，J. Neumann 给 L. Fejer 的一封信中谈到“我曾经有机会与 Leo Szilard 对话，讨论关于数学与物理协会创办的竞赛的话题，也谈了这些竞赛的胜出者后来变成了与那些数学家和物理学家一样杰出的人 ……”

那些困难的科学题目很少被我们轻易碰到. 而且，激励学生在解决这一类问题上面努力是非常重要的事情. 对智力工作来说，参加科学竞赛已经被证明是一个有效的激励方式. 成功的例子包括法国精英院校的入学考试和英国剑桥大学的学位考试. 在世纪之交，数学竞赛帮助匈牙利成为数学世界的要塞.

通过 1848 年改革和 1867 年协议，匈牙利打破了许多世纪以来被土耳其人控制的局面，获得了自由，并拥有了与它的邻居奥地利同样平等的地位. 到 19 世纪末为止，匈牙利进入了文化与经济共同进步的阶段. 1891 年，Baron Lorand Eotvos，一位杰出的匈牙利物理学家创办了“数学与物理协会”. 后来,这个协会办了两家杂志:1892 年的《数学物理杂志》和1893 年的《中学数学杂志》. 后者为高中学生提供了大量的基本数学问题.《中学数学杂志》编辑之一的 Laszlo Ratz 后来成为 John Neumann 和 Eugene Wigner(曾为诺贝尔物理学奖的获得者)的老师. 1894 年,该学会引进了针对高中生的数学竞赛. 这个竞赛的优胜者:Lipót Fejér, Alfréd Haar, Todor Kármán, Marcel Riesz, Gábor Szegö, Tibor Rado, Ede Teller, 还有许多其他人都成为世界著名的科学家.

高中竞赛的成功导致该协会又办了一个大学级别的竞赛. 大学竞赛以一位在二战中牺牲的年轻数学家 Miklós Schweitzer(米洛克斯 · 史怀哲)的名字命名,第一届在 1949 年举行. M. 史怀哲在 1941 年举办的高中数学竞赛中取得了第二名,但是当时的法西斯政权剥夺了他进入大学的权利. 史怀哲竞赛的题目是由最著名的匈牙利数学家提出和挑选的. 而且,这些题目反映了这些数学家的兴趣和匈牙利主流数学的某些方面. 布达佩斯、德布勒森和塞格德的大学已经被任命轮流来管理史怀哲竞赛. 评委是在主办城市工作的数学家,由这些大学数学系选出. 评委向匈牙利一流的数学家发出邀请,请他们提交适合这次竞赛的题目. 被选中的题目清单会被张贴在数学系和数学协会当地分会的布告栏上(任何感兴趣的人都可以拷贝). 学生们可以使用图书馆的资料,或者在家里解决这些题目. 时限为10天,学生的名字、科系、课程、年级和大学或高中的校名被记录在答题卡上.

Schweitzer 竞赛是世界上最独一无二的竞赛之一. 竞赛的优胜者继续发展成为世界级的科学家. 而且,各个年龄的数学史学家和数学家都对这个竞赛感兴趣. 这些竞赛是匈牙利数学发展趋势的反映,也是许多引人关注的数学研究问题的初始点. 1949 年到 1961 年之间的 Schweitzer 竞赛问题以《高等数学竞赛(1949—1961)》为名出版了(编辑 Akademiai Kiado, 布达佩斯,1968 年;这本书的第四章总结了 M. 史怀哲的数学工作). 我们现在出版的书是这本书的续集.

我们希望这本史怀哲竞赛问题的合集会成为许多年轻数

学家和数学专业学生的指南. 大量的具有较高研究水准的题目可以激发有经验的数学家和数学史学家的兴趣.

关于史怀哲竞赛的情况,著名数学家 A. 瑞尼早在 20 世纪 50 年代就撰文介绍过,由我国著名数学家王寿仁先生翻译,刊登在《数学进展》(第 4 卷) 上. 这是我国数学刊物唯一一次介绍该竞赛,由于时间已过去近半个世纪,今天的读者要找到这个资料不太容易,所以我们不妨摘录一段:

> M. 史怀哲是匈牙利的年青并很有才气的数学家. 他在第二次世界大战时和苏联站在一边与德国及匈牙利法西斯作战,于 1945 年胜利前不久死去,死时年仅 22 岁(M. 史怀哲死后,他的研究成果已由 P. 杜澜整理发表于 *Acta Sci. Math.*, *Seged*, 1946. 史怀哲另外的一个结果已在 L. Fejér 与 G. Szegö 合作的论文中发表). 为了纪念史怀哲,我们于 1949 年开始组织了史怀哲数学竞赛. 竞赛每年在匈牙利的大学生中进行,由波亚·雅诺司数学会所主办. 通常是在十一月的某一天中在匈牙利的每一所大学及高等学校(有十处) 中同时在黑板上公布十个数学题目,而且印好分发给学生. 大学及高等学校里的每一个学生或本年毕业的学生都可以参加这一竞赛. 题目是由一个委员会所拟定的,这个委员会由教授及讲师们所组成,每年分别由布达佩斯、赛格德、德布勒三城的大学轮流负责组成拟题委员会. 委员会由一人负总责,其他的委员及数学家们都给以帮助. 最近几年 P. 杜澜,B. 次月克法,纳吉,T. 谢耳,K. 陶多立,A. 凯斯坦及 A. 瑞尼都担任过拟题委员会的负责人.
>
> 题目通常是这样的标准,正在读第五学期的大学生所具有的一般知识就足够解决这些题目,但这些题目并不太容易,必须经过努力和具有一些创造能力才能解答这些题目. 当然所出的题目既不能在熟知的教科书中,也不能在流行的文献中找到. 题目的水平大致和 G. 波利亚及 G. 舍贵的《分析中的习题及定

理》(*Aufgaben und Lehrsätze aus der Analysis*)一书中的平均水平一样,这些题目可以这样形容,每一个数学家要想解答它们得要费一番苦思,当然不需要太多.学生们可以被允许利用一切文献,但通常流行的文献的帮助是不大的,因为这些题目在文献中是找不到的.学生们不能相互商量来解答,也不允许数学家帮助他们,直到现在我们还未发现有违反上述规定的,学生及教师们都遵守这一规定.

1956年所出的十个题目如下:(因为1956年十月事件,1956年的竞赛推迟到1957年二月举行).

1. 试证若函数 $C(x) = \sum_{k=1}^{n} a_k\cos kx$ 的间隔 $0 \leqslant x \leqslant \pi$ 为下降函数,则函数 $S(x) = \sum_{k=1}^{n} a_k\sin kx$ 在此间隔内为非负的.

2. 令 $m(n)$ 为 n 的最大素因子,试证级数 $\sum_{n=2}^{\infty} \frac{1}{n \cdot m(n)}$ 收敛.

3. 试证若一凸多面体的每一面都有对称中心,则其面的个数为偶数.

4. 令 $P_1, P_2, \cdots, P_n$ 为单位圆上 n 个相异的点.试求使 $\sum_{i \neq k} \frac{1}{(P_i, P_k)}$ 为最小时这 n 个点的位置,此处 (P_i, P_k) 表示点 P_i, P_k 间的距离.

5. 令 b_k 为一串实数,满足条件 $\sum_{k=1}^{\infty} b_k^2 = +\infty$,对每一 $\varepsilon(0 < \varepsilon < \frac{1}{2})$ 试造一串实数 a_k 使得对每一个 n $(n = 1, 2, \cdots)$ 有

$$\sum_{k=1}^{n} a_k b_k > \left(\sum_{k=1}^{n} b_k^2\right)^{\frac{1}{2}-\varepsilon}$$

而且

$$\sum_{k=1}^{\infty} a_k^2 < +\infty$$

6. 试解下列无穷方程组

$$\sum_{j=0}^{k} \binom{n+k}{k-j} x_j = b_k \quad (k = 0,1,2,\cdots)$$

7. 设有一 n 边凸多边形,用不相交的对角线可以把此凸多边形三角剖分(triangulation). 试求这样的三角剖分的个数. 如果还要求上述的三角剖分中每一个三角形至少与此多边形有一共同的边,问这类三角剖分有多少个.

8. 令 a_k 为一串实数

$$S_n = a_0 + a_1 + \cdots + a_n$$

$$\sigma_n = \frac{S_0 + S_1 + \cdots + S_n}{n+1}$$

$$U_n = |a_1| + 2|a_2| + \cdots + n|a_n|$$

试证若下列极限存在 $\lim\limits_{n\to\infty} \sigma_n = S$,而且 $\frac{U_n}{n}$ 为有界,则

$$\lim_{n\to\infty} \frac{S_0^2 + S_1^2 + \cdots + S_n^2}{n+1} = S^2$$

9. 有 N 张牌,牌上的号码为 1 到 N. 从这 N 张牌中任抽一张,然后放回,洗牌之后,再做下一次的抽牌. 继续做这种试验,若第 v 次抽出的牌发现为以前曾经抽过的牌,试求 v 的均值.

10. 试求一复数 z 使得

$$\max\{|1+z|, |1+z^2|\}$$

为最小.

有的学生可以解答上面十个题目中的七个. 大约有五十名学生给出部分的解答,当然很多学生试了一试,但是只能解答一到两个题目,这种学生就没有交解答,因为他们知道不会取得优胜. 有八个学生得了奖,第一名奖 1 500 弗林(匈牙利币名),第二名奖 1 000 弗林,其余的奖以数学书,此外每一个得奖者还赠一张奖状. 授奖大会时公布题目的解答. 此外拟题

委员会的负责人还负责把原题目及解答写成著作，发表于 *Matematikai Lapok* 上.

在上述的授奖大会上还要详细地讨论竞赛会的题目，有时候对一个题目会给出两三种解答，而且还讲解这些题目和数学中其他重要问题的关联.

在评卷时不只要考虑到解题的多寡，而且还要考虑解答的明晰性，风格的成熟性和解答的灵巧性. 一个难题给以简单的解比一个容易题给以复杂的解要好得多. 解这种题目不需要机械的方法. 经过拟题委员会的反复比较学生们的试卷才能定案. 每一个学生每年都可以参加竞赛(普通说来有六次机会)，而且允许连续得奖(我们已经发现有几个学生已经连续两次得奖). 一般说来第一次不会得奖，通常是三年级及高年级的学生得奖，但是由我们的经验可以知道对三、四、五年级学生而言，得奖的机会并不是那么多的，而且有一两次二年级的学生反而得到较好的解答并获得三等奖.

竞赛对于那些没有参加竞赛但是私自解答(或者解答一部分)的学生们也起了刺激的作用. 每年，Schweitzer 数学竞赛在匈牙利的数学生活中都是一件重要的事情，实际上每一个数学家都会对这一竞赛产生兴趣，讨论这些题目的大会上所出席的人数是数学会开会时到会人数最多的大会(100 ~ 120 人参加). 直到现在得奖的学生几乎都是布达佩斯、赛格德及德布勒大学的学生. 工艺大学及师范大学的学生只在有限几次竞赛中得奖.

看到本书内容，许多数学爱好者会备受打击，会质疑自己的数学潜质，因为它确实挺难的.

海明威曾经说:“要掌握写作的本事，而且还要写得好，那是一种很侥幸的机会，至于要才气卓越，就更像中头彩一样了，一百万人中只有一个人交此好运，如果你生来缺乏这种才气，无论你对自己要求多么严，哪怕世界上的全部知识你都掌握，也帮不了你的忙."

本书是影印版,得到了Springer的授权,我们还计划出版中文版,译者是中国科学院数学研究所的朱尧辰研究员,但朱先生年事已高,译稿到明年才能交稿,所以本次先出版影印版,好在现在搞数学竞赛的人英语都不错,直接读懂原文不成问题.

中国是个人口大国,现在又是经济大国,出版也算是大国,但还算不上强国.

其实早在古代,中国的图书质量是非常高的. 高到什么程度呢? 据史料记载,日本人与东国人(古代朝鲜人)到中国来,他们一定要买中国的书,比如说,新罗人到中国来买书的钱,是由新罗的国王赐给他们的;日本的学问僧也好,一般的僧人也好,他们到了中国以后买书,基本上是把中国皇帝给他们的赏赐变卖掉,然后贸书以归. 在《朝鲜王朝实录·世宗实录》里有一则记载. 当时,有一个使臣要到中国来,世宗国王给他下一道命令,到中国要买一些什么书,给他开出了书目. 然后就跟他讲:"如果皇帝赐给你这些书的话,你就不需要去买了,假如皇帝不赐的话,你不可以强求,这是第一;第二,假如你买书的话,你一定要一式两份,要买两本,为什么呢? 防止脱落,以备脱落;第三,买回来以后,我们要挑最为实用的,把它翻印."所以从世宗时代到中宗时代,当时翻印的情况是什么样子的呢? 史书上说是"秘府之内,无书不藏,士庶之家,无书不布". 书非常之多,结果就是所谓的"书典之至,日益月增. 自东国以来,文籍之多,未有如今日之盛也",就是说这个书非常的兴盛.

愿昔日的强盛再现,愿中国的数学也可以走出去.

刘培杰
2017年8月25日
于哈工大

代数几何导引
(德文)

马库斯·布罗德曼　著

Algebraische Geometrie 介绍

代数几何学的发展经历波浪式的前进过程,由 18 世纪一次和二次代数曲线的直观研究到当代抽象而严格的数学理论体系的建立,成为现代数学的基础性学科之一,与数论、代数学、拓扑学、复分析,以及编码和密码理论等数学分支关系密切,对数学和自然科学的一些领域有重要的影响,并且是解决某些困难问题的有力的抽象数学工具. 例如,代数几何码的构造,著名的 Fermat 猜想的解决,等等,都显示了代数几何学在理论和应用两方面的价值.

由于代数几何学的理论和应用两方面的重要性,在当代(国内外)大学理科的数学教育中,设置了不同层次的代数几何学课程,有各种不同类型的(中外文)代数几何学的出版物问世,本书是其中的一种. 本书作者马库斯·布罗德曼(Markus Brodmann)教授多年来在瑞士苏黎世(Zürich)大学为该校研究生和大学高年级学生讲授代数几何学,本书是在此基础上形成的一本关于代数几何学的引论性专著.

本书选材比较全面,包含代数几何学的各种基本概念和重要结果. 从仿射超曲面开始,逐步深入地讨论任意仿射簇和投影簇,并且着重论述了维数、态射、重数等理论以及次数概念. 本书作者注意给出 2 维和 3 维情形的典型例子,或附以适当的图解,以加深初学者对抽象结果的理解. 对于所需要的关于抽象代数、交换代数、复分析和拓扑学等方面的预备知识，都在相应的章节做了补充论述，一般不需要另行参考其他专著. 各节都配备一定数量的习题. 总的来看，本书可读性较高.

全书共分六章，各章内容简述如下：

第 I 章：仿射超曲面. 本章研究仿射代数超曲面的基本性质，是全书的基础，由四节组成. 第 1 节：代数集. 这是本书引进的代数几何中的第一个基本概念，即代数方程组 $f_i(z_1,\cdots,z_n)=0(i=1,\cdots,r)$ 的解的集合

$$V(f_1,\cdots,f_r)$$
$$:=\{(c_1,\cdots,c_n)\mid f_i(c_1,\cdots,c_n)=0(i=1,\cdots,r)\}$$

这里 $f_i(z_1,\cdots,z_n)$ 是(复) 变量 $z_1,\cdots,z_n$ 的复系数多项式. 本章主要讨论平面仿射曲线. 通过一些例子讨论多项式的复的、实的以及有理零点，其中包括 Fermat 曲线 $u^n+v^n=w^n(n>2)$. 第 2 节：多项式的基本性质. 这是后文的需要(包括简要的证明)，如多项式的恒等，多项式的齐次部分，多项式的 Taylor 展开，代数学基本定理及应用(多项式的线性因子分解)，多项式(序列) 零点的连续性，等等. 第 3 节：重数和奇性. 定义超曲面上点的重数，由此给出正则点和奇点的概念，并且相当详细地讨论了一些平面曲线和曲面(尖点三次抛物线 $z_1^3=z_2^2$，环面，等等). 还讨论了与直线相交的重数. 第 4 节：切锥和次数. 给出与切线有关的一些概念，特别地，具体讨论了一些曲面(如旋转抛物面等) 的例子，以及平面曲线的切锥.

第 Ⅱ 章：仿射簇. 本章开始研究任意代数集，即仿射代数簇，共包含四节(第5 ~ 8 节). 第5 节：多项式. 实际是代数几何研究所必须的交换代数工具性预备知识. 首先给出环、理想和 Noether 环的定义，然后证明 Hilbert 基定理，着重讨论了零点定理(包括弱零点定理等)，最后应用于仿射超曲面的分解. 第 6 节：Zariski 拓扑与坐标环. 首先引进适合于代数集的拓扑，即 Zariski 拓扑，给出它的基本性质，定义了 Noether 空间和正则函数，然后比较深入地讨论仿射代数集的坐标环. 第 7 节：态射. 本节讨论“适合于” 代数集的映射，即对仿射簇和拟仿射簇引进态射(射) 的概念，并且给出仿射簇间以及拟仿射簇间的射的基本性质，配备了一些实例. 第 8 节：局部环和乘积. 首先一

般地讲述环的局部化,然后讨论拟仿射簇的局部结构,最后引进拟仿射簇的乘积及射的乘积的概念.

第Ⅲ章:有限射和维数.本章给出代数簇的一个重要的不变量,即维数,以及有限射的概念和基本性质,共包含四节(第9~12节).第9节:整扩张.这里包含本章及后文所需要的主要的交换代数预备知识(给出完整的证明),包括模、Noether模及环的整扩张等重要概念,着重讨论了有限整扩张和正规环的整扩张,最后借助整扩张概念引进一类重要的射,即两个拟仿射簇间的有限射.第10节:维数理论.首先回顾域论中超越次数的概念.作为本章的一个主要结果,证明了正规化引理,并应用于素理想的链定理中.然后给出Noether空间的维数的定义和其他有关概念(如余维数等),以及基本性质(包括借助超越次数给出的不可约仿射簇的维数公式).第11节:射的拓扑性质.首先证明所谓"射的正规化引理",进而证明"射的主定理".作为这个定理的应用,讨论了可构造集,给出拟仿射簇间的射的一些性质,最后证明了可构造集的拓扑比较定理.第12节:拟有限射和双有理射.前者是一类不可约拟仿射簇间的射,讨论了它们的次数和纤维化;后者是一类重要的特殊情形的拟有限射,在此证明了簇的正规化的存在性等重要结果.

第Ⅳ章:切空间与重数.本章是第Ⅰ章中关于超曲面上正则点和奇点的讨论的继续和深化,但在此考虑任意拟仿射簇的情形.由四节(第13~16节)组成.第13节:切空间.首先引进拟仿射簇的一个点上的切空间的概念(与超曲面情形的相应概念是一致的),然后证明了代数几何的一个基本结果:一个簇的正则点的集合是开的,并且是稠密的.最后讨论正规点和正则点间的关系.第14节:分层,给出上节结果的几何意义,定义层的概念,研究簇的分层,并讨论了一些例子.第15节:Hilbert-Samuel多项式,包含了下节讨论所需的代数工具性预备知识.首先给出分次环、分次模以及齐次环等基本概念,然后定义Hilbert函数和Hilbert多项式,以及Hilbert-Samuel函数和Hilbert-Samuel多项式,最后给出Noether局部环的Hilbert-Samuel重数概念和基本性质.第16节:重数和切锥.首先定义任意拟仿射簇的一个点的重数为它在该点的局部环的

Hilbert-Samuel 重数(这与超曲面情形的相应概念是一致的),然后证明"关于重数的主定理",进而讨论切锥,证明了对于切锥的维数定理和重数公式,从而将第 Ⅰ 章中对于平面曲线的相应结果扩充到任意簇的情形.

第 Ⅴ 章:射影簇.本章研究射影簇和拟射影簇的性质,它们的局部性质常可比照拟仿射簇的结果加以理解,而整体性质的研究则基于分次环理论(见第 Ⅳ 章).本章的讨论最终将第 Ⅰ 章的主题扩充到一般性框架中.全章包含四节(第 17 ~ 20 节).第 17 节:射影空间.讲述 n 维射影空间的有关基本概念和性质,例如,齐次坐标,强拓扑和 Zariski 拓扑,齐次坐标环,齐次化和非齐次化,以及射影空间的维数理论,等等,还包含一些例子.第 18 节:射.定义拟射影簇、射影簇以及射的概念,给出拟仿射簇、仿射簇、射影簇以及拟射影簇间的关系,研究了拟射影簇的拓扑性质(从而关于两个拟仿射簇间的射的定理可以直接扩充到两个拟射影簇间的射的情形)和局部结构,等等.此外,还讨论了拟射影簇的正规化.第 19 节:次数和相交重数.将第 Ⅰ 章中对于仿射超曲面定义的一些概念扩充到射影簇的情形.首先定义了射影簇的次数,这是一个重要的整体不变量;进而给出相交重数的定义,以及它与射影簇的次数间的关系,还证明了齐次正规化引理等结果.第 20 节:平面射影曲线.首先证明了两个齐次多项式的Bézout 定理,然后讨论了三次平面曲线

$$h(z_0,z_1,z_2) = z_0^2z_1 + cz_1^2z_0 - z_2^3 \quad (c \neq 0)$$

以及其他一些例子.

第 Ⅵ 章:丛.本章是丛论的基本导引,特别注重代数簇上的凝聚丛.由本书最后五节(第21 ~ 25 节)组成.第21 节:丛论的基本概念.这里包括一系列一般性概念:如拓扑空间上 Abel 群的预丛,环和$\mathbb{C}$ - 代数以及 $\mathscr{A}$ - 模的预丛,丛,子丛,预丛的同态以及剩余类丛,等等.讨论了预丛和丛的关系,给出了一些例子.第 22 节:凝聚丛.首先引进仿射簇上诱导丛的概念,然后讨论拟射影簇上的拟凝聚丛和凝聚丛,包括在代数几何中具有重要意义的一类特殊的凝聚丛,即局部自由丛(它在代数几何中的作用类似于微分几何中的向量丛).第 23 节:切场和 Kähle

微分. 讨论了另外两类重要的凝聚丛:切丛和 Kähle 微分丛,包括一些例子. 第 24 节:Picard 群. 研究拟射影簇上秩为 1 的局部自由丛,它的同构类形成一个 Abel 群,即簇的 Picard 群. 本节同样也包含了一些代数工具性预备知识(模的张量积)和例子. 第 25 节:射影簇上的凝聚丛. 证明了$\mathbb{P}^d(d>0)$的 Picard 群同构于$\mathbb{Z}$. 另一个基本结果是 Serre 有限性定理. 此外,还定义了凝聚丛的 Hilbert 多项式和次数,扩充了第 V 章的某些结果.

本书是一本起点较高的专著. 虽然有关章节包含了所需要的预备知识,但读者仍然需要具备较坚实的关于集论、抽象代数学、复分析及拓扑学等方面的数学基础知识,如果具备一些"初等"代数几何的知识那就更好了(本书正文后完整地列出了国外流行的关于代数几何和交换代数的教科书的目录). 本书可作为大学理科有关专业高年级学生和研究生的教学参考书,也是相关科研人员有价值的数学参考资料.

朱尧辰

2018 年 3 月 1 日

代数几何学基础教程

基斯·肯迪格　著

编辑手记

为什么要引进代数几何的研究生教材,首先是因为它重要.代数几何是当今数学的主流,以获得菲尔兹奖的重要工作为例,几乎每一届菲尔兹奖颁奖时都有代数几何方面的数学家获奖.

1966 年阿蒂亚(Atiyah)因为证明了指标定理(黎曼-罗赫(Riemann-Roch)定理的深远推广),格罗滕迪克(Grothendieck)因为建立了抽象代数几何的逻辑基础而分别获奖.

1970 年广中平佑因为用概形理论完全解决了任意维数的代数簇奇点解消问题而获奖.

1974 年芒福德(Mumford)因为用概形理论得到一般参模空间理论的贡献而获奖.

1978 年德利涅(Deligne)因为用现代代数几何证明了重要的韦伊(Weil)猜想而获奖.

1982 年丘成桐因为证明了复几何中重要的卡拉比(Calabi)猜想而获奖.

1986 年法尔廷斯(Faltings)因为用现代代数几何证明了重要的莫德尔(Mordell)猜想而获奖.

1990 年森重文(Mori Shigffumi)因为用现代代数几何完成了 3 维代数簇的分类(极小模型理论)而获奖.

1998 年康采维奇(Kontsevich) 因为对代数几何的一个重要分支——计数几何(Enumerative Geometry) 的贡献而获奖,并且在这一年怀尔斯(Wiles) 因为用现代代数几何证明了数论中著名的费马(Fermat) 大定理而荣获菲尔兹特别贡献奖.

2002 年沃耶沃茨基(Voevodsky) 因为发展了代数簇新的上同调理论而获奖.

其次是代数几何在中国相对于微分方程、解析数论等学科研究的人比较少,是个小众学科. 不过仅有的几位代数几何大家都极具传奇色彩. 比如最早期的周炜良,他的一生是传奇的,就如陈省身教授说的那样:"炜良是国际上领袖的代数几何学家,他的工作,有基本性的,亦有发现性的,都极富创见. 中国近代的数学家,如论创造工作,无人能出其右." 周炜良先生曾一度经商并因此中断了数学研究,而后在同济大学任教之后重返美国从事数学研究工作. 继而在 1948 年秋受聘于霍普金斯大学,并从 1955 年开始担任了十多年的系主任之职,负责霍普金斯出版的美国最悠久的数学刊物——《美国数学杂志》,同时创建了霍普金斯代数几何学派.

周炜良的专业是代数几何,但作为一位数学家,他涉猎广泛、创见颇多,在数学的诸多领域都做出了重要贡献:

(1) 相交理论(intersection theory) 是代数几何中一个基本问题,周环(Chow ring) 有很多优点,并被广泛应用.

(2) 周配型(associated forms) 很好地描述了射影空间代数簇的模空间,相当漂亮地解决了一个重要问题.

(3) 他的阐明射影空间上的紧解析族是代数簇的周炜良定理(Chow's theorem) 相当有名,它揭示了代数几何与代数数论彼此之间的类似之处.

(4) 在推广热力学卡拉西奥多里结果的基础上,他建立了一条微分系统的可达性定理,这一定理在控制论中具有重要作用.

(5) 他有一篇鲜为人知的关于齐次空间的论文,通过精巧的计算对所谓矩阵射影几何给出了一个漂亮的处理,他的论述还可以推广到一般的情况.

第二位大概就应该是吴文俊先生了. 因为吴先生在国内被

大家所瞩目,所以不再介绍了.

除了专业圈子之外,极少被人们所知的两位代数几何专家,一位是肖刚教授,由于其英年早逝,在华东师范大学的网站上有其纪念专辑,还有一位就是李克正教授.李克正教授生于1949年,中学时代因"文化大革命"中断了学习,插队多年并做过工人,1977年被中国科技大学破格直接从工人录取为研究生,1979年公派到美国加州大学伯克利分校留学,并于1985年获得博士学位,1987年回国,先后在南开大学和中国科学院研究生院任教,目前执教于北京的首都师范大学数学系.

李克正教授是我国知名的代数几何学家,主要在代数几何与算术代数几何领域中从事分类与参模空间理论及几何表示理论的研究工作.其代表作品是专著 *Moduli of Supersingular Abelian Varieties*,此书作为著名的"黄皮书"*Lecture Notes in Mathematics* 丛书中的第1680卷出版.李克正教授还写了《抽象代数基础》《交换代数与同调代数》和《代数几何初步》三种研究生教材.在繁忙的教学和研究之余,他还担任了许多像《中学生数学》主编这样的社会工作.

关于国内代数几何的现状,2009年5月26日上午,李克正教授在首都师范大学数学系他的办公室里回答上海师范大学陈跃教授提出的问题时做了简单的介绍(一起参加提问的还有首都师范大学数学系吴帆等人).

问　对今天您能在百忙之中回答问题表示感谢.请先介绍一下我国早期研究代数几何的情况.

答　我国最早研究代数几何应该是从曾炯之开始的,只可惜他在1940年40岁刚出头就去世了.到了20世纪60年代,我国主要研究代数几何的人是吴文俊.W. Fulton 在20世纪80年代写 *Intersection Theory* 一书时,并不知道吴文俊在中国的工作.吴文俊早在20世纪60年代就做出了他的最重要的工作,也就是 Wu Class(吴文俊示性类),它在代数几何中是很重要的.由于当时国内特殊的社会状况和中外信息交流不畅,国际上是到了20世纪90年代才开始了解和介绍吴文俊的工作的.

问　众所周知,代数几何是一门非常难学的学科,它所用到的基础知识非常多,所以我很好奇地想知道以您为代表的一批中国数学家是怎样在20世纪80年代初期学习代数几何的，当时主要有哪些人？

答　我国在20世纪80年代初出国学习代数几何的人有肖刚(巴黎第十一大学)、我(美国加州大学伯克利分校)、罗昭华(布兰迪斯大学)、杨劲根(M. I. T.)、陈志杰(巴黎第十一大学)等，杨劲根的导师是阿廷(M. Artin). 在国内学习的人有胥鸣伟和曾广兴等，曾广兴是戴执中的学生.

至于对代数几何这门分支的评价，扎里斯基的学生、菲尔兹奖获得者芒福德曾经写过如下一段话来表达他对这门奇特学科的看法："当我开始代数几何研究生涯之时，我认为有两个吸引我的原因，首先是它研究的对象实在是非常形象和具体的射影曲线与曲面；第二是因为这是一个既小又安静的领域，其中大概只有十来个人在研究，几乎不需要新的想法. 然而随着时光的推移，这个学科逐渐获得了一个看上去是诡秘、孤傲而又极端抽象的名声，它的信徒们正在秘密打算接管其他所有的数学领域！从某种程度上说，上述最后一句话是对的：代数几何是一门与大量其他数学领域有着最密切关系的学科——例如复解析几何(多复变)与微分几何、拓扑学、K－理论、交换代数、代数群和数论——并且既能给所有这些学科以各种定理、方法和例子，同时又能够从它们那里得到同样多的定理、方法和例子."

确实很难让人相信：从研究一组多元多项式的零点集合(即代数族)中可以引发出那么多那么重要、深刻而又美好的数学理论. 虽然在现代数学中也有一些学科与其他学科有比较密切的联系，但这种联系远不及代数几何与其他学科的联系. 抽象代数、代数拓扑与微分拓扑、整体微分几何、数论，以及分析中的许多重要理论都是因代数几何的需要而提出的. 同时代数几何也将分析、拓扑、几何与数论中的许多基本概念和理论抽象提升到了更高的层次，所以说代数几何是20世纪数学统一化的一个主要源动力. 往往在别的学科中是一般性的理论，但是到了代数几何中就变成了一个特例. 由于数学的发展在很大程度上依赖于各分支学科之间的交叉影响和相互作用，因此可以说代数几何对20世纪现代数学的大发展所起的作用最大.代数几何已经成为将现代数学各主要分支学科紧密联系在一起的中心纽带.由此我们就不难理解为什么国际数学界对于和代数几何有关的重要工作总是给予较高的评价.例如获得沃尔夫奖的陈省身与丘成桐两位大师,他们最重要的工作就与代数几何密切相关:陈(省身)示性类被深刻地推广与运用到代数几何中,而卡拉比-丘(成桐)流形则是当前复代数几何中最热门的研究对象之一.

本书是供给大学数学系研究生的教材,所以能举一个与他们的数学经验相匹配的例子是恰当的,否则会造成从抽象到更抽象的怪圈.

求出所有使曲线 $y=\alpha x^2+\alpha x+\frac{1}{24}$ 和曲线 $x=\alpha y^2+\alpha y+\frac{1}{24}$ 相切的 α 的值.(这是一道第 68 届美国大学生数学竞赛试题)

解得 α 为 $\frac{2}{3},\frac{3}{2},\frac{13\pm\sqrt{601}}{12}$.

解法 1　设 C_1 和 C_2 分别是曲线 $y=\alpha x^2+\alpha x+\frac{1}{24}$ 和 $x=\alpha y^2+\alpha y+\frac{1}{24}$,并且设 L 是直线 $y=x$.我们考虑三种情况:

(1)若 C_1 和 L 相切,则切点 (x,x) 满足

$$2\alpha x+\alpha=1,x=\alpha x^2+\alpha x+\frac{1}{24}$$

由对称性,C_2 也和 L 在那相切,因此 C_1 和 C_2 相切.在上面的第一个方程中写 $\alpha=\frac{1}{2x+1}$ 并代入第二个方程,我们有

$$x=\frac{x^2+x}{2x+1}+\frac{1}{24}$$

它可化简为

$$0=24x^2-2x-1=(6x+1)(4x-1)$$

或

$$x\in\left\{\frac{1}{4},-\frac{1}{6}\right\}$$

这就得出

$$\alpha = \frac{1}{2x+1} \in \left\{\frac{2}{3}, \frac{3}{2}\right\}$$

(2) 如果 C_1 不和 L 相交,那么 C_1 和 C_2 被 L 分开,因此它们不可能相切.

(3) 如果 C_1 和 L 交于两个不同的点 P_1, P_2,那么它不可能和 L 在其他点相切. 假设在这两点之一,比如说 P_1, C_1 的切线是垂直于 L 的,则由对称性,C_2 也是这样,因此 C_1 和 C_2 将在 P_1 处相切. 在这种情况,点 $P_1 = (x, x)$ 满足

$$2\alpha x + \alpha = -1, x = \alpha x^2 + \alpha x + \frac{1}{24}$$

在上面的第一个方程中写 $\alpha = -\frac{1}{2x+1}$ 并代入第二个方程,我们有

$$x = -\frac{x^2 + x}{2x+1} + \frac{1}{24}$$

或

$$x = \frac{-23 \pm \sqrt{601}}{72}$$

这导致

$$\alpha = -\frac{1}{2x+1} = \frac{13 \pm \sqrt{601}}{12}$$

如果 C_1 在 P_1, P_2 的切线不与 L 垂直,那么我们断言 C_1 和 C_2 不可能有任何切点. 确实,如果我们去数 C_1 和 C_2 的交点个数(通过把 C_1 代入到 C_2 的 y 中,然后对 y 求解),我们算上重数至多得出 4 个解,其中两个是 P_1 和 P_2,而任意切点就是多出来的两个. 然而除了和 L 的交点之外,任意切点都有一个镜像,它也是切点. 但是我们不可能有 6 个解,这样,我们就求出了所有可能的 α.

解法 2 对 α 的任何非零的值,二次曲线在复射影平面 $P^2(C)$ 上将交于 4 点,为了确定这些交点的 y 坐标,把两个方程相减得到

$$y - x = \alpha(x - y)(x + y) + \alpha(x - y)$$

因此在交点处或者 $x=y$,或者 $x=-\frac{1}{\alpha}-(y+1)$. 把这两个可能的线性条件代入第二个方程说明交点的 y 坐标是

$$Q_1(y)=\alpha y^2+(\alpha-1)y+\frac{1}{24}$$

的根或

$$Q_2(y)=\alpha y^2+(\alpha+1)y+\frac{25}{24}+\frac{1}{\alpha}$$

的根.

如果两条曲线相切,那么至少有两个交点将重合;反过来也对,由于一条曲线是 x 的图像. 当 Q_1 或 Q_2 的判别式至少有一个是 0 时,曲线将重合. 计算 Q_1 或 Q_2 的判别式(精确到常数因子)产生

$$f_1(\alpha)=6\alpha^2-13\alpha+6$$

和

$$f_2(\alpha)=6\alpha^2-13\alpha-18$$

另一方面,如果 Q_1 或 Q_2 有公共根,那么它必须也是

$$Q_2(y)-Q_1(y)=2y+1+\frac{1}{\alpha}$$

的根,这得出

$$y=-\frac{1+\alpha}{2\alpha}$$

和

$$0=Q_1(y)=-\frac{f_2(\alpha)}{24\alpha}$$

那样,使得两条曲线相切的 α 的值必须被包含在 f_1 和 f_2 的零点的集合,即 $\frac{2}{3}$,$\frac{3}{2}$ 和 $\frac{13\pm\sqrt{601}}{12}$ 中.

注 在 $P^2(C)$ 中,两条二次曲线算上重数将交于 4 个点是贝祖(Bézout)定理的特例,这个定理是:$P^2(C)$ 中的两条阶为 m,n,并且没有公因子的曲线算上重数恰相交于 mn 个点.

很多解答者感到提出者选择参数 $\frac{1}{24}$ 是否有特殊的原因,这一选择给出两个有理根和两个无理根. 事实上,这一参数如

何选择与问题没有本质关系. 为使4个根都是有理数,用β代替$\frac{1}{24}$使$\beta^2+\beta$和$\beta^2+\beta+1$都是完全平方数即可. 但除了平凡情况($\beta=0,-1$)这一例外,由于椭圆曲线的秩是0(感谢 Noam Elkies 提供的计算),实际上不可能发生这种情况.

然而,存在着处于中间状态的选择,例如$\beta=\frac{1}{3}$给出

$$\beta^2+\beta=\frac{4}{9} \text{和} \beta^2+\beta+1=\frac{13}{9}$$

而$\beta=\frac{3}{5}$给出

$$\beta^2+\beta=\frac{24}{25} \text{和} \beta^2+\beta+1=\frac{49}{25}$$

我们知道:两条直线交于一点;直线与圆锥曲线交于两点;两条圆锥曲线交于四点. 将其引申下去就得到代数几何的开卷定理.

贝祖定理 次数分别为M和N的两条代数曲线,如果没有公共分支,那么恰好交于MN个点(要恰当地计数).

下面是关于帕斯卡(Pascal)定理的高等证明.

帕斯卡定理 设A,B,C,D,E,F是同一个圆上的六个点,直线AB,DE相交于点P,直线BC,EF相交于点Q,直线CD,FA相交于点R,则P,Q,R三点共线(图1).

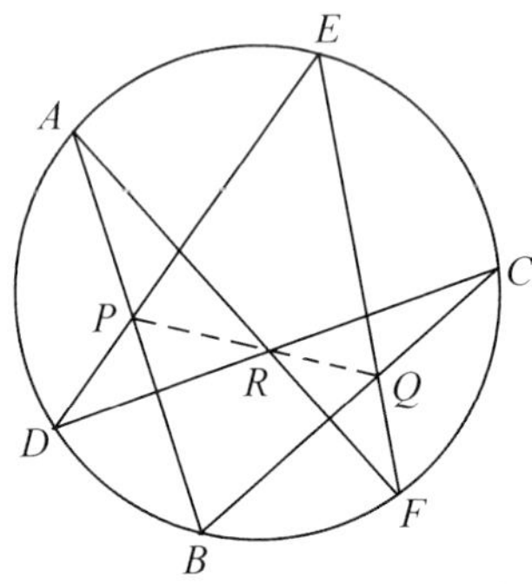

图1 帕斯卡定理

定理中的圆可以改为其他二次曲线，即抛物线、双曲线或者两条直线.

下面介绍使用射影几何和代数几何来证明帕斯卡定理的方法.

(1) 使用射影几何的证明方法.

过圆心 O 作一条垂直于圆所在平面的直线，在其上任取一点 S，考虑以 S 为顶点，该圆为底面的圆锥，用一个与 S,P,Q 三点确定的平面平行的平面 α 截这个圆锥，得到一个椭圆，设 A' 是直线 SA 与平面 α 的交点，同理定义 B',C',D',E',F'，这样 A',B',C',D',E',F' 都在同一个椭圆上(这实际上是以 S 为透视中心的中心射影). 由 A,B,P 共线知 A,B,P,S 共面，故 A,B,P,S,A',B' 共面，所以 $A'B' /\!/ SP$(因 $SP /\!/ \alpha$)，同理 $D'E' /\!/ SP$，故 $A'B' /\!/ D'E'$. 同理，$B'C' /\!/ E'F'$.

下面证明 $C'D' /\!/ F'A'$，即证明：一个椭圆的内接六边形，若两组对边分别平行，则第三组对边也平行. 这可以通过将椭圆的长轴方向“压缩”使椭圆变成一个圆来证明，可用解析几何的方式证明压缩的过程中平行关系保持不变(这个“压缩”实际上是射影几何中以无穷远点为透视中心的中心射影)，而圆内同样的结论是显然成立的(图 2).

由 C,D,R 共线知 C,D,R,S 共面，故 C,D,R,S,C',D' 共面：设此面为 β，同理可假设过 F,A,R,S,F',A' 的面为 γ. 由 $C'D' /\!/ F'A'$ 知 $C'D' /\!/ \gamma$，$F'A' /\!/ \beta$，因此 β,γ 的交线 RS 也与它们平行，故 $RS /\!/ \alpha$. 结合 α 的定义可知 P,Q,R,S 四点共面，于是 P,Q,R 三点共线，证毕.

上述证明中，第一段和第三段在射影几何中也是显然的，无须这样细致地解释. 也就是说，在射影几何中仅做两次中心射影变换，即可证明帕斯卡定理.

(2) 使用代数几何的证明方法.

建立平面直角坐标系 xOy，考虑直线 AB,CD,EF 所对应的一次式，将它们乘起来得到一个三次曲线的方程 $f(x,y)$；考虑直线 BC,DE,FA 所对应的一次式，将它们乘起来得到一个三次曲线的方程 $g(x,y)$. 在圆上任取不同于 A,B,C,D,E,F 的一点 K，设它的坐标为 (x',y'). 显然 $f(x',y')$，$g(x',y')$ 都不等于 0，

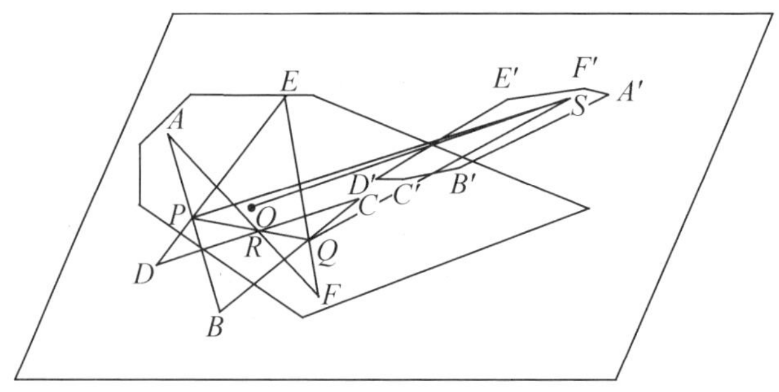

图 2　帕斯卡定理的射影几何证明

适当选取非零参数 u,v,使得

$$u \cdot f(x',y') + v \cdot g(x',y') = 0$$

设

$$u \cdot f(x,y) + v \cdot g(x,y) = h(x,y)$$

则 $h(x,y)$ 显然不是零多项式(任取 AB 上除 A,B,P 外的任一点 $M(x_m,y_m)$,则 $f(x_m,y_m)=0$,但 $g(x_m,y_m)\neq 0$). $h(x,y)$ 代表一个不超过三次的曲线,但它却与 $ABCDEF$ 的外接圆(这是一个二次曲线)有 A,B,C,D,E,F,K 七个公共零点. 由贝祖定理,代表这两条曲线的多项式一定有公共因式,但代表圆的多项式不可能拆成两个一次因式的乘积(否则将是两条直线而不是圆),所以 $h(x,y)$ 一定是代表圆的多项式再乘上一个一次多项式所得. 注意将 P,Q,R 三点的坐标代入 f,g,结果都是零,故将它们的坐标代入 h,结果也是零. 由于 P,Q,R 都不在圆上,所以它们必然都是那个一次多项式的零点,这也说明 P,Q,R 三点共线,证毕.

相比射影几何,用代数几何的证明还是需要一个小技巧,即取圆上第七个点 K,并构造 f,g 的线性组合使其以 K 为零点,这样构造出一个三次曲线与一个二次曲线有 $3\times 2+1=7$(个)公共零点,从而恰到好处地使用了贝祖定理. 贝祖定理的证明不可能对学生完全讲清,但是三次和二次曲线的特例则可以通过消元降次解方程的方法来说明.

通过讲解帕斯卡定理的高等证明,学生意识到在中学数学中非常有技巧的定理,在高等数学的观点下实际是平凡的,不需要任何花巧的高等数学有“重剑无锋,大巧不工”的意境,从而对即将到来的高等数学的学习产生了憧憬和向往.

这个定理首先被马克劳林(Maclaurin)于1720年所断言.欧拉于1748年,克莱姆(Cramer)于1750年都分别讨论过它,但是,贝祖于1770年把它叙述得更完整.

而这仅限于代数曲线,不能推广到超越情形.陈省身的学生希夫曼(Bernard Shiffman)1972年在耶鲁大学(Yale University)当助理教授时与科纳尔巴(Cornalba)合作写的一篇论文 *A Counterexample to the "Transcendental Bézout Problem"* (*Ann. of Math.* 2, 1972,402- 406)中给出了一个反例,说明古典代数几何中著名的贝祖定理在超越的情况下是失效的.

至于为何选择现在出版的时机问题,完全是因为受到下列事件的影响.

2017年10月25日晚,北京大学理学部与未来论坛在北京大学百周年纪念讲堂多功能厅联合举办“数字的力量”主题学术报告会.2017年未来科学大奖暨首届“数学与计算机科学奖”获奖者、北京大学许晨阳教授,法国法兰西学院克莱尔·瓦赞(Claire Voisin)教授和德国拜罗伊特大学法布里奇奥·卡塔内塞(Fabrizio Catanese)教授为到场的两百余名观众奉献了两个小时的精彩讲座.

许晨阳教授2008年获普林斯顿大学博士学位,现从事代数几何中的高维代数几何研究,特别是在双有理几何与奇点及其对偶复形的拓扑结构上取得了卓越的成绩.2013年成为北京国际数学研究中心教授,2017年成为博雅讲座教授,曾获得国家杰出青年科学基金,并被评为长江特聘教授.2016年获拉马努金奖.2017年获选庞加莱讲座教席,并荣获“未来科学大奖-数学与计算机科学奖”,被邀请到2018年国际数学家大会做报告.

许晨阳教授以“代数几何——当魔鬼遇到天使(Algebraic Geometry—when devil meets angel)”为题,拉开了报告会的帷幕.他引用著名数学家外尔(Weyl)的说法“代数是魔鬼,拓扑(几何)是天使”,说明代数几何主要研究多项式方程解的几何性质,从而把两者有机整合在一起,并以费马大定理、韦伊猜想(德利涅解决)等与代数几何相关的著名数学问题为例,从多项式方程的整数解、模 P 解、复数解,以及解空间上的曲线性质等方面介绍了代数几何研究领域.许晨阳教授特别介绍了现代代数几何学的奠基者、著名数学家格罗滕迪克的重要贡献及其对自己的影响, 由此引申出他的主要研究领域——双有理几何,即在双有理等价意义下分类代数簇,该领域的一个重要课题是由日本数学家森重文(1990 年菲尔兹奖得主)提出的极小模型纲领.

如果说许晨阳教授给观众呈现了"代数几何是什么",那么法布里奇奥·卡塔内塞(德国拜罗伊特大学教授,欧洲科学院院士.1972 年在意大利比萨大学取得数学博士学位.他先后在比萨大学、哥廷根大学等担任讲席教授,2001 年起到拜罗伊特大学,任代数几何讲席教授.2000 年当选哥廷根科学院院士,2015 年当选欧洲科学院院士.欧洲研究委员会"高级研究人员基金"获得者(ERC Advanced Grant 2014—2019))教授则向大家展示了代数几何延绵千年的历史.他幽默风趣地以"三次曲面上的 27 条直线判断一个人是否为代数几何学家"的故事为引子,从古希腊时期的毕达哥拉斯定理讲起,由帕普斯(Pappus)定理展开,强调了引入射影几何的必要性,并分别介绍了法诺(Fano)射影平面、帕斯卡定理、贝祖定理、平面曲线的分类、黎曼存在定理、克莱因(Klein)双曲平面、费马三次曲线、曲面的双有理分类等代数几何学发展史上的重要理论,最后谈到了目前代数几何研究的热点——高维的代数簇分类等内容.从代数几何的起源、历史沿革到发展现状,如同他的主讲题目所示,是一个"永不结束的故事"(The (never ending?) story of Algebraic Geometry: origin, history and a lively present).

讲座以克莱尔·瓦赞(法国法兰西学院教授,欧洲科学院院士.1986 年于法国巴黎第十一大学取得博士学位.曾在法国国家科学研究中心、巴黎第十一大学、朱西厄数学学院等担任研究员,自 2016 年起转到法兰西学院,任代数几何讲席教授.曾荣获欧洲数学会奖、苏菲·热尔曼奖等多项荣誉.2016 年获法国国家科学研究中心金奖,2017 年获第十四届“邵逸夫奖”数学科学奖)教授的“代数几何和拓扑学”为结尾.她强调,“空间-代数簇”以及在其上定义的“函数-多项式”,这两个概念对代数几何学非常重要.她通过一些例子说明了研究多项式方程的实解与复数解会产生不同的结果,方程的单根和重根从概型的角度上看也是不同的,而这些也都反应在拓扑上.讲座的最后,她介绍了代数几何中的“周炜良定理”与“塞尔-格罗滕迪克(Serre-Grothendieck)定理”这两个非常深刻的结论,前者建立了复流形和代数簇之间的关系,后者告诉我们代数簇上的拓扑信息可以由本身的代数信息反映出来.

本书的作者在前言中指出:本书的目的是让代数几何入门的学习尽可能变得简单.本书是为研究生一年级和二年级的学生设计的,非专业研究人员也可以阅读;阅读本书只需要一年的代数课程知识和一点复分析的知识.书中有许多例子和图片.一个人的直觉很大程度上是建立在具体例子的基础上的,关于代数几何的直觉也不例外.本书作者尝试避免太多的结论性的东西.如果一个人在一个具体的环境中理解一个想法的核心,那么结论就会变得更有意义.为了帮助读者测试他们对书中重要内容的理解,大部分章节的结尾都有一些练习题.习题中既有常规的,也有具有挑战性的.偶尔,文中较容易得出的结论会被用在练习题中.有时,文中没有涵盖的关于主题的证明会被勾勒出来,让读者自己去填写细节内容.

第一章是介绍性的内容.一个不熟悉普遍方法的人用一种策略性的途径自然地得出了几何中一些特殊的代数曲线,这部分内容在书中会被提到.本章中进一步的例子说明了曲线的其他基本特性.

第二章,本书作者更仔细、更严谨地观察曲线.另外,本书作者根据其定义多项式的程度来决定每一个非奇异平面曲线的拓扑结构.这种方法是代数几何中最早的成就之一,它提供了一个简单而又令人满意的结果.

第三章为归纳各种各样任意维度的平面曲线的一些结果奠定了基础.它本质上是透过几何学家的眼睛看关于交换代数的一章.代数思想是由几何意义提供的,因此在某种意义上说一个人在交换代数和代数几何之间得到了一本“词典”. 本书作者把这本词典放在了一个格点图的构成里,这种方法似乎可以巧妙地将许多结果联系在一起,并很容易地向读者提供一些可能的类似物和延伸内容.

第四章致力于研究$\mathbb{C}^n$和$\mathbb{P}^n(\mathbb{C})$中的代数簇,还包括交叉重数(用来证明n维度下的贝祖定理)的几何处理方法.

第五章中本书作者将簇视为研究数学的基础对象. 其中包括评估簇的函数域(即对赋值环的研究)的要素,将算术的基本定理转换为非奇异曲线理论(经典的理想理论)的设置,曲线上的一些函数论(对黎曼球面上的亚纯函数基本事实的概括),最后谈到了曲线上的黎曼-罗赫定理(曲线拓扑与函数理论的关系).

当读者读完这本书的时候,他们应该有了一个可以在任何方向上继续研究的基础,比如:对复代数簇和复分析簇的进一步研究,或者对已经被证明是卓有成效的代数几何理论处理的进一步研究.

笔者完全不具备代数几何的知识,所以以上文字多引自代数几何行家的文章,如有不当之处敬请见谅!

刘培杰
2017 年 11 月 1 日
于哈工大

解析数论入门教程

保罗 · 贝特曼
哈罗德 · 戴默德 著

编辑手记

汉代的司马相如写过一段话:"盖世必有非常之人,然后有非常之事;有非常之事,然后有非常之功. 非常者,固常人之所异也."

本书的书名虽然略显平常,叫作《解析数论入门教程》,但本书的作者却绝对是非常之人. 保罗 · 贝特曼(Paul T. Bateman,1919 年 6 月 6 日 —2012 年 12 月 26 日),美国数论学家,因提出由多项式体系产生的关于素数值密度的贝特曼 - 霍恩猜想和与梅森素数和瓦格斯塔夫质数有关的新梅森素数猜想而被人们所熟知,担任美国数学协会成员 71 年,1950 年加入美国伊利诺伊大学厄巴纳 - 香槟分校(University of Illinois at Urbana-Champaign,缩写为 UIUC) 数学系,担任了 15 年系主任,获得名誉教授的荣誉. 哈罗德 · 戴默德(Harold G. Diamond),伊利诺伊大学厄巴纳 - 香槟分校数学系教授.

先说这两位作者所在的大学,据南京大学教授孙智伟先生 2006 年访美时的日记(2017 年 12 月才转给笔者的,原载于南京大学的小百合网站上) 所写:

> 我早知道华罗庚教授 1950 年归国前在伊利诺伊大学厄巴纳 - 香槟分校任教. 无疑我想看看我国杰出的数学家华罗庚教授当年工作过的地方,所以我的

UIUC 之行有特别的意义.

Ford 教授接到我后送我去紧靠数学系大楼的旅馆,安顿好后他说今晚 Bruce Berndt 教授要请我吃饭.我与 Ford 及 Berndt 都未见过面,第一次看到 Ford 的名字是在他 1999 年发表于 *Annals of Math.* 的文章上,他出人意料地利用陈景润定理彻底解决了有几十年历史的希尔宾斯基(Sierpinski) 猜想(对每个 $k > 1$,都有 n 使得恰有 k 个正整数的欧拉(Euler) 函数值为 n);这是陈氏定理的绝妙应用,陈景润地下有知的话无疑会为他的深刻定理多年后再次焕发光辉而感到欣慰.

而且孙教授还应见到了本书作者,他写道:

13 日中午 Berndt 与 Ford 教授带我去学校食堂吃了顿西餐.饭后赶到数学系,我的报告时间(1 点开始) 马上就到了.一进那讨论班教室,发现已来了不少人,还有多位老先生.报告完之后有两位老教授与我交谈,Ford 介绍说他们是哈贝斯坦 (H. Halberstam) 与贝特曼.我大吃一惊,这两位数论专家可大名鼎鼎,他们是华罗庚教授当年的老同事、老朋友.我读过许多介绍赞美华罗庚与陈景润的评语,不少出自这两位前辈之口.

看看以下用 Google 搜来的文字吧:

"由哈贝斯坦主编的《华罗庚论文选集》在 1983 年由斯普林格出版社出版."

"1986 年,哈贝斯坦在悼念华罗庚的文章中有这样一段话:如果华罗庚曾经懊悔在他才华的高峰和思想敏锐的时候离开了美国的话,那么他后来重访西方时,他不能收回失落的时光,而他对自己祖国的献身是无条件的和坚定不移的."

> "华罗庚是20世纪最富传奇性的数学家之一. 将他与另一位自学成才的印度天才数学家 S. A. 拉马努金(Ramanujan) 相比较,正如贝特曼所说,'两人主要都是自学成才的,都得益于在哈代的领导之下,在英国从事过一段时间的研究工作. 他们之间又有截然不同之处. 首先,拉马努金并没有全部完成由一个自学天才到一个成熟的、训练有素的数学家的转变,他在某种程度上保留了数学的原始性,甚至保留了一定程度的猜谜性质. 然而华罗庚在其早期数学生涯中,就已是居主流地位的数学家了. 其次,拉马努金与哈代的接触更直接,更有决定性意义. 虽然华罗庚在英国工作时得益甚大,但他与哈代在数学方面的接触显然不是这样特别集中的'."

国人有个陈年积习,自家人的肯定都不作数,一定要借洋人之口说出才作数,所以对数学成果的评判,一定要有这个环节. 正如孙教授在日记中所写:

> 1973 年,陈景润在《中国科学》上正式全文发表了他的著名论文《大偶数表为一个素数及一个不超过两个素数的乘积之和》. 这一辉煌成就立即在国内外数学界引起了强烈的反响. 英国数学家哈贝斯坦和德国数学家里切特(H. Richet) 合著的数论著作《筛法》当时正在排印,他们见到陈景润的论文后,立即增补了最后一章"陈氏定理",并称"陈氏定理是筛法理论的光辉顶点".
>
> 由此大家看到哈贝斯坦与贝特曼教授对中国数论的贡献是巨大的, 是他们热情讴歌了中国解析数论的成就, 是他们首次提出了陈氏定理的命名! UIUC 数论有几十年的传统了,这里有十多位数论教授,也培养了大量的数论人才; Ford 教授就是哈贝斯坦教授的高足,他近年来对我研究过的覆盖课题很有兴趣. UIUC 与中国数论有割不断的联系,哈贝斯坦

(79 岁)与贝特曼(84 岁)两位老教授均已退休,还赶来听我这后辈小生的报告并说我有许多新思想,我真的很感动.我与这两位数论老前辈合影留念,他们还坚持要我站在中间,说我是客人(我真的很不好意思).

我这次来访是 UIUC 数论组邀请的,他们的组合与逻辑也很强,例如:与 Noga Alon 多次合作的组合学家 Z. Furedi 教授已发表了 203 篇论文.难怪该校排名很靠前啊,人家的确强大!

虽然从当前的世界排名看,UIUC 排名仅在第 51 位,在北京大学(并列第 19 位)、复旦大学(第 31 位)、南开大学(并列第 39 位)、上海交通大学(并列第 39 位)、北京师范大学(第 45 位)之后.(具体排名见表 1)

表 1　数学专业最佳大学排名

(根据 U. S. News 2018 全球大学学科排名)

世界排名	大学名称	所在国家(地区)
第 1 位	巴黎第六大学	法国
第 2 位	斯坦福大学	美国
第 3 位	普林斯顿大学	美国
第 4 位	麻省理工学院	美国
第 5 位	加州大学伯克利分校	美国
第 6 位	牛津大学	英国
第 7 位	纽约大学	美国
第 8 位	哈佛大学	美国
第 9 位	剑桥大学	英国
并列第 10 位	苏黎世联邦理工学院	瑞士
并列第 10 位	芝加哥大学	美国
第 12 位	哥伦比亚大学	美国
第 13 位	德克萨斯大学奥斯汀分校	美国

续表1

世界排名	大学名称	所在国家（地区）
第14位	加州大学洛杉矶分校	美国
第15位	明尼苏达大学双城分校	美国
第16位	德克萨斯A&M大学	美国
第17位	威斯康星大学麦迪逊分校	美国
第18位	帝国理工学院	英国
并列第19位	北京大学	中国
并列第19位	密歇根大学安娜堡分校	美国
第21位	伊斯兰阿萨德大学	伊朗
第22位	洛桑联邦理工学院	瑞士
第23位	华威大学	英国
并列第24位	布朗大学	美国
并列第24位	杜克大学	美国
并列第26位	宾夕法尼亚州立大学(大学园校区)	美国
并列第26位	波恩大学	德国
第28位	巴黎第七大学	法国
第29位	罗格斯新泽西州立大学	美国
第30位	华盛顿大学	美国
第31位	复旦大学	中国
并列第32位	巴黎第十一大学	法国
并列第32位	米兰大学	意大利
第34位	香港中文大学	中国香港
第35位	不列颠哥伦比亚大学	加拿大
并列第36位	巴黎综合理工大学	法国
并列第36位	罗马大学	意大利
并列第36位	成均馆大学	韩国
并列第39位	南开大学	中国
并列第39位	上海交通大学	中国

续表1

世界排名	大学名称	所在国家（地区）
并列第39位	圣保罗大学	巴西
第42位	京都大学	日本
第43位	新加坡国立大学	新加坡
第44位	天主教鲁汶大学	比利时
第45位	北京师范大学	中国
第46位	宾夕法尼亚大学	美国
并列第47位	多伦多大学	加拿大
并列第47位	维也纳大学	奥地利
第49位	佐治亚理工学院	美国
第50位	加州理工学院	美国
第51位	伊利诺伊大学厄巴纳－香槟分校	美国
并列第52位	香港理工大学	中国香港
并列第52位	清华大学	中国
第54位	东京大学	日本
第55位	北卡罗来纳州立大学罗利分校	美国
第56位	以色列理工学院	以色列
第57位	加州大学圣地亚哥分校	美国
第58位	莫斯科大学	俄罗斯
第59位	里斯本大学	葡萄牙
第60位	艾克斯－马赛大学	法国
并列第61位	香港城市大学	中国香港
并列第61位	巴黎高等师范学院	法国
并列第61位	密歇根州立大学	美国
第64位	普渡大学西拉法叶分校	美国
第65位	沙特国王大学	沙特阿拉伯
第66位	浙江大学	中国

续表1

世界排名	大学名称	所在国家（地区）
第 67 位	中国科技大学	中国
第 68 位	慕尼黑大学	德国
第 69 位	北卡罗来纳大学教堂山分校	美国
第 70 位	米兰理工大学	意大利
第 71 位	布拉格查理大学	捷克
第 72 位	俄亥俄州立大学	美国
第 73 位	维多利亚大学	加拿大
第 74 位	南京大学	中国
第 75 位	新南威尔士大学	澳大利亚
第 76 位	巴黎第九大学	法国
第 77 位	柏林工业大学	德国
并列第 78 位	都灵理工大学	意大利
并列第 78 位	贝尔格莱德大学	塞尔维亚
第 80 位	慕尼黑工业大学	德国
第 81 位	厦门大学	中国
第 82 位	格拉纳达大学	西班牙
并列第 83 位	帕维亚大学	意大利
并列第 83 位	耶鲁大学	美国
第 85 位	华沙大学	波兰
第 86 位	首尔国立大学	韩国
并列第 87 位	安提里姆大学	土耳其
并列第 87 位	圣彼得堡国立大学	俄罗斯
第 89 位	莱斯大学	美国
第 90 位	康奈尔大学	美国
并列第 91 位	柏林洪堡大学	德国
并列第 91 位	巴斯大学	英国

续表1

世界排名	大学名称	所在国家（地区）
第 93 位	加州大学戴维斯分校	美国
并列第 94 位	卡内基梅隆大学	美国
并列第 94 位	中山大学	中国
第 96 位	希伯来大学	以色列
第 97 位	阿米尔卡比尔技术大学	伊朗
第 98 位	哥廷根大学	德国
第 99 位	塞维利亚大学	西班牙
第 100 位	维也纳技术大学	奥地利

教育与科学是紧密联系在一起的，没有创造性的人才，哪里会有重大原创性的成果？大学要培养出具有创造性的人才，必须要铲除功利化对教育的影响. 中国需要少数几所精英大学，其中要有一批清心寡欲、心无旁骛和安贫乐道的学者，以穷究终极真理为己任. 汉娜·阿伦特是德裔美国最具有原创性的哲学家，她曾经尖锐地指出："当大学决心于经常为国家、社会利益集团服务的方针的时候，马上就背叛了学术工作和科学自身. 大学如果确定了这样的目标，无疑等同于自杀." 虽然我们不能笼统地把她的观点推广到所有的大学，但对于那些极少数的精英大学而言，她的观点无疑是有参考价值的.

本书作者在前言中指出："数论在数学中占据着非常重要的位置，因为它的许多研究成果都是既深刻又易于陈述的. 数论是一个美丽的学科，我们希望本书可以起到邀请学生学习数论的作用."

本书的主题是使用分析学来处理数论中的乘性问题. 本书作者研究这个领域的若干方法和结果，典型的例子包括具有常规性质的整数的计数或算术函数的计和函数.

正如本书作者所指出：分析在数论中是有用的，这似乎是自相矛盾的一件事. 数论研究的焦点 —— 整数，是离散的原型,可是数学分析却涉及了连续现象. 在本书中分析学的应用有两种方式:一是通过直接的实变量估计,在此称之为"基本"方法;二是通过转换,将复变函数理论的方法置于本书作者的支配下. 分析学既可以建立结果,也可以更好地理解问题的结构.

这本书以他们在伊利诺伊大学给几届研究生讲课使用的解析数论的讲义为基础. 他们喜欢这些讲义,并希望本书的文字可以把他们的这种热情体现出来.

本书中他们阐述的一个特点就是使用黎曼 - 斯蒂尔切斯(Riemann-Stieltjes)积分去统一和激发涉及和与积分的一些争论. 他们之前曾犹豫要不要发表他们的笔记,因为他们担心其中的一些方法可能会让读者感到不熟悉. 他们小心翼翼又乐观地认为,他们的一些提法或陈述可以被普遍接受. 在附录中,他们提出了整合理论和一些可能不太为人所知的进一步结果;其他背景资料是在本科课程中一般都会涉及的实分析、复分析,以及代数或数论的知识.

笔者并不是数论特别是解析数论的专家,充其量只能算是一个业余爱好者,引进此书完全是兴趣所至,斗胆写了点关于本书的介绍,希望不会贻笑于方家.

英国作家富勒说过:"自己首先知道自己可笑之处的人,就不会被人窃笑了."

刘培杰
2017 年 12 月 12 日
于哈工大

数论中的丢番图问题

丹尼尔·迪韦尔内　著

编辑手记

本书的第一版和第二版均为法文版,是由法国巴乔工程学院的丹尼尔·迪韦尔内所著,2010 年由新加坡世界科技(World Scientific) 出版公司出版英文版. 哈尔滨工业大学出版社刘培杰数学工作室以版权购买的形式得到了中国大陆的影印版出版权.

法兰西数学根基深厚,活力无比,对我国数学的发展在曾经和现在一直起到潜移默化的影响. 我国的许多著名数学家都直接受到法国数学家的栽培和法兰西数学传统和风格的熏陶与感召.

美国有多个机构对大学进行排名,其中最有影响力的就是由《美国新闻与世界报道》在每年下半年公布的排名,也就是常说的每年的 U. S. News 排名. 在 2017 年 10 月 26 日,公布了 2018 年 U. S. News 全球最佳大学排名. 在数学学科的排名中共有 200 所大学列入数学排名的榜单. 这一次排名第一的不再是来自美国的高校,而是来自法国的巴黎第六大学. 斯坦福大学(美国) 和普林斯顿大学(美国) 分列第二、三名. 由于第十名并列,所以有 11 所大学进入前 10 名,第四名到第十名分别为:麻省理工学院(美国)、加州大学伯克利分校(美国)、牛津大学(英国)、纽约大学(美国)、哈佛大学(美国)、剑桥大学(英国)、苏黎世联邦理工学院(瑞士,并列第十)、芝加哥大学(美国,并列第十).

本数学工作室一直积极致力于法国优秀数学著作的引进与出版,甚至还出版过法国著名数学家阿达马在华用法文写的一本著作 ——《偏微分方程论》. 在今天中国人对法国已经不陌生了,但对法国的数学还远不够了解.

提到法国,人们自然会想到埃菲尔铁塔、凯旋门、香榭丽舍大街和拿破仑. 其实喜欢人文的我国读者对法兰西文化也是不陌生的,在文学领域中巴尔扎克、司汤达、大仲马、雨果、乔治·桑的小说曾使我们手不释卷,在艺术领域中德拉克洛瓦、科罗、库尔贝、莫奈和米勒的绘画也曾令我们如痴如醉.

若说到哲学,法国那些灿若繁星的哲学大师则更为我国读者所熟悉,正如黑格尔所断言:关涉到文化有两种最重要的形态,那就是法国哲学和启蒙思想,这里既有深邃理论的探索,也有诚挚感情的抒发,既有《百科全书》主编狄德罗,也有一代宗师,启蒙运动的先驱伏尔泰,以及让·梅利叶、孟德斯鸠、卢梭、孔狄亚克、霍尔马赫、马布利等.

然而就在我们津津乐道于科罗作品的梦幻境界为绘画增添了诗意,拿破仑三世曾一度撰写《凯撒传》,福楼拜因创作小说《包法利夫人》而遭控告,波德莱尔的诗集《恶之花》被删砍等文坛掌故时;在人们为拉美特利的"人是机器",爱尔维修"自爱是人的本性",摩莱里"私有制是万恶之源"的宏论拍案称奇时,人们可曾想到对法兰西的科学,我们又了解多少呢?作为科学的皇后 —— 数学,法国有什么贡献? 法国有哪些数学大师? 对这些我们又知道多少呢?

法国是一个科学大国,法国的世界大国地位与其说是由其经济实力所决定的,倒不如说是由其科技实力所奠定的. 蔡元培先生早在 1928 年 2 月 6 日欢迎法国大使马德尔演说词中就指出:

> "不久以前,我国某处有一个小学教员,命学生把

他们最看得起的一个外国举出来.结果,列强及瑞士、比利时等,都得到一部分学生的崇拜.有的国家,因为它的殖民地是世界上最多的;有的国家,因为它的财富是世界第一;有的国家,因为它的维新(modernization)是世界上最快的.法国也得到许多小学生的崇拜,不过小学生崇拜它,不是因为它的殖民地多,不是因为它富庶,也不是因为它能学人家,能维新,却是因为它的文化发达的成就最高.法兰西的文化,在中国小学生的眼光中,已经有这么正确的判断,那在成人的眼光中,更不必说了.

所以我们今天欢迎马德尔公使,不是因为他是强大盛富的国家的代表,尽管法国是强大盛富的,而是因为他是文化极高的国家的代表."

法国是世界上最盛产数学思想的国度,曾经是世界数学的中心.法兰西民族是世界上数学家辈出的民族,翻开任何一本数学著作映入眼帘的总少不了法国数学家的名字,从近代的韦达、笛沙格、笛卡儿、费马、帕斯卡、达朗贝尔、拉格朗日、蒙日、拉普拉斯、傅里叶、泊松、柯西、刘维尔、伽罗瓦到现代的庞加莱、嘉当、勒贝格、韦伊、勒雷、施瓦兹、利翁斯、托姆及布尔巴斯学派.

那么为什么法国历史上产生了如此多的一流数学家呢?2017年9月28日在"好玩的数学"微信公众号上有一篇中学教师同时也是数学爱好者的 Frankenstein 所写的文章,其给出了答案,引于后与大家分享.

17至18世纪的法兰西数学界,群星璀璨,英杰辈出,数学水平远超其他国家.抛开虚无缥缈的基因论不谈,其实这一现象的产生实属历史的必然.

在这段历史中,有一个学者、两大君主、一个机构,起到了至关重要的作用.一个学者是马兰·梅森;两大君主是路易十四和拿破仑;一个机构是法国科学院.

最初,一切的因缘,起始于17世纪中叶修道院里如今不算知名的数学家马兰·梅森的寓所.

马兰·梅森是法国数学家,少时毕业于耶稣会学校,是笛卡儿的同校学长.梅森才华横溢,性格上也平易近人,他不是最杰出的学者,却与整个欧洲的科学家都建立起联系,在梅森身边也聚拢起一批学者,定期在他的寓所讨论科学问题.这个围绕着梅森聚拢而来的科学家沙龙聚会,后来被称作梅森学院,是当时整个欧洲的学术交流中心.来自荷兰外交世家的、后来的光学大宗师惠更斯,即是在青年时代,由自己的外交官父亲介绍,先师从笛卡儿,又通过书信交流成为梅森的弟子.

名噪一时的神童帕斯卡年仅十四岁,已经显现出了非凡的数学天分.梅森把他接纳进梅森学院,鼓励帕斯卡在托里拆利的基础上更进一步,后来帕斯卡提出了帕斯卡定律.梅森的另一位朋友费马,与帕斯卡同时开拓了概率论这一数学分支,被后世誉为最杰出的业余数学家,即使是不懂数学的人,也多少听过费马定理.梅森在1648年去世,他的遗产中留下与欧洲多达78位学者的珍贵信函,对各个科学领域均有涉猎,其中包括费马、伽利略、托里拆利、笛卡儿、惠更斯.而他留下的最珍贵的遗产——梅森学院,后来成为巴黎皇家科学院的前身.最终,在1666年,巴黎皇家科学院(简称巴黎科学院)建立.

当时,法国处于年轻的路易十四的统治下.这位后来以"太阳王"名垂于世的君主刚刚迎来了自己的亲政,决定建设一所官方科学院来推动法国科学的发展.这座学院后来被正式定名为巴黎皇家科学院(Académie royale des sciences de Paris),路易十四提供了丰富的赞助,来免除科学家的后顾之忧.他的得力干将柯尔贝尔,这位平日精打细算的财务大臣,此刻开始以简单粗暴大把撒钱的手段迅速聚拢起一批杰出的学者.他以梅森学院的法国科学家为班底,又挖来外国的优秀人才.首先莅临的外籍院士是荷兰人惠更斯,这位当年梅森一手提携的年轻人已经成为一流的学者,柯尔贝尔以三倍于其他法国院士的薪水,聘请惠更斯成为巴黎皇家科学院首任院长,将这位荷兰科学家留在巴黎近二十年.

另一位外籍科学家乔凡尼·多美尼科·卡西尼(Giovanni Domenico Cassini)来自意大利博洛尼亚大学,是杰出的天文学家,执掌博洛尼亚大学天文学系多年,以对木星和火星的观测而闻名,成为当时巴黎天文台的执掌人.巴黎科学院在强大的财政支持及惠更斯、卡西尼双核心的支撑下,借助行政力量,强势崛起,成为欧洲大陆的学术中心.巴黎迅速建立起一套挖掘人才、教育人才的长效机制,整个欧洲大陆的知名学者云集于此,久居他乡的异国学者,也可以以通讯院士的身份与巴黎取得联系.

1672 年,巴黎科学院的执掌者惠更斯迎来了雄心勃勃的年轻政治家——莱布尼兹.莱布尼兹是德国人,此次来巴黎,本是承担外交任务,却结识了惠更斯,走上了科学坦途.莱布尼兹在惠更斯的指导下,开始系统地学习数学.在大师的指导之下,数学功力更见提高.此后他遍访名师,两度访问伦敦,与当时一流的科学家交流学习.

仅仅经过数年,莱布尼兹便独立于牛顿在1675年再次发明了微积分,而且记号体系更为明晰,沿用到今日.自此莱布尼兹开始了与海峡对岸漫长的关于微积分发明权的争吵.争吵日益激烈,海峡两岸剑拔弩张,最终英法两岸的数学家分道扬镳.也由于英国学者沉醉于民族荣光,坚持使用牛顿不够先进的点记法,导致英国的数学几乎在此后的一个多世纪都落后于法国.

在巴黎科学院的努力下,不计出身、只唯学术,几乎名噪一时的大师均被网罗帐下.

百科全书派首脑达朗贝尔,只是出身低微的私生子,由于在学界颇有小成,二十四岁即被提拔为数学部副院士,并逐渐在巴黎科学院取得一席之地.

1768 年,达朗贝尔接待了拉普拉斯,这个年仅 19 岁的农家子弟在第一次见面中便表现出了不凡的数学天赋.他不仅直接指导拉普拉斯的数学研究,还试着帮爱徒安排工作,出任巴黎军事学院数学教授.仅仅五年之后,拉普拉斯也同样进入巴黎科学院,加入到一流数学家的行列中去.

腓特烈大帝去世后,巴黎科学院又从东面的竞争对手柏林科学院挖来年近半百的拉格朗日,在化学家、氧气命名人拉瓦锡的寓所沙龙里,拉格朗日和拉普拉斯均是座上嘉宾.集结了达朗贝尔、拉普拉斯、拉格朗日三大数学巨头,进一步巩固了巴黎科学院的学术地位.

1789年,法国大革命正式爆发.巴黎皇家科学院被看作是旧有王室的势力残余,在1793年横遭解散.

直至1799年,拉普拉斯当年在陆军学院的学生、军事天才拿破仑终于羽翼丰满,成为法兰西的新主,法国的局势终于得以平定.随后科学院复建改组为法兰西科学院.

在此后历史学家的记录里,拉普拉斯曾任法兰西科学院院长,并一手改进了法国的高等教育.他组织改建了高等师范学校和巴黎综合工科学校,并与拉格朗日共同投入到教学工作中,还聘请了一批一流教授.

这一批聚集而来的名师,培养出了19世纪上半叶照亮了法兰西的群星:这批学子中走出了安培(Ampère),他的名字被用作计量电流的单位;有卡诺(Carnot),他日后成为热力学创始人之一;有菲涅耳(Fresnel),他在光学研究中带领波动说重整旗鼓与牛顿粒子说展开对抗;还有泊松(Poisson),他在数学及物理领域都留下了自己冠名的定理.

历经马兰·梅森的沙龙聚会、"太阳王"的皇家科学院、再到法国高等教育改革这一段17世纪末到19世纪初的时间里,是法国学术尤其是数学学科最具统治力的时代.第一个阶段,靠的是学者对学科的自发热爱;第二个阶段,靠的是开明君主的大力支持;第三个阶段,靠的是先进的学术培养制度.热爱科学、官方支持、制度优渥——任何学术体具备了这个三位一体,都无法不培养出一代群英.

巴黎懂得如何尊重和吸纳人才:巴黎科学院建院伊始的两位核心人物惠更斯和卡西尼,都不是法国人,可政府却信任地将学院委托给两位;莱布尼兹长居德意志,依然是学院的通讯院士;出身低微的达朗贝尔和拉普拉斯,靠着学术成就依然可以跻身一群贵族之间;拉格朗日本是意大利人,半百之年依然受到邀请,在革命后的重建中起到了重大的作用.

不过,靠着先进的制度、完善的机构、优秀的教师,固然可以把一代优秀的学子培养成一代杰出的学者,却不能孕育与生俱来的天才.17 世纪的牛顿,18 世纪的欧拉,两位最杰出的数学大师均没有出现在巴黎科学院里.

而到了 19 世纪初,牛顿和欧拉均已作古,法国在革命的废墟上培养提拔了一代精英,按照拉普拉斯和拉格朗日的蓝图,法国在此后一个世纪的学术领先地位几乎是不可撼动的.

当然,在有些人眼中,在数学界,只有最顶尖的天才才配得上大师的称谓,法国数学界人才济济却没有牛顿,也没有欧拉,没有高斯,也没有黎曼;恰似群星璀璨的天空,缺少一轮明月.然而天才的产生完全不可控制,人才的培养却有规律可循;从可操作的层面上来说,法国数学史上这一段华彩的乐章,对当今的中国,是不是最有可参考性呢?

在这本书中,作者选取在近代数学中最具传奇色彩的一位法国数学家的猜想的介绍.要找到这样一个猜想是很困难的.美国第一家现代报纸,1833 年 7 月 30 日在纽约创办的《太阳报》的一位编辑约翰·博加特曾说过:"狗咬人不是新闻,人咬狗才是新闻."同样,写职业数学家如何证明或提出数学猜想,除了专家以外,很少有人会感兴趣,因为这是意料之中的事,是他在做自己该做的事,不具传奇色彩.说到传奇,那么他应该完全是一位并不专门从事数学的业余数学家,如果他再是世界业余数学家之王就更好了.这个唯一的人选就是法国律师费马.

本书给出了费马猜想当 $n = 3,4,5$ 时的证明.

本书的预备知识是大学生的代数课程的内容(包括群、环、场和矢量空间)和一元或二元微积分的知识. 本书中的有些部分会用到复分析的基础知识.

本书作者在前言中指出:

很显然地,你不可能通过一本书去掌握数论的所有分支的相关知识. 于是,我们将重点放在由数学家丢番图命名的丢番图问题上,丢番图写了第一本著名的研究数论的书. 丢番图问题可以大概分为两个类别:

第一类,丢番图方程,其未知数为整数. 它是丢番图所写的这本书的主要内容.

第二类,无理数和超越性问题,该问题将追溯到无理数 $\sqrt{2}$(毕达哥拉斯学派,约公元前 500 年左右). 证明无理数结果的主要途径在于使用丢番图逼近论,它是通过有理数而来的实数的近似值.

按照数学上的分法,本书的内容应分为三大类,即:超越数论、不定方程和丢番图逼近. 为了方便初学者阅读,我们简介一下这三个分支.

一、超越数论(transcendental number theory)

如果一个复数是某个系数不全为零的整系数多项式的根,那么称此复数为代数数. 不是代数数的复数,叫作超越数.

刘维尔开创了对超越数的研究,他于1844年以构造性方法证明了超越数的存在,他采用了构造性方法,实际地构造出超越数,例如复数 $z = \sum_{n=1}^{\infty} g^{-n!}$ 对 $g = 2,3,\cdots$ 都是超越数. 1873 年埃尔米特证明了 e 是超越数,1882 年,林德曼证明了 π 是超越数,从而解决了古希腊的“化圆为方”问题. 由此开拓了超越数论这一领域.

19 世纪超越数论的一项重要成果是林德曼 - 魏尔斯特拉斯定理:如果 $\alpha_1,\alpha_2,\cdots,\alpha_n$ 是两两不同的代数数,$\beta_1,\beta_2,\cdots,\beta_n$

是非零代数数,那么

$$\sum_{i=1}^{n}\beta_i e^{\alpha_i}\neq 0 \tag{1}$$

由此立即得出:若 $\alpha_i(i=1,2,\cdots,n)$ 在有理数域 Q 上线性无关,则 $e^{\alpha_i}(i=1,2,\cdots,n)$ 代数无关(即它们不是任一有理系数多项式方程的根). 由式(1) 知,若 α 是非零代数数,则 $\sin\alpha$, $\cos\alpha$, $\tan\alpha$ 都是超越数;若 α 是不等于 0 和 1 的代数数,则 $\ln\alpha$ 是超越数.

1900 年,希尔伯特提出的 23 个问题中的第 7 问题就是一个超越数论问题:如果 α 是不等于 0 和 1 的代数数,β 是无理代数数,那么 α^{β} 是否为超越数? 1929 年,盖尔丰德证明了:如果 α 是不等于 0 和 1 的代数数,β 是二次复代数数,那么 α^{β} 是超越数,特别地,$e^{\pi}=(-1)^{-i}$ 是超越数. 1930 年,库兹明把这个结果推广到 β 是二次实代数数的情形,特别地,$2^{\sqrt{2}}$ 是超越数. 1934 年,盖尔丰德和施奈德各自独立地对希尔伯特第 7 问题的后半部分别做了肯定回答. 1966 年,贝克证明了如下重要结果:若 $\alpha_1,\alpha_2,\cdots,\alpha_n$ 是非零代数数,且 $\ln\alpha_1,\ln\alpha_2,\cdots,\ln\alpha_n$ 在 $\overline{Q}$ 上线性无关,则 $1,\ln\alpha_1,\ln\alpha_2,\cdots,\ln\alpha_n$ 在所有代数数所构成的域 Q 上线性无关. 由此可推出:(1) 若代数数的对数线性组合(其系数为代数数) 不等于零,则必为代数数. (2) 若 $\alpha_1,\alpha_2,\cdots,\alpha_n$, $\beta_0,\beta_1,\beta_2,\cdots,\beta_n$ 是非零代数数,则 $e^{\beta_0}\alpha_1^{\beta_1}\alpha_2^{\beta_2}\cdots\alpha_n^{\beta_n}$ 是超越数. (3) 若 $\alpha_1,\alpha_2,\cdots,\alpha_n$ 是不为 0 和 1 的代数数,$\beta_1,\beta_2,\cdots,\beta_n$ 是代数数,且 $1,\beta_1,\beta_2,\cdots,\beta_n$ 在 Q 上线性无关,则 $\alpha_1^{\beta_1}\alpha_2^{\beta_2}\cdots\alpha_n^{\beta_n}$ 为超越数. 为此及其他重要数学成就,贝克获得了 1970 年菲尔兹奖.

1874 年,康托引入可数性概念,一个直接的推论是“几乎所有”的实数(复数) 都是超越数. 马勒尔在 1932 年提出一个猜想:对于几乎所有的实数 θ、任意的正整数 n 和正数 ε,至多有有限多个 n 次整系数多项式 $p(x)$,使得 $|p(\theta)|<h^{-(n+\varepsilon)}$,其中 h 是 $p(x)$ 的诸系数的绝对值的最大值. 1965 年被斯普林茄克所证明.

超越数论是数学中最活跃的前沿理论之一，其最新发展已采用了交换代数、代数几何、多复变函数理论及上同调理论等方法. 许多著名问题，例如，沙鲁尔猜想：若复数 $\zeta_1,\zeta_2,\cdots,\zeta_n$ 在 Q 上线性无关，则由 $\zeta_1,\zeta_2,\cdots,\zeta_n,e^{\zeta_1},e^{\zeta_2},\cdots,e^{\zeta_n}$ 在 Q 上生成的域的超越次数至少为 n，又其特例关于 e 和 π 的代数无关性（更"简单"的 e + π 的超越性），以及欧拉常数

$$\gamma = \lim_{n\to\infty}\left(1+\frac{1}{2}+\cdots+\frac{1}{n}-\ln n\right)$$

的超越性的猜测，至今都未解决.

二、不定方程（indeterminate equation）

不定方程指解的范围为整数、正整数、有理数或代数整数等的方程或方程组，一般地说，其未知数的个数多于方程的个数. 为纪念曾研究过若干方程问题的古希腊数学家丢番图，不定方程又称为丢番图方程. 不定方程是数论最古老的分支之一，一些不定方程问题（如勾股数问题）在各文明古国的早期文化中就有所反映，由于不定方程与数学的其他分支如代数群论、代数几何、组合数学等都有密切的关系，在有限群论和最优设计中也常要提出不定方程问题，因而这个古老的分支一直受到数学界的重视，是现代数论的重要研究方向之一.

最简单的不定方程问题是一次不定方程. 1 世纪成书的中国数学名著《九章算术》中的"五家共井"问题，就是一次不定方程组问题. 公元 5 世纪成书的中国另一部数学名著《张邱建算经》中的"百鸡问题"则是一个著名的求正整数解的一次不定方程组问题. 一次不定方程组一般是化为一次不定方程求解的. $s(s\geqslant 2)$ 元一次不定方程是

$$a_1x_1+a_2x_2+\cdots+a_sx_s=n$$

式中 $a_i(i=1,2,\cdots,s)$，n 都是给定的整数，且 $a_1a_2\cdots a_s\neq 0$.

$s=2$ 的情况在 17 世纪就得到深入的研究. 当 $a_1>0,a_2>0,(a_1,a_2)=1$ 时，二元一次不定方程的非负整数解问题是 19

世纪西尔维斯特解决的,他证明了:当 $n > a_1a_2 - a_1 - a_2$ 时,二元一次不定方程有非负整数解,而在 $n = a_1a_2 - a_1 - a_2$ 时没有非负整数解. 多元情况的非负整数解的求解算法则是近几十年的工作.

满足不定方程

$$x^2 + y^2 = z^2 \tag{2}$$

的正整数,叫作勾股数,也叫商高数或毕达哥拉斯数. 中国古代,公元前 11 世纪的商高已给出方程(2) 的一组正整数解 $x = 3, y = 4, z = 5$,所以把方程(2) 的解叫作商高数的原因即在于此,《九章算术》中给出一系列勾股数. 古巴比伦人和古印度人也给出一些勾股数. 古希腊数学家毕达哥拉斯也给出方程(2) 的一些正整数解,所以西方称之为毕达哥拉斯数. 至迟至 16 世纪,人们已经得出方程(2) 的一般解. 如果 $(x,y) = d$,由方程(2) 可得 $d \mid z$,因而可设 $(x,y) = 1$,此外,x 和 y 必有一奇一偶. 不定方程(2) 满足 $(x,y) = 1, z \mid x$ 的全部正整数解可表为

$$x = 2ab, y = a^2 - b^2, z = a^2 + b^2$$

式中 a,b 为满足 $a > b > 0, (a,b) = 1, 2 \nmid a + b$ 的任何整数.

费马提出了在数论史上非常重要的三个命题:

(1) 每一个形如 $4k + 1$ 的素数 p 可唯一地表成两个正整数的平方和,即

$$p = x^2 + y^2 \quad (0 < x < y)$$

(2) 每一个正整数能够表成四个整数的平方和.

(3) 不定方程

$$x^4 + y^4 = z^2, (x,y) = 1 \tag{3}$$

没有 $xy \neq 0$ 的整数解.

定理(1) 费马说他能证出,但未发表证明,第一个完全的证明是欧拉在 1749 年给出的,1773 年和 1783 年他又给出两个新证. 近代,人们进一步求出了具体的表示式(构造性解). 现也未发现费马关于定理(2) 的证明,它的第一个证明是拉格朗日于 1772 年做出的,1773 年,欧拉给出一个更简单的证明. 这一

定理后来在组合数学中得到应用. 费马给出了定理(3) 的证明,在证明中他创用了无穷递降法,这个方法至今仍十分有用.

关于勾股数,有这样一个猜想:设 a,b,c 是勾股数,x,y,z 是正整数,且满足

$$a^x + b^y = c^z$$

那么

$$x = y = z = 2$$

对这个猜想,许多人都对其进行过研究.

最简单的二次不定方程是佩尔方程

$$x^2 - Dy^2 = N, N = \pm 1, \ \pm 4 \tag{4}$$

式中,$D > 0$ 不是平方数. 一般地,先考虑 $N = 1$ 的情况,即不定方程

$$x^2 - Dy^2 = 1 \tag{5}$$

佩尔是 17 世纪英国人,他并没有研究(4) 或(5) 型的方程,由于欧拉弄错了才冠以佩尔的名字. 1766 年前后,拉格朗日首先证明了方程(5) 有 $y \neq 0$ 的整数解. 求佩尔方程最小解的上界,是一个重要的数论问题. 设 $\varepsilon = \dfrac{u + v\sqrt{D}}{2}$,$D \equiv 0$ 或$1(\bmod 4)$ 是方程(4) 在 $N = 4$ 时的最小解,1918 年,F. 舒尔证明了

$$\log \varepsilon < \sqrt{D}\log D$$

1942 年,华罗庚证明了

$$\log \varepsilon < \sqrt{D} \cdot \left(\frac{1}{2}\log D + 1\right)$$

1964 年,王元证明了对任意 $\delta > 0$,皆有常数 $C = C(\sigma)$,使当 $D > C(\delta)$ 时有

$$\log \varepsilon < \left(\frac{1}{4} + \delta\right)\sqrt{D}\log D$$

佩尔方程在数学中有许多应用,例如一般的二元二次方程如果有解,都可以归结为佩尔方程的求解问题.

一般的二元二次不定方程

$$ax^2 + bxy + cy^2 + dx + ey + f = 0 \tag{6}$$

式中a,b,c,d,e,f都是整数. 高斯曾证明,当$D=b^2-4ac>0$,D不是一个平方数,且

$$\Delta=4acf+bde-ae^2-cd^2-fb^2\neq 0$$

时,若方程(6)有一组整数解,则有无穷多组整数解. 不定方程(6)可变换为方程

$$x^2-Dy^2=\pm N \tag{7}$$

不妨设其中整数$D>0$不是平方数,N为正整数. 1944年,T. 内格尔用初等方法,完全解决了方程(7)的求解问题. 形如

$$ax^2+by^2=cz^2 \tag{8}$$

式中$a>0,b>0,c>0$,且两两互素,都无平方因子,是一类重要的二次不定方程. 1785年,勒让德证明了,方程(8)有一组不全为零且$(x,y,z)=1$的解x,y,z的充要条件是$bc,ac,-ab$分别是a,b,c的二次剩余. 1950年,L. 霍尔泽用代数数论方法证明了方程(8)的非零解满足

$$|x|<\sqrt{bc},|y|<\sqrt{ca},|z|<\sqrt{ab}$$

1969年,莫德尔给出上述结果一个简单的初等证明. 方程(8)在组合数学中很有用.

设k为整数,不定方程

$$y^2=x^3+k \tag{9}$$

叫作莫德尔方程. 人们对它的研究亦有数百年的历史了. 费马曾宣布他证明了$y^2=x^3-2$仅有整数解$x=3$. 但始终未找到他的证明. 直到1875年T. 佩平才证明了这一结果,还证出$y^2=x^3-1$仅有整数解$x=1$. 1912年,莫德尔证明了方程(9)的一些新结果,1918年进而证明了方程(9)仅有有限组整数解,并由此提出了著名的莫德尔猜想. T. 内格尔于1930年证明了$k=17$时方程(9)有8组解;1963年,W. 永格伦解决了$k=-7$,$k=-15$两种情形;1968年,A. 贝克证明了方程(9)的整数解满足

$$\max\{|x|,|y|\}<\exp(10^{10}|k|^{10^4})$$

1909年,A. 图埃证明了:如果

$$f(z)=a_nz^n+a_{n-1}z^{n-1}+\cdots+a_1z+a_0 \quad (n\geqslant 3)$$

是有理数域上的不可约的整系数多项式,那么不定方程

$$H(x,y)=a_nx^n+a_{n-1}x^{n-1}y+\cdots+a_1xy^{n-1}+a_0y^n=c \tag{10}$$

仅有有限多组整数解,式中 c 是给定的非零整数. 1921 年,C. 西格尔改进了他的结果;1958 年,K. 罗特给出了一个最佳结果;1968 年,A. 贝克给出了方程(10) 的解的一个可计算的上界,这一工作和其他数论研究方面的成果,使 A. 贝克获得了 1970 年的菲尔兹奖.

1637 年,费马指出,当 $n>2$ 时,不定方程

$$x^n+y^n=z^n$$

没有正整数解. 这就是著名的费马猜想,对它的研究持续了 300 多年,最终被英国数学家安德鲁·怀尔斯彻底证明,并从中发展出许多方法、理论及整个分支学科. 这一问题被誉为数学中的"下金蛋的母鸡".

当前,不定方程研究中比较成熟的方法是处理两个变元的方程. 三个变元以上的高次不定方程,还比较难于处理.

三、丢番图逼近(Diophantine approximation)

丢番图逼近是以研究数——实数、复数,代数数、超越数——的有理逼近为主的一个数论分支. 数的有理逼近,可表为求某种不等式的整数解问题. 由于在整数范围内求解的方程称为不定方程或丢番图方程,因而把求不等式的整数解问题称之为丢番图逼近.

人们很早就产生了有理逼近的思想,用较简单的有理数来逼近、表示某些数,是数学中传统的做法.

例如,公元前 3000 年左右,古巴比伦人就已造出平方根和立方根表,其中用 1.414 213 或 $\frac{17}{12}$ 表示 $\sqrt{2}$,用 $\frac{17}{24}$ 表示 $\frac{1}{\sqrt{2}}$,并广泛应用逼近公式

$$\sqrt{a^2+b}=a+\frac{b}{2a}\quad(b<a)$$

公元前5世纪，印度人用$1+\frac{1}{3}+\frac{1}{3\times4}+\frac{1}{3\times4\times34}$逼近$\sqrt{2}$. 毕达哥拉斯学派曾用$\frac{7}{5}$表示$\sqrt{2}$. 阿基米德给出$\frac{1\,351}{780}>\sqrt{3}>\frac{365}{153}$. 刘徽给出逼近公式

$$a+\frac{r}{2a}>\sqrt{a^2+r}>a+\frac{r}{2a+1}$$

再如，圆周率研究的历史，也就是对无理数π做有理逼近的历史. 较著名的有：公元前2世纪，阿基米德给出$\frac{22}{7}>\pi>\frac{223}{71}$；263年，刘徽得出$\pi\approx\frac{157}{50}$；480年左右，祖冲之给出

$$3.141\,592\,7>\pi>3.141\,592\,6,\pi\approx\frac{355}{113}$$

1579年，韦达得出

$$\frac{2}{\pi}=\frac{\sqrt{2}}{2}\cdot\frac{\sqrt{2+\sqrt{2}}}{2}\cdot\frac{\sqrt{2+\sqrt{2+\sqrt{2}}}}{2}\cdot\cdots$$

1585年，安托尼兹得出$\frac{377}{120}>\pi>\frac{333}{106}$，他取分子和分母的平均数构出一个新逼近分数$\pi\approx\frac{355}{113}$，恰是一千多年前祖冲之的结果；1593年，荷兰人罗曼得到π的前15位精确值；等等.

当然，上述仅是些个别的工作，真正系统的逼近理论是在19世纪与实数理论的建立同步进行的.

1842年，迪利克雷证明了实数有理逼近的第一个结果：如果α是任意实数，Q是大于1的实数，那么存在整数对p,q，满足不等式$1\leqslant q<Q$和$|\alpha q-p|\leqslant Q^{-1}$. 由此可得，如果$\alpha$是无理数，那么存在无穷多对互素的整数对$p,q$，满足不等式$\Big|\alpha-$

$\left.\frac{p}{q}\right| < q^{-2}$. 当 α 是有理数时,上式不成立. 1891 年,胡尔维茨将上式改进为 $\left|\alpha - \frac{p}{q}\right| < \frac{1}{\sqrt{5}}q^{-2}$,并认为 $\sqrt{5}$ 是最佳值. 1955 年,美国的福德用 $\sqrt{3}$ 代替 $\sqrt{5}$,将该式推广到复数. 1982 年,我国的李复中也对该式做了推广,他证明,在无理数 α 的任意三个连续渐近分数中,必有一个 $\frac{p_i}{q_i}$ 适合 $\left|\alpha - \frac{p_i}{q_i}\right| < \frac{1}{\sqrt{a_i^2 + 4q_i^2}}$,其中,$\frac{p_i}{q_i}$ 为第 i 个渐近分数,a_i 为第 i 个部分商. 当所有的 $a_i = 1$ 时,上式就成为胡尔维茨公式. 这两个不等式恰好给出了有理逼近的上下界. 1976 年,布劳德提出,对每个无理数 α 及每个 $\varepsilon > 0$,是否存在无穷多对素数 p,q,使 $\left|\alpha - \frac{p}{q}\right| < \frac{1}{q^{2-\varepsilon}}$ 成立?1926 年,辛钦证明了丢番图逼近测度定理:在勒贝格测度意义下对几乎所有的实数 α,不等式 $\left|\alpha - \frac{p}{q}\right| < \frac{\Psi(q)}{q}$ 的整数解有无穷多对还是有限多对,由级数 $\sum_{q=1}^{\infty}\Psi(q)$ 是发散还是收敛决定,这里 $\Psi(\varepsilon)(\varepsilon > 0)$ 是正的非增函数.

1844 年,刘维尔开创了实代数数有理逼近的研究,他证明了:如果 α 是次数为 d 的实代数数,那么存在一个常数 $C(\alpha) > 0$,对于每个不等于 α 的有理数 $\frac{p}{q}$,有 $\left|\alpha - \frac{p}{q}\right| > \frac{C(\alpha)}{q^d}$. 即若 $\mu > d$,则不等式 $\left|\alpha - \frac{p}{q}\right| < q^{-\mu}$ 只有有限多个解 $\frac{p}{q}$. 根据这一结果,刘维尔构造出人们第一个认识的超越数 $\alpha = \sum_{v=1}^{\infty} 2^{-v!}$. 以后人们不断改进 μ 值,直到得出 μ 与 d 无关的结果. 1909 年,图埃得出 $\mu > 1 + \frac{d}{2}$;1921 年,西格尔改进为 $\mu > 2\sqrt{d}$;1947 年,戴森,1948 年,盖尔丰德各自独立地证明了 $\mu > \sqrt{2d}$;1955 年,

罗特得出一个 μ 与 d 无关的结论,他证明,如果 α 是实代数数,其次数 $d \geqslant 2$,那么对于任意的 $\varepsilon > 0$,不等式

$$\left|\alpha - \frac{p}{q}\right| < q^{-(2+\varepsilon)}$$

只有有限多个解. 人们猜想这恐怕是最好的结果了.

对于一组数的有理逼近问题,称为联立丢番图逼近,从迪利克雷起亦代有研究. 关于实代数数的联立有理逼近问题,1970 年才被施密特所解决. 用代数数逼近代数数也是丢番图逼近的重要内容. 丢番图逼近是数论的一个活跃的分支,与超越数论、不定方程等都有密切的关系.

按本书作者的设想,本书的目的是让读者了解数论的美丽和迷人之处. 本书的目标读者是研究生和高年级本科生,还包括专业的数学家、数学教师和数学教育的外行人.

从这一点入手,本书能帮助读者发现数论中基本的和有启发性的内容,从基本的观点来看:

(1) 级数中实数的扩展、无穷乘积和连分数;

(2) 平方和是整数的表现形式;

(3) 数论函数(深入了解素数理论);

(4) 代数数论;

(5) 丢番图方程;

(6) 无理数和超越性方法;

……

本书是完全独立的. 一些证明留给读者作为练习. 留给读者的目的是提高他们主动阅读的能力和强调书中一些被选择的证明和部分内容的主旨.

然而,209 个练习中有很大一部分包含在应用和对在理论中发展起来的概念的研究中. 希望这些练习可以帮助读者理解和精通数学家们锻造的强大工具.

至于本书的出版时机,其中有一点是受到了去年阿贝尔(Abel) 奖的影响,它重新激起了人们对数论的热情.

挪威科学与文学院决定将2016年的阿贝尔奖授予牛津大学的安德鲁·怀尔斯(Andrew J. Wiles)爵士(62岁),以表彰“他通过半稳定椭圆曲线具有模性的猜想,令人惊叹地证明了费马大定理,从而在数论领域开创了一个新时代”.

下面将简单介绍一下安德鲁·怀尔斯教授.

1953年4月11日,安德鲁·怀尔斯出生于剑桥,1974年在牛津大学墨顿(Merton)学院获得数学学士学位,1980年在剑桥大学克莱尔(Clare)学院获得博士学位.安德鲁·怀尔斯于1981年在新泽西的高等研究院度过了一段时期后,成为普林斯顿大学的教授.在1985～1986年,安德鲁·怀尔斯是巴黎附近的高等科学研究院和巴黎高等师范学院的Guggenheim教授.在回到普林斯顿大学之前,安德鲁·怀尔斯是牛津大学的皇家学会研究教授.2011年安德鲁·怀尔斯作为皇家学会研究教授重新加入牛津大学.

安德鲁·怀尔斯获得过数学和科学领域的一些重要奖项,包括罗夫·肖克(Rolf Schock)奖,奥斯特洛夫斯基(Ostrowski)奖,沃尔夫(Wolf)奖,英国皇家学会的皇家奖章(Royal Medal),美国国家科学院的数学奖以及邵逸夫奖.国际数学联盟(International Mathematical Union)授予他迄今为止首次颁发的银质奖章.他还被授予克莱(Clay)研究奖.2000年,获封骑士勋章.

安德鲁·怀尔斯是皇家学会会员,他是美国国家科学院和法国科学院的外籍院士.他拥有牛津大学、剑桥大学、哥伦比亚大学、耶鲁大学、华威(Warwick)大学和诺丁汉(Nottingham)大学的荣誉学位.

数论这一古老而又美丽的数学分支涉及的是整数运算性质的研究.在其现代形式中,该主题在本质上与复杂的分析、代数几何以及表示理论密切相关.数论最终会通过通信、金融交易和数字安全的加密算法在我们的日常生活中发挥重要作用.

费马大定理由皮埃尔·德·费马(Pierre de Fermat)在17

世纪首次提出该定理断言当 $n > 2$ 时，方程

$$x^n + y^n = z^n$$

没有正整数解. 费马本人证明了 $n = 4$ 的情形，莱昂哈德·欧拉(Leonhard Euler) 证明了 $n = 3$ 的情形，苏菲·格尔曼(Sophie Germain) 证明了适用于无穷多素数指数的第一个一般性结果. 恩斯特·库默尔(Ernst Kummer) 对这一问题的研究揭示了代数数论中的几个基本概念，例如理想数和唯一因子分解定理. 安德鲁·怀尔斯发现的完整证明依赖于数论中另外三个概念，即椭圆曲线、模形式和伽罗瓦(Galois) 表示.

椭圆曲线是通过由两个变量构成的三次方程定义的. 它们属于尼尔斯·亨利克·阿贝尔(Niels Henrik Abel) 提出的椭圆函数这一概念的自然范畴里. 模形式是在复平面上的上半部分定义的高度对称的解析函数，并通过称为模曲线的形状自然表示出来. 椭圆曲线如果能够通过这些模曲线之一的映射而参数化，就会被认为是模的. 模性质猜想由志村五郎(Goro Shimura)、谷山丰(Yutaka Taniyama) 和安德烈·韦伊(André Weil) 在 20 世纪 50 ~ 60 年代提出，声称在有理数范围内定义的每个椭圆曲线都是模的.

1984 年，格哈德·弗雷(Gerhard Frey) 将半稳定椭圆曲线与费马大定理的任何假设反例关联起来，并强烈地感觉到此椭圆曲线不会是模的. 费雷的非模性在 1986 年由肯尼斯·瑞贝(Kenneth Ribet) 通过让 - 皮埃尔·塞尔(Jean-Pierre Serre) 的猜想所证实. 因此，证明了志村 - 谷山 - 韦伊的半稳定椭圆曲线的模性质猜想也就证明了费马大定理. 然而，当时模性质猜想被广泛认为是完全不可理解的. 因此，当安德鲁·怀尔斯在他 1995 年发表的突破性论文中介绍他的模性提升技术，并证明半稳定情形下的模性质猜想之后，他在这方面取得了惊人的进展.

怀尔斯的模(modularity，应为“模性”) 提升技术涉及椭圆曲线上阿贝尔群结构中有限阶点的伽罗瓦对称性. 基于巴瑞·

马资尔(Barry Mazur)对此伽罗瓦表示的变形理论,怀尔斯确定一个数值标准,确保阶点的模性质提升到阶点的任何次幂的模性质,其中是一个奇素数.然后,此提升的模性质足以证明椭圆曲线是模的.该数值标准在半稳定情况下通过使用与理查德·泰勒(Richard Taylor)共同撰写的重要配套论文所确认.

罗伯特·朗兰兹(Robert Langlands)和杰罗德·滕内尔(Jerrold Tunnell)的定理表明,在许多情况下,由阶点3给出的伽罗瓦表示具有模性质.通过将一个素数巧妙地转换到另一个素数,怀尔斯论证,在其余情况下,由阶点5给出的伽罗瓦表示具有模性质.这样就完成了他的模性质猜想的证明,因此也证明了费马大定理.

由怀尔斯引入的新思路对于许多后续发展极其重要,包括克利斯朵夫·布勒尔(Christophe Breuil)、布莱恩·康拉德(Brian Conrad)、弗雷德·戴默德(Fred Diamond)和理查德·泰勒在2001年对该模性质猜想的一般情况的证明.在2015年,努诺·弗雷塔斯(Nuno Freitas)、保维勒鸿(Bao V. Le Hung)和萨米尔·思科谢科(Samir Siksek)证明了实二次数域的类似模性质断言.对费马大定理的证明,包含一段丰富的数学史,且颇具戏剧性,很少有其他的成就能与之相提并论.

本书是原版引进的,本工作室的编辑人员保持了全书原貌.但也发现了一些问题:如作者在前言中提到著名的数论学家莫德尔(Louis Mordell),我们查到的生卒年应是1888—1972,而书中作者给出的是1872—1952,其余不一一列举.

本书是一个系列丛书中的一本,其中:

系列编辑:布鲁斯·C.伯恩特(Bruce C. Berndt,美国伊利诺伊大学香槟分校);钱恒发(Heng Huat Chan,新加坡国立大学).

编辑委员会成员:

乔纳森·M.博尔文(Jonathan M. Borwein,澳大利亚纽卡斯尔大学)；

威廉·杜克(William Duke,美国加州大学洛杉矶分校)；

李维尼(Wen-Ching Winnie Li,美国宾夕法尼亚州立大学)；

卡纳安·桑德拉让(Kannan Soundararajan,美国斯坦福大学)；

瓦迪姆·祖迪林(Wadim Zudilin,澳大利亚纽卡斯尔大学).

已出版：

第1卷:解析数论入门教程,保罗·贝特曼,哈罗德·戴默德(Paul T. Bateman,Harold G. Diamond)；

第2卷:中正大学数论教程,佘文卿(Minking Eie)；

第3卷:大学解析数论教程,钱恒发(Heng Huat Chan)；

第4卷:数论中的丢番图问题,丹尼尔·迪韦尔内(Daniel Duverney).

其余几卷我们也将陆续出版,没有别的原因,就是因为笔者喜爱数论.

1962年胡适在台湾逝世.香港中文大学电子工程系名誉教授陈之藩一连写了9篇纪念胡适的文章.他回忆道:"并不是我偏爱他,没有人不爱春风的,没有人在春风中不陶醉的.因为有春风,才有绿杨的摇曳;有春风,才有燕子的回翔.有春风,大地才有诗;有春风,人生才有梦."

对于许多爱数论的人来说,数论就像春风.

刘培杰
2017年11月2日
于哈工大

数论(梦幻之旅)——第五届中日数论研讨会演讲集

青木崇
金光茂
刘建亚　著

编辑手记

2012 年 8 月 30 日,时年 43 岁的日本数学家,京都大学教授望月新一在数学系主页上发布了 4 篇论文,他宣称自己解决了数学史上最富传奇色彩的数论未解猜想:ABC 猜想,于是数论和日本数学家又开始充斥于各级媒体.

ABC 在我们日常语言中常用,有入门的含义,但这里我们所说的 ABC 却是个超级大猜想.

2016 年,"阿尔法狗横扫李世石" 成为当年的十大科学传播事件之一后,有人提出:ABC 正在成为我们时代的主题:A 是 AI,人工智能;B 是 Big Data,大数据;C 是 Cloud,云计算.

但我们数学圈内流传的 ABC 猜想是在 27 年前由玛撒尔(Masser) 和奥斯特勒(Oesterle) 分别独立提出的,俄罗斯甚至还以此猜想为背景命制了一道竞赛试题:

正整数 n 的所有质因数的乘积(每一个质因数只出现一次)称为基根基,记为 $\mathrm{rad}(n)$,例如 $\mathrm{rad}(120)=2\times3\times5=30$. 是否存在三个两两互质的正整数 a,b,c,使得 $a+b=c$, 且 $c>1\ 000\cdot\mathrm{rad}(abc)$?

有选手找到了形如 $a=10^n-1,b=1,c=10^n$ 的例子.

现在取 k,使得 $3^k>1\ 000$,而正整数 n,由欧拉定理:由于 $\varphi(3^{k+1})=2\cdot3^k$,所以 $10^{2\cdot3^k}-1$ 是 3^{k+1} 的倍数,那么就可取 $n=2\cdot3^k$,于是

$$\begin{aligned}\operatorname{rad}(abc) &= \operatorname{rad}((10^n-1)10^n) = 10\operatorname{rad}(10^n-1)\\ &= 3\cdot 10\operatorname{rad}\left(\frac{10^n-1}{3^{k+1}}\right) < 10\,\frac{10^n-1}{3^k}\\ &< \frac{10^{n+1}}{10\ 000} = \frac{c}{1\ 000}\end{aligned}$$

著名的ABC猜想则是断言:对于任何$\varepsilon>0$,都存在这样的常数k,使得任何满足关系式$A+B=C$的两两互质的正整数A,B,C都满足不等式$C<k\cdot \operatorname{rad}(ABC)^{1+\varepsilon}$.

由这个猜想的正确性,可以推出数论中的一系列著名论断.例如,只要ABC猜想成立,那么就不难推出,在$n>2$时,费马方程$x^n+y^n=z^n$就只有有限个解.而上面所引的这道俄罗斯奥数试题所给出的信息就是:不能将ABC猜想中的$1+\varepsilon$换成1.

ABC猜想在我国关注度不高,但还是有的.超椭圆曲线存在一个由其到p'的二重覆盖映射的代数曲线,具有一些特殊的算术和几何性质,其中某些性质和椭圆曲线的类似,但是由于亏格的原因不再具有Mordell-Weil群的结构,也有很多性质和椭圆曲线差别较大,椭圆曲线上的Szpiro猜想是丢番图逼近理论中很重要的一个猜想,该猜想和著名的ABC猜想等价.清华大学的一位硕士在邱林生教授的指导下,在承认ABC猜想的情况下,在一定条件下将在超椭圆曲线上的Szpiro猜想推广到了更一般的情况,而且由于他们采用了显式的ABC猜想的表达形式,所以还可以看出ABC猜想中的控制常数是怎样影响结论的.

数域上的ABC猜想是这样的:k是一个数域.$O_{k,s}$是k的s-整数环,设$a,b,c\in O_{k,s}$满足$a+b+c=0$,那么对于$\forall\varepsilon>0$

$$H_k(a,b,c)\ll \operatorname{rad}_{s,k}(abc)^{1+\varepsilon}$$

这里的隐性常数只依赖于k,s和ε.

当然还有一般代数数域上的ABC猜想,不过是引进了数域k的共轭差积(discrimnant).

日本从来就不乏传奇的数论学家,以在攻克费马大定理的征途中出现的日本数学家为例就有:日本东京大学的志村五郎(Goro Shimura)和谷山(Yutaka Taniyama).

谷山在1955年9月召开的东京日光会议上，与志村联手研究了椭圆曲线的参数化问题，提出了谷山－志村猜想，即：任一椭圆曲线都是模曲线. 1986年贝特由塞尔猜想证明了谷山－志村猜想，这样要证明费马大定理，只须证对半稳定椭圆曲线谷山－志村猜想成立，而怀尔斯恰好就是这么做的.

整个20世纪70年代谷山－志村猜想都在数学家中引起了惊惶，因为它的蔓延之势不可阻挡，怀尔斯后来回忆说："我们构造了越来越多的猜想，它们不断地向前方延伸，但如果谷山－志村猜想不是真的，那么它们全都会显得滑稽可笑. 因此我们必须证明谷山－志村猜想，才能证明我们满怀希望地勾勒出来的对未来的整个设计是正确的.

费马定理像一块试金石，它检验着世界各国的数学水平，日本还曾出现了一位对此颇有贡献的数学家，他就是日本数学界的骄傲 —— 宫冈洋一先生. 宫冈先生是东京都立大学数学教授，曾在德国波恩访问进修. 1988年整个数学界被闹得沸沸扬扬，有关宫冈证明了费马大定理的新闻传遍了世界各个角落，那么宫冈洋一真的成功了吗？现在我们已经从1988年4月8日 *The Independent* 上发表的一篇评论中知道："不幸，宫冈博士试图在一个相关的领域 —— 代数数论中，得到一种基变换，但这一点似乎是行不通的."

日本数论专家浪川幸彦以《波恩来信》的形式讲述了这一事件的经过. 他的讲述既通俗又有趣，他写道：

"收到贺年信一直想要回信，转眼之间过了一个月，而且到了月底. 不过托您的福我可以报告一个本世纪的大新闻.

历史上最古老而著名的问题之一费马猜想很可能已被在德国波恩逗留的宫冈洋一(从理论上)证明了. 目前正处在细节的完成阶段，还要花些时间来确定正确与否，依我所见有足够的成功希望. 众所周知，费马猜想是说对于自然数 $n>2$，不存在满足

$$x^n+y^n=z^n \qquad *$$

的自然数 x,y,z，上面所说的'理论上'，意思是指对于

充分大的(自然)数$n>N$可以证明,而且这个N在理论上是可以计算的.该N可以用某个自守函数与数论不变量表示,但实际的数值计算似乎相当麻烦,并且还不知道是否对一切n确实都已解决.不过如果他的结果被确认是正确的,人们就会同时集中改善N的估计,有必要就动用计算机,那么最终解决也就为期不远了.但是,姑且不论宣传报道,对于我们纯数学工作者来说,本质是理论上的解决.

宫冈先生从去年下半年起对这个问题感兴趣并一直持续地进行研究,特别是今年在巴黎与梅热等讨论以后,他的研究工作迅速取得进展.偶尔在饭桌上听到他研究工作的进展情况,就是作为旁观者也感到心情激动,能成为这一历史事件的见证人我深感荣幸,何况宫冈先生还是我最亲密而尊敬的朋友之一,其喜悦之情又添一分."

在其证明方法中,阿兰基洛夫-法尔廷斯(Arake-Faltings)的算术曲面理论起着中心的作用.

要说明什么是算术曲面是很难的,这就是在代数整数环(例如有理整数环Z)上的代数曲线中,进一步考虑了曲线上的"距离".代数整数环在代数几何中说是一维的(曼宁称数论维数),整体当然是二维(曲面).从图上看,整数环成星状结构,例如在Z上就是只是该(数论)曲线在"0"处开着"孔",不具有紧流形那种好的性质.通过引入"距离"将其"紧化"后就是算术曲面.这 理论受外尔批判的影响,本质上超越了格罗登迪克的概型理论.这回的结果如果正确,那么就是继法尔廷斯证明了莫德尔猜想之后,表明了这一理论在本质上的重要性.

实际上,宫冈的理论给出了比莫德尔猜想本身,包括估计解的个数更强的形式,以及更自然的证明,他的结果的最大重要性正在于此.费马定理不过是一个应用例子(的确是个漂亮的应用).法尔廷斯在莫德尔猜想的证明之处展开了算术曲面理论,我们推测他恐怕是指望用后者证明莫德尔猜想.宫冈的结果正是实现了法尔廷斯的这一目标.

他的理论包含了重要的新概念,今后必须详细加以研究.这一理论若能确立,则会给不定方程理论领域带来革命性的变化.它把黎曼曲面上的函数论与数论联系了起来,遗憾的是在我们代数几何工作者看来似乎很难登台表演.

要对证明做详细介绍实在是无能为力,就按进展的情况来说说大概.首先由莫德尔猜想知道方程 *(当n确定时)的解的个数(除整数倍外)是有限多个.帕希恩利用巧妙的手法表明,类似于由宫冈自己在10年前证明的一般复曲面的Chern数的不等式(Bogomolov - 宫冈 - Yau不等式)如果在算术曲面成立,那么就可以证明较强形式的莫德尔猜想,进而利用弗雷的椭圆曲线这种特殊的算术曲面,就可以证明费马猜想(对于充分大的n).

但是,在帕希恩的笔记中成问题的是,若按算术曲面中Chern数的定义类似地去做,则很容易做出不等式不成立的反例,一时间就怀疑帕希思的思想是否成立.但是梅热却想出摆脱这点的好方法,宫冈进一步推进了这条路线.就是主张引入只依赖于特征0上纤维(本质上是有限个黎曼面)的别的不变量,使得利用它不等式就能成立.证明则是重新寻找复曲面的不等式(令人吃惊的是不只定理,甚至连证明方法都非常类似),此刻最大的障碍是没有关于向量丛的阿兰基洛夫-法尔廷斯理论,他援引了德利哥尼-比斯莫特(Bismut)-基列斯莱等关于奎伦距离(解析挠理论)这种高度的解析手法的最新成果克服了这一困难(还应注意这一理论与物理的弦模型理论有着深刻的联系).

这一宏大理论的全貌涉及整个数论、几何、分析,它综合了许多人得到的深刻结果,宛如一座Köln大教堂.恐怕可以这样说,宫冈作为这一建筑的明星,他把圆顶中央的最后一块石子镶嵌到了顶棚之上.

但宫冈的推论交叉着如此壮大的一般理论与包含相当技巧的精细讨论,就连要验证都很不容易,对他始终不渝的探索、最终找到这复杂迷宫出口的才能,浪川幸彦钦佩至极.他出类拔萃的记忆为人称道,有人曾赠他"Walking encyclopedia"(活百科全书)的雅号,并对他灵活运用他那个丰富数据库似的才能惊讶万分.

在3月29日浪川幸彦的信中又说,此信虽是准备作为发往日本的特讯,但到底还是宣传报道机构的嗅觉灵敏,在此信到达以前日本早已轰动,就像在全世界捅了马蜂窝似的.而且仅这方面的奇妙报道就不少,为此浪川幸彦想对事情经过作一简短报告,以正视听.

事情的发端是,2月26日在研究所举行的讨论班上宫冈发表了算术曲面中类似的宫冈不等式看来可以证明的想法.这时的笔记复印件由扎格(D. Zagier,报纸上有各种读法)送给欧美的一部分专家,引起了振动.

因特网是IBM计算机的国际通信线路,可以很方便地与全世界通信联络,这回就是通过它把宫冈的消息迅速传遍数学界的.因此其震源扎格那里从3月上旬起电话就多得吓人,铃声不断.

但是,具有讽刺意味的是IBM计算机当时在日本还没有普及,因特网在日本几乎没有使用,因此宫冈的消息除少数人知晓外,在日本还鲜为人知.

正当其时,3月9日UPI通讯(合众国际社)以"宫冈解决了费马猜想吗?"为题做了报道,日本包括数学界在内不啻晴天霹雳,上下大为轰动.

但感到震惊的不仅日本,而且波及整个世界,此后宫冈处的电话铃声不绝,他不得不切断电话,暂时中止一切活动.

从效果上看,这一报道是过早了.UPI电讯稿发出之时,正当宫冈将其想法写成(手写)的第一稿刚刚完成之际.在数学界,将这种论文草稿(预印本)复印送给若干名专家,得到他们的评论后再确定在专业杂志发表的最终稿,这种做法司空见惯(不少还要按审稿者的要求再做修改).像费马问题这样的大问题,出现错误的可能性相应的也要大些,因此必须慎之又慎.在目前阶段还不能说绝对没有最终毫无结果的可能性.宫冈先生面临着巨大的不利条件,在一片吵闹声中送走了很重要的修改时期.

正如人们所预料的,实际上第一稿中确实包含了若干不充分之处.

宫冈预定 3 月 22 日在波恩召开的代数几何研究集会上详细公布其结果. 但经过与前一天刚刚从巴黎赶来的梅热反复讨论,到半夜时分就明白了还存在相当深刻的问题. 为此次日的讲演就改为仅止于解说性的.

与此前后,还收到了法尔廷斯、德利哥尼等指出的问题(前者提的本质上与马祖尔相同).

后来才清楚,他的主要思想,即具有奎伦距离的讨论是好的(仅此就是独立的优秀成果). 但紧接着的算术代数几何部分的讨论有问题,依照那样推导不出莫德尔型的定理.

这段时间大概是宫冈最苦恼的时期了. 事情已经闹大,退路也没有了. 不过这一周的研究集会中,欧洲各位同行老朋友来此聚会本身就大大搭救了他. 大家都充分体会研究的甘苦,所以并不把费马作为直接话题,在无拘束的交谈之中使他重新振奋起了精神.

尽管如此,对于在如此状况下继续进行研究的宫冈的顽强精神,浪川幸彦说他只能表示敬服. 在大约一周之内,他改变了主要定理的一部分说法,修正了证明的过程,由此出现了克服最大问题点的前景. 在浪川写这篇稿时,他已开始订正其他不齐备与错误之处,进行修改稿的完成工作.

因此,虽然一切还都处于未确定的阶段,但很难设想如此漂亮的理论最终会化为乌有,也许还可能修正一部分过程,但即使是宫冈先生这种修正过程的技巧也是有定论的.

谷山、志村与宫冈洋一以及望月新一的出现并非偶然,有着深刻的历史背景与现实原因,我们有必要探究一番. 日本的数学发展较晚,与中国古代的数学成就相比稍显逊色,但交流是存在的. 伴随律令制度的建立,中国的实用数学也很早就在日本传播开来. 除了天文和历法的需要之外,班田制的实施、复杂的征税活动以及大规模的城市建设,都必须掌握实用的计算、测量技巧. 早在 7 世纪初,来自百济的僧人观勒已经在日本致力于普及中国的算术知识. 在大化革新(645) 之后,日本仿照中国的学制设立了大学(671). 当时算术是大学中的必修科目之一. 在大宝元年(701) 制定的大宝律令中,明确地把经、音、书、算作为大学的四门学科,在算学科中设有算博士 1 人、算生 30 人. 在奈良时代(710—793),《周髀》《九章》《孙子》等著名算经已经成为在大学中培养官吏的标准教材.

我们从日本最古老的歌集《万叶集》(759) 中可以见到九九口诀的一些习惯用法. 例如把 81 称作“九和”,把 16 称作“四四”,这说明九九口诀在奈良时代已相当流行. ①

古代日本和中国一样,也是用算筹进行记数和运算. 中国元朝末期发明的珠算,大约在 15 ~ 16 世纪的室町时代传入日本. 在日本称算盘为“十露盘”(そツぼツ,Soroban). 这个词的语源至今不明,但在 1559 年出版的一部日语辞典(天草版) 中,已经收入了“そろぼ” 这个词. 除了从中国引进的“十露盘” 之外,在日本的和算中还有一种称作“算盘”(さんぼん,Sanban) 的计算器具,是在布、厚纸或木盘上画出棋盘状的方格,借助于大约 6 厘米长的算筹在格中进行运算. 这两种不同的计算器具其汉字都可写作“算盘”,但是发音不同,含义也不一样.

17 世纪,日本人在中国传统数学的基础上创造了具有民族特色的数学体系 —— 和算. 和算的创始人是关孝和(1642—1708).

在关孝和以前,日本的数学和天文、历算一样,在很长一个时期(大约 9 ~ 16 世纪) 处于裹足不前的状态. 16 世纪下半叶,织田信长和丰臣秀吉致力于统一全国,当时出于中央集权政治的需要,数学重新受到重视. 以此为历史背景,明万历年间程大位所著《算法统宗》(1592) 一书,出版不久即传入日本. 江户早期的著名数学家毛利重能著《割算书》②(1622) 一书,推广了《算法统宗》中采用的珠算法,而他的学生吉田光由(1598—1672) 则以《算法统宗》为蓝本著《尘劫记》(1627) 一书,用适合于日本人口味的体裁,把中国的实用算术普及到广大民间.

---

① 从 20 世纪敦煌等地出土的木简可知,中国在很古老的时候已经形成了九九口诀.《战国策》中称,有人曾以九九之术赴齐桓公门下请求为士.

② 日文中的“割算” 即除法.

在日本影响较大的另一部算书是元朝朱世杰的《算学启蒙》(1299). 此书出版不久即传至朝鲜,而在中国却一度失传,后由朝鲜返传回中国. 日本流行的《算学启蒙》一书,据说是根据丰臣秀吉出征朝鲜之际带回的版本复刻而成的(1658).

通过《算法统宗》和《算学启蒙》,日本人掌握了中国的算术和代数(即"天元术"). 关孝和就是在中国传统数学的影响下,青出于蓝而胜于蓝,在代数学中创造性地发展了有文字系数的笔算方法. 他的《发微算法》(1674) 为和算的发展奠定了基础.

这期间稍后的一位比较著名的数学家是会田安明(Aida Ammei,1747—1817). 会田安明生于山形(Yamagata), 卒于江户(现在的东京). 15 岁开始从师学习数学,22 岁到江户谋生,曾管理过河道改造和水利工程. 业余时间刻苦自学数学,经常参加当时的学术争论. 1788 年,他弃去公职,专门从事数学研究和讲学,逐渐扩大了在日本数学界的影响,他所建立的学派称为宅间派. 会田安明的工作包括几何、代数、数论等几个方面. 他总结了日本传统数学中的各种几何问题,深入研究了椭圆理论,指出怎样决定椭圆、球面、圆、正多边形的有关公式. 探讨了代数表达式和方程的构造理论,提出用展开 $x_1^2 + x_2^2 + \cdots + x_n^2 = y^2$ 的方法,求 $k_1x_1^2 + k_2x_2^2 + \cdots + k_nx_n^2 = y^2$ 的整数解. 利用连分数来讨论近似分数. 还编制出以 2 为底的对数表. 在他的著作中,大量地使用了新的简化的数学符号. 会田安明非常勤奋,一年撰写的论文有五六十篇,一生的著作不少于 2 000 种.

日本数学的复兴是与对数学教育的重视分不开的.

日本从明治时代就非常重视各类学校的数学教育. 数学界的元老菊池大麓、藤泽利喜太郎等人曾亲自编写各种数学教科书,在全国推广使用. 因此,日本的数学教育在 20 世纪初就已经达到了国际水平. 从大正时代开始,著名数学家层出不穷. 特别是在纯数学领域,藤泽利喜太郎(东京大学) 和他门下的三杰(高木贞治、林鹤一、吉江琢儿) 发表了一系列有国际水平的研究成果. 其中最著名的是高木贞治(1875—1960) 关于群论的研究. 在高木门下又出现了末纲恕一、弥永昌吉、正田健二郎三位新秀,他们以东京大学为基地,推动了数学基础理论的研究.

大约与此同时,在新建的东北大学形成了以林鹤一为中心的另一个重要的研究集团,其成员主要有藤原松二郎、洼田忠彦、挂谷宗一等人. 日本著名数学教育家、数学史家小仓金之助也是这个集团的重要成员之一. 林鹤一在1911年创办了日本最早的一个国际性专业数学刊物《东北数学杂志》,使日本的数学成就在世界上享有盛名.

进入20世纪30年代之后,沿着《东北数学杂志》的传统,在东北大学涌现了淡中忠郎、河田龙夫、角谷静夫、佐佐木重夫、深宫政范、远山启等著名数学家. 此外,在大阪大学清水辰次郎(东京大学毕业)周围又形成了一个新兴的研究中心,其主要成员有正田健次郎(抽象代数)、三村征雄(近代解析)、吉田耕作(马尔可夫过程)等人. 在东京大学,除了末恕纲一、弥永昌吉在整数论方面的卓越成就之外,更值得注意的是,在弥永昌吉门下出现了许多有才华的数学家,其中有小平邦彦(调和积分论)、河田敬义(整数论)、伊藤清(概率论)、古屋茂(函数方程)、安部亮(位相解析)、岩泽健吉(整数论)等人. 第二次世界大战以后,以弥永的学生清水达雄为中心,展开了类似法国布尔巴基学派的新数学运动.

第二次世界大战期间京都大学的数学研究似乎比较沉默,但也还是出现了一位引人注目的数学家冈洁. 他在1942年发表了关于多复变函数论的研究,于1951年获日本学士院奖. 第二次世界大战以后,围绕代数几何学的研究,形成了以秋月良夫为中心的京都学派.

可以看出,日本的纯数学研究从明治时代开始,到20世纪三四十年代,已经形成了一支实力相当雄厚的理论队伍. 在第二次世界大战动员时期,数学作为"象牙塔中的科学"仍然保持其稳步前进的势头,并取得了不少创造性成就.

日本数学与中国数学相比,虽然开始中国数学居于前列,并且从某种意义上充当了老师的角色,但随后日本数学后来居上. 两国渐有差距,是什么原因促使这一变化的呢? 关键在于对洋算的态度,及对和算的废止.

据华东师大张奠宙教授比较研究指出:

> “1859 年,当李善兰翻译《代微积拾级》之时,日本数学还停留在和算时期. 日本的和算,源于中国古算,后经关孝和等大家的发展,和算有许多独到之处. 行列式的雏形,可在和算著作中找到. 19 世纪以来,日本学术界,当然也尊崇本国的和算,对欧美的洋算,采取观望态度. 1857 年,柳河春三著《洋算用法》,1863 年,神田孝平最初在开城所讲授西洋数学,翻译和传播西算的时间均较中国稍晚.”

但是明治维新(1868)之后,日本数学发展极快. 经过 30 年,中国竟向日本派遣留学生研习数学,是什么原因导致这一逆转?

日本的数学教育政策起了关键的作用.

这一差距显示了中日两国在科学文化方面的政策有很大不同. 抚今追昔,恐怕会有许多经验值得我们吸取.

中国从 1872 年起,由陈兰彬、容闳等人带领儿童赴美留学,但至今不知有何人学习数学,也不知有何人回国后传播先进的西方算学. 数学水平一直停留在李善兰时期的水平上. 可是,日本的菊池大麓留学英国,从 1877 年起任东京大学理学部数学教授,推广西算. 特别是 1898 年,日本的高木贞治远渡重洋,到德国的哥廷根大学(当时的世界数学中心)跟随希尔伯特(当时最负盛名的大数学家)学习代数数论(一门正在兴起的新数学学科),显示了日本向西方数学进军的强烈愿望. 高木贞治潜心学习,独立钻研,终于创立了类域论,成为国际上的一流数学家,这是 1920 年的事. 可是中国留学生专习数学的竟无一人. 熊庆来先生曾提到一件轶事. 1916 年,法国著名数学家波莱尔(E. Borel)来华,曾提及他在巴黎求学时有一位中国同学,名叫康宁,数学学得很好,经查,康宁返国后在京汉铁路上任职,一次喝酒时与某比利时人发生冲突,竟遭枪杀. 除此之外,中国到西洋学数学而有所成就者,至今未知一人.

1894 年,甲午战争失败后,中国向日本派遣留学生. 1898 年,中日政府签订派遣留学生的决定. 中国青年赴日本学数学的渐增,冯祖荀就是其中一位,他生于 1880 年,浙江杭县人,先在日本第一高等学校(高中)就读,然后进入京都帝国大学学习数学,返国后任北京大学(1912)数学教授. 1918 年成立数学系时为系主任.

当然,尽管日本数学发展迅速,超过中国,但 20 世纪初的日本数学毕竟离欧洲诸国的水平很远,中国向日本学习数学,水平自然更为低下. 第二次世界大战之后,随着日本经济实力的膨胀,日本的数学水平也在迅速提升. 当今的世界数学发展格局是"俄美继续领先,西欧紧随其后,日本正迎头赶上,中国则还是未知数." 中、日两国的数学水平,在 20 世纪 50 年代,曾经相差甚远,但目前又有继续扩大的趋势.

比较一下中日中小学数学教育的发展过程也是有益的.

1868 年,日本开始了"明治维新"的历史时期. 明治5年,即 1872 年 8 月 3 日,日本颁布学制令. 其中第 27 章是关于小学教科书的,在"算术"这一栏中明确规定"九九数位加减乘除唯用洋法". 1873 年4月,文部省公布第37号文,指出"小学教则中算术规定使用洋算,但可兼用日本珠算",同年5月的76号文则称"算术以洋法为主".

一百多年后的今天,反观这项数学教育决策,确实称得上是明智之举,它对日本数学的发展、教育的振兴,起到了不可估量的作用.

明治以后,1871 年建立文部省. 当时的文部大臣是大木乔任,他属改革派中的保守派,本人并不崇尚洋学,可是他愿意推行教育改革,相信"专家"的决策. 当时,全国有一个"学制调查委员会",其中的多数人是著名的洋学家. 例如,启蒙主义者箕作麟祥(曾在神田孝平处学过洋算),瓜生寅是专门研究美国的(曾写过《测地略》,用过洋算),内田正雄是荷兰学家(曾学过微积分),研究法国法律和教育的河津佑之是著名数学教授之弟,其余的委员全是西医学、西洋法学等学家. 在这个班子里,尽管没有一个洋算家,却也没有一个和算家,其偏于洋算的倾向,当然也就可以理解了.

在日本的数学发展过程中,国家的干预起了决定性作用,江户时代发展起来的和算,随着幕末西方近代数学的传入而日趋没落. 从和算本身的演变来看,自 18 世纪松永良弼确立了

“关派数学”传统之后,曾涌现出许多有造诣的和算家,使和算的学术水平遥遥领先于天文、历法、博物等传统科学部门. 但另一方面,和算脱离科学技术的倾向也日益严重. 这是因为和算有两个明显的弱点:第一,和算虽有卓越的归纳推理和机智的直观颖悟能力,却缺乏严密的逻辑证明精神,因而逐渐背离理论思维,陷于趣味性的智能游戏;第二,江户时代的封建制度使和算家们的活动带有基尔特(guild)式的秘传特征,不同的流派各自垄断数学的传授,因而使和算陷于保守、僵化,没有能力应付近代数学的挑战.

由于存在上述弱点,和算注定是要走向衰落的. 然而这些弱点并不妨碍和算能够在相当长一个时期独善其身地向前发展. 事实上,直到明治初期,统治着日本数学的仍然是和算,而不是朝气蓬勃的西方近代数学①. 如果没有国家的干预,和算是不会轻易让出自己的领地的.

明治五年(1872),新政府采纳洋学家的意见公布了新学制,其中明令宣布,在一切学校教育中均废止和算,改用洋算,这对和算是个致命的打击. 在这之后,再也没有出现新的年轻和算家,老的和算家则意气消沉,不再有所作为. 自从荻原信芳写成《圆理算要》(1878)之后,再也没有见到和算的著作问世. 1877年创立东京数学会社时,在会员人数中虽然仍是和算家居多,但领导权却把持在中川将行、柳楢悦等海军系统的洋算家手中. 这些洋算家抛弃了和算时代数学的秘传性,通过《东京数学会社杂志》把数学研究成果公之于世. 1882年,一位海军教授在《东京数学会社杂志》第52号上发表论文,严厉谴责了和算的迂腐,强调要把数学和当代科学技术结合起来. 这是鞭挞和算的一篇檄文,小仓金之助称它为“和算的葬词”.

此后不久,以大学出身的菊池大麓为首,在1884年发动了一次“数学政变”,把一大批和算家驱逐出东京数学会社,吸收了一批新型的物理学家(如村冈范为驰、山川健次郎等)、天文

① 明治六年时,东京的和算塾102所,洋算塾40所,前者仍居于优势.

学家(如寺尾寿等)入会,并把东京数学会社改称为东京数学物理学会. 这次大改组,彻底破坏了和算家的阵容,至此结束了和算在日本的历史.

但凡一门艰深的学问要在一国扎根,生长点是至关重要的,高木贞治对于日本数论来说是一个高峰也是一个关键人物,是值得大书特书的.

高木贞治先生于1875年(明治八年)4月21日出生在日本岐阜县巢郡的一色村. 他还不满5岁就在汉学的私塾里学着朗读《论语》等书籍. 童年时期,他还经常跟着母亲去寺庙参拜,时间一长,不知不觉地就能跟随着僧徒们背诵相当长的经文.

1880年(明治十三年)6月,高木开始进入公立的一色小学读书. 因为他的学习成绩优异,不久就开始学习高等小学的科目. 1886年6月,年仅11岁的高木就考入了岐阜县的寻常中学. 在这所中学里,他的英语老师是斋藤秀三郎先生,数学老师是桦正董先生. 1891年4月,高木以全校第一名的优异成绩毕业. 经过学校的推荐,高木于同年9月进入了第三高级中学预科一类班学习. 在那里,教他数学的是河合十太郎先生,河合先生对高木以后的发展有着重大的影响. 在高中时期,高木的学友有同年级的吉江琢儿和上一年级的林鹤一等. 1894年7月,高木在第三高级中学毕业后就考入了东京帝国大学的理科大学数学系. 在那里受到了著名数学家菊池大麓和藤泽利喜太郎等人的教导. 在三年的讨论班中,高木在藤泽先生的直接指导下做了题为"关于阿贝尔方程"的报告. 这篇报告已被收入《藤泽教授讨论班演习录》第二册中(1897).

1897年7月,高木大学毕业后就直接考入了研究生院. 当时也许是根据藤泽先生的建议,高木在读研究生时一边学习代数学和整数论,一边撰写《新编算术》(1898)和《新编代数学》(1898).

1898年8月,高木作为日本文部省派出的留学生去德国留学3年. 当时柏林大学数学系的教授有许瓦兹、费舍、弗罗比尼乌斯等人. 但许瓦兹、费舍二人因年迈,教学方面缺乏精彩性,而弗罗比尼乌斯当年49岁,并且在自己的研究领域(群指标理论)中有较大的突破,在教学方面也充满活力,另外他对学生们的指导也非常热情. 当高木遇到某些问题向他请教时,他总是说:“你提出的问题很有趣,请你自己认真思考一下.”并借给他和问题有关的各种资料. 每当高木回想起这句“请你自己认真思考一下”,总觉得是有生以来最重要的教导.

从第三高级中学到东京大学一直和高木要好的学友吉江比高木晚一年到德国留学. 他于1899年夏季到了柏林之后就立即前往哥廷根. 高木也于第二年春去了哥廷根. 在高木的回忆录文章中记载着:“我于1900年到了哥廷根大学,当时在哥廷根大学有克莱茵、希尔伯特二人的讲座,后来又聘请了闵可夫斯基,共有三个专题讲座. 使我感到惊奇的是,这里和柏林的情况不大一样,当时在哥廷根大学每周都有一次‘谈话会’,参加会议的人不仅是从德国,而且是从世界各国的大学选拔出的少壮派数学名家,可以说那里是当时的世界数学的中心. 在那里我痛感到,尽管我已经25岁了,但所学的知识要比数学现状落后50年. 当时,在学校除了数学系的定编人员之外,还有副教授辛弗利斯(Sinflies)、费希尔(Fischer)、西林格(Sylinger)、我以及讲师策梅罗(Zermelo)、亚伯拉罕(A'braham)等人.”

高木从克莱茵那里学到了许多知识,特别是学会了用统一的观点来观察处理数学的各个分支的方法. 而作为自己的专业研究方向,高木选择了代数学的整数论. 这大概是希尔伯特的《数论报告》对他有很强的吸引力吧! 特别是他对于被称之为“克罗内克的青春之梦”的椭圆函数的虚数乘法理论具有很浓的兴趣. 在哥廷根时期,高木成功地解决了基础域在高斯数域情况下的一些问题(他回国后作为论文发表,也就是他的学位论文).

1901年9月底,高木离开了哥廷根,并在巴黎、伦敦等地作了短暂的停留之后,于12月初回到了日本,当时年仅26岁零7个月. 由于1900年6月,高木还在留学期间就被东京大学聘为副教授,所以他回国后马上就组织了数学第三(科目)讲座,并和藤泽及坂井英太郎等人共同构成了数学系的班底. 1903年,高木的学位论文发表后就获得了理学博士学位,并于第二年晋升为教授.

1914年夏季,第一次世界大战爆发后,德国的一些书刊、杂志等无法再进入日本. 在此期间,高木只能潜心研究,"高木的类域理论" 就是在这一时期诞生的. 关于"相对阿贝尔域的类域" 这一结果对于高木来说是个意外的研究成果. 他曾反复验证这一结果的正确性,并以它为基础去构筑类域理论的壮丽建筑. 而且关于"克罗内克的青春之梦" 的猜想问题他也作为类域理论的一个应用做出了一般性的解决,并把这一结果整理成133页的长篇德语论文发表在1920年度(大正九年)的《东京帝国大学理科大学纪要》杂志上. 同年9月,在斯特拉斯堡(Strasbourg)召开了第6届国际数学家大会. 高木参加了这次会议并于9月25日在斯特拉斯堡大学宣读了这一结果的摘要. 然而,遗憾的是在会场上没有什么反响. 这主要是因为第一次世界大战刚刚结束不久,德国的数学家没有被邀请参加这次会议,而当时数论的研究中心又在德国,因此,在参加会议的其他国家的数学家之中,能听懂的甚少.

1922年,高木发表了关于互反律的第二篇论文(前面所述的论文为第一篇论文). 他运用自己的类域理论巧妙而又简单地推导出弗厄特万格勒(Futwängler)的互反律,并且对于后来的阿丁一般互反律的产生给出了富有启发性的定式化方法.

1922年,德国的西格尔把高木送来的第一篇论文拿给青年数学家阿丁阅读,阿丁以很大的兴趣读了这篇论文,并且又以更大的兴趣读完了高木的第二篇论文. 在此基础上,阿丁于1923年提出了"一般互反律" 的猜想,并把高木的论文介绍给汉斯(Hasse). 汉斯对这篇论文也产生了强烈的兴趣,并在1925年举行的德国数学家协会年会上介绍了高木的研究成果. 汉斯在第二年经过自己的整理后,把附有详细证明的报告发表在德国数学家协会的年刊上,从而向全世界的数学界人士介绍了高木的类域理论. 另一方面,阿丁也于1927年完成了一般互反律的证明. 这是对高木理论的最重要的补充. 至此,高木 - 阿丁的类域理论完成了.

从此以后,高木的业绩开始在国际上享有盛誉. 1929年(昭和四年),挪威的奥斯陆大学授予高木名誉博士称号. 1932年在瑞士北部的苏黎世举行的国际数学家大会上,高木当选为副会长,并当选为由这次会议确定的菲尔兹奖评选委员会委员.

在国内,高木于1923年(大正十一年)6月当选为学术委员会委员. 1925年6月,又当选为帝国学士院委员等职. 1936年(昭和十一年)3月,他在东京大学离职退休. 1940年秋季,在日本第二次授勋大会上荣获文化勋章. 1951年获全日本"文化劳动者"称号. 1955年在东京和日光举行的国际代数整数论研讨会上,高木当选为名誉会长. 1960年2月28日,84岁零10个月的高木贞治先生因患脑出血和脑软化的并发症不幸逝世.

高木贞治先生用外文写的论文共有26篇,全部收集在 *The Collected Papers of Teiji Takagi*(岩波书店,1973)中. 他的著作除了前面提到的《新编算术》《新编代数学》以及《新式算术讲义》之外,还有《代数学讲义》(1920)、《初等整数论讲义》(1931)、《数学杂谈》(1935)、《过渡时期的数学》(1935)、《解析概论》(1938)、《近代数学史谈》(1942)、《数学小景》(1943)、《代数整数论》(1948)、《数学的自由性》(1949)、《数的概念》(1949)等. 另外,高木先生还撰写了多册有关学校教育方面的教科书.

高木与菊池、藤泽等著名数学家完全不同,他从来不参加社会活动或政治活动,就连大学的校长、系主任或什么评议委员之类的工作也一次没有做过,而是作为一名纯粹的学者渡过了自己的一生. 从高木的第一部著作《新编算术》到他的后期作品《数的概念》可以看出他对数学基础教育的关心. 他的《解析概论》一书被长期、广泛地使用,使得日本的一般数学的素养得到了显著的提高. 许多青年读了他的《近代数学史谈》之后都决心潜心研究数学,做出成果. 在日本的数学家中,有许多人不仅受到了他独自开创整数论精神的鼓舞,而且还受到了他的这些著作的恩惠. 在日本,得到高木先生直接指导的数学家有末纲恕一、正田建次郎、管原正夫、荒又秀夫、黑田成腾、三村征雄、弥永昌吉、守屋美贺雄、中山正等人.

可以说在日本数学界最近一百年的时间里,首先做出世界性业绩的是菊池先生，其次是藤泽先生，第三位就是高木先生①.

宫冈洋一关于费马定理的证明尽管有漏洞，但他的证明的整体规模宏大、旁征博引，具有非凡的知识广度及娴熟的代数几何技巧. 望月新一关于ABC猜想的证明尽管未完全被承认，但他创造的宇宙际几何令人望洋兴叹，这一切都给人留下了深刻印象. 有人说："一夜可以挣出一个暴发户，但培养一个贵族至少需要几十年." 宫冈洋一和望月新一引起的轰动绝非偶然，它与日本数学的深厚积淀与悠久的代数几何传统息息相关. 提到日本的代数几何人们自然会想到三巨头 —— 小平邦彦、广中平佑、森重文. 而日本的代数几何又直接得益于美国的查里斯基，所以必须先讲讲他们的老师查里斯基. 伯克霍夫说："今天任何一位在代数几何方面想做严肃研究的人，将会把查里斯基和塞缪尔(P. Samuel) 写的交换代数的两卷专著当作标准的预备知识."

查里斯基是俄裔美籍数学家. 1899年4月24日生于俄国的科布林. 由于他在代数几何上的突出成就，1981年荣获沃尔夫数学奖，时年82岁.

查里斯基1913 ~ 1920年就读于基辅大学. 1921年赴罗马大学深造. 1924年获罗马大学博士学位. 1925 ~ 1927年接受国际教育委员会资助作为研究生继续在意大利研究数学. 1927年到美国霍普金斯大学任教，1932年被升为教授. 1936年加入美国国籍. 1945年访问巴西圣保罗. 1946 ~ 1947年他是伊利诺易大学的研究教授. 1947 ~ 1969年他是哈佛大学教授. 1969年成为哈佛大学的名誉教授. 查里斯基1943年当选为美国国家科学院院士. 1951年被选为美国哲学学会会员. 1965年荣获由美国总统亲自颁发的美国国家科学奖章.

查里斯基对代数几何做出了重大贡献. 代数几何是现代数学的一个重要分支学科，与数学的许多分支学科有着广泛的联

---

① 《理科数学》(日本科学史会编) 第一法规(1969) 第7章"高本の类体论".

系，它研究关于高维空间中由若干个代数方程的公共零点所确定的点集，以及这些点集通过一定的构造方式导出的对象，即代数簇. 从观点上说，它是多变量代数函数域的几何理论，也与从一般复流形来刻画代数簇有关. 进而它通过自守函数、不定方程等和数论紧密地结合起来. 从方法上说，则和交换环论及同调代数有着密切的联系.

查里斯基早年在基辅大学学习时，对代数和数论很感兴趣，在意大利深造期间，他深受意大利代数几何学派的三位数学家卡斯泰尔诺沃（G. Castelnuovo，1865—1952）、恩里克斯（F. Enriques，1871—1946）、塞维里（Severi，1879—1961）在古典代数几何领域的深刻影响. 意大利几何学者们的研究方法本质上很富有“综合性”，他们几乎只是根据几何直观和论据，因而他们的证明中往往缺少数学上的严密性. 查里斯基的研究明显带有代数的倾向，他的博士论文就与纯代数学有密切联系，精确地说是与伽罗瓦理论有密切联系. 他的博士论文主要是把所有形如 $f(x)+t\cdot g(x)=0$ 的方程分类，这里 f 和 g 是多项式，x 可以解为线性参数 t 的根式表达式. 查里斯基说明这种方程可分为 5 类，它们是三角或椭圆方程. 取得博士学位后，他在罗马的研究工作仍然主要是与伽罗瓦理论有密切联系的代数几何问题. 到美国后，他受莱夫谢茨（S. Lefschetz）的影响，致力于研究代数几何的拓扑问题. 1927 ~ 1937 年间，查里斯基给出了关于曲线 C 的经典的黎曼－罗赫定理的拓扑证明，在这个证明中他引进了曲线 C 的 n 重对称积 $C(n)$ 来研究 C 上度数为 n 的除子的线性系统.

1937 年，查里斯基的研究发生了重要的变化，其特点是变得更代数化了. 他所使用的研究方法和他所研究的问题都更具有代数的味道（这些问题当然仍带有代数几何的根源和背景）. 查里斯基对意大利几何学者的证明感到不满意，他确信几何学的全部结构可以用纯代数的方法重新建立. 在 1935 年左右，现代化数学已经开始兴盛起来，最典型的例子是诺特与范·德·瓦尔登有关论著的发表. 实际上代数几何的问题也就是交换环的理想的问题. 范·德·瓦尔登从这个观点出发把代数几何抽象化，但是只取得了一部分成就，而查里斯基却获得了巨大成功. 在 20 世纪 30 年代,查里斯基把克鲁尔(W. Krull) 的广义赋值论应用到代数几何,特别是双有理变换上,他从这方面来奠定代数几何的基础,并且做出了实质性的贡献. 查里斯基和其他的数学家在这方面的工作,大大扩展了代数几何的领域.

查里斯基对极小模型理论也做出了贡献. 他在古典代数几何的曲面理论方面的重要成果之一,是曲面的极小模型的存在定理(1958). 它给出了在曲面的情况下代数 - 几何间的等价性. 这就是说,代数函数域一经给定, 就存在非奇异曲面(极小模型) 作为其对应的"好的模型",而且射影直线如果不带有参数就是唯一正确的. 因此要进行曲面分类,可考虑极小模型,这成了曲面分类理论的基础.

查里斯基的工作为代数几何学打下了坚实的基础. 他不但对于现代代数几何的贡献极大,而且在美国哈佛大学培养起了一代新人,哈佛大学以他为中心形成了一个代数几何学的研究集体. 1970 年度的菲尔兹奖获得者广中平佑(Hironaka Heisuke,1931—)和1974年度的菲尔兹奖获得者曼福德都出自他的这个研究集体. 从某种意义上讲,广中平佑的工作可以说是直接继承和发展了查里斯基的成果.

查里斯基的主要论文有 90 多篇,收集在《查里斯基文集》中,共四卷. 查里斯基的代表作有《交换代数》(共两卷,与 P. 塞缪尔合著,1958 ~ 1960)、《代数曲面》(1971)、《拓扑学》等.

查里斯基的关于代数簇的四篇论文于 1944 年荣获由美国数学会颁发的科尔代数奖. 由于他在代数几何方面的成就,特别是在这个领域的代数基础方面的奠基性贡献,使他荣获美国数学会1981 年颁发的斯蒂尔奖. 他对日本代数几何的贡献是培养了几位大师,第一位贡献突出者是日本的小平邦彦.

小平邦彦(Kunihiko Kodaira,1915—1997) 是第一个获菲尔兹奖的日本数学家,也是日本代数几何的推动者.

小平邦彦,1915 年 3 月 16 日出生于东京. 他小时候对数就显示出特别的兴趣,总爱反复数豆子玩. 中学二年级以后,他对平面几何非常感兴趣,特别对那些需要添加辅助线来解答的问题十分着迷,以致老师说他是"辅助线的爱好者". 从中学三年级起，他就和一位同班同学一起，花了半年时间，把中学的数学课全部自修完毕，并把习题从头到尾演算了一遍. 学完中学数学，他心里还是痒痒的，便进行了更深层次的学习. 看见图书馆的《高等微积分学》厚厚一大本，想必很难，没敢问津，于是从书店买了两本《代数学》，因为代数在中学还是听说过的，虽然这两本 1 300 页的大书里还包含现在大学才讲的伽罗瓦理论，可是他啃起来却津津有味.

虽然他把主要精力放在数学上，却不知道世界上还有专门搞数学这一行的人，他只想将来当个工程师. 于是他考相当于专科的高等学校时，就选了理科，为升大学做准备. 理科的学校重视数学和外文，更促使他努力学习数学. 他连当时刚出版的抽象代数学第一本著作范 · 德 · 瓦尔登的《近世代数学》都买来看. 从小接受当时最新的思想对他以后的成长很有好处，在老师的指引下，他走上了数学的道路.

他于 1932 年考入第一高等学校理科学习. 1935 年考入东京大学理学院数学系学习. 1938 年在数学系毕业后，又到该校物理系学习三年，1941 年毕业. 1941 年任东京文理科大学副教授. 1949 年获理学博士学位，同年赴美国在普林斯顿高等研究所工作. 1955 年任普林斯顿大学教授. 此后，历任约翰大学、霍普金斯大学、哈佛大学、斯坦福大学的教授. 1967 年回到日本任东京大学教授. 1954 年荣获菲尔兹奖. 1965 年当选为日本学士会员. 1975 年任学习院大学教授. 他还被选为美国国家科学院和哥廷根科学院国外院士.

小平邦彦在大学二年级时，就写了一篇关于抽象代数学方面的论文，大学三年级时他醉心于拓扑学，不久写出了拓扑学方面的论文. 1938 年他从数学系毕业后，又到物理系学习，物理系的数学色彩很浓，他主要是搞数学物理学，这对他来说真是如鱼得水. 他读了冯 · 诺依曼(Von Neumann) 的《量子力学的数学基础》，范 · 德 · 瓦尔登的《群论和量子力学》以及外尔的《空间、时间与物质》等书后，深刻认识到数学和物理学之间的密切联系. 当时日本正出现研究泛函分析的热潮，他积极参加到这一门学科的研究中去，于 1937 ~ 1940 年大学学习期间共撰写了 8 篇数学论文.

正当小平邦彦踌躇满志,准备在数学上大展宏图的时候,战争爆发了.日本偷袭珍珠港,揭开了太平洋战争的序幕.日本与美国成了敌对国,大批日本在美人员被遣返.这当中有著名数学家角谷静夫.角谷在普林斯顿高等研究院工作时曾提出一些问题,这时小平邦彦马上想到可以用自己以前的结果来加以解决,他们一道进行研究,最终解决了一些问题.

随着日本在军事上的逐步失利,美军对日本的轰炸越来越猛烈,东京开始疏散.小平邦彦在1944年撤到乡间,可是乡下的粮食供应比东京还困难,他经历的那几年缺吃挨饿的凄惨生活,使他长期难以忘怀.但是,在这种艰苦环境下,他的研究工作不但没有松懈,反而有了新的起色.这时,他开始研究外尔第二次世界大战前的工作,并且有所创新.在战争环境中,他在一没有交流,二没有国外杂志的情况下,独立地完成了有关调和积分的三篇文章,这是他去美国之前最重要的工作,也是使他获得东京大学博士的论文的基础.但是直到1949年去美国之前,他在国际数学界还是默默无闻的.

第二次世界大战后的日本处在美国军队的占领之下,学术方面的交流仍然很少.角谷静夫在美国占领军当中有个老相识,于是托他把小平邦彦的关于调和积分的论文带到美国.1948年3月,这篇文章到了《数学纪事》的编辑部,并被编辑们送到外尔的桌子上.

在这篇文章中小平对多变量正则函数的调和性质的关系给出极好的结果.著名数学家外尔看到后大加赞赏,称之为“伟大的工作”.于是,外尔正式邀请小平邦彦到普林斯顿高等研究院来.

从1933年普林斯顿高等研究院成立之日起,聘请过许多著名数学家、物理学家.第二次世界大战之后,几乎每位重要的数学家都在普林斯顿待过一段.对于小平邦彦来讲,这不能不说是一种特殊的荣誉与极好的机会,他正是在这个优越的环境中迅速取得非凡成就的.

在外尔等人鼓励下,他以只争朝夕的精神,刻苦努力地研究,5年之间发表了20多篇高水平的论文,获得了许多重要结果.其中引人注目的结果之一是他将古典的单变量代数函数论的中心结果,代数几何的一条中心定理:黎曼 - 罗赫定理,由曲线推广到曲面. 黎曼 - 罗赫定理是黎曼曲面理论的基本定理,概括地说,它是研究在闭黎曼曲面上有多少线性无关的亚纯函数(在给定的零点和极点上,其重数满足一定条件). 所谓闭黎曼曲面,就是紧的一维复流形. 在拓扑上,它相当于球面上连接了若干个柄. 柄的个数 g 是曲面的拓扑不变量,称为亏格. 黎曼 - 罗赫定理可以表述为,对任意给定的除子 D,在闭黎曼曲面 M 上存在多少个线性无关的亚纯函数 f,使 f 的除子 (f) 满足 $(f)\geqslant D$. 如果把这样的线性无关的亚纯函数的个数记作 $l(D)$,同时记 $i(D)$ 为 M 上线性无关的亚纯微分 ω 的个数,它们满足

$$(\omega)-D\leqslant 0$$

那么,黎曼 - 罗赫定理就可表述为

$$l(D)-i(D)=d(D)-g+1$$

$d(D)=\sum n_i$ 称为除子的阶数. 由于这个定理将复结构与拓扑结构沟通起来的深刻性,如何推广这一定理到高维的紧复流形自然成为数学家们长期追求的目标. 小平邦彦经过潜心研究,用调和积分理论将黎曼 - 罗赫定理由曲线推广到曲面. 不久德国数学家希策布鲁赫(F. E. P. Hirzebruch)又用层的语言和拓扑成果把它成功地推广到高维复流形上.

小平邦彦对复流形进行了卓有成效的研究. 复流形是这样的拓扑空间,其每点的局部可看作和 C^n 中的开集相同. 几何上最常见而简单的复流形是被称为紧凯勒流形的一类. 紧凯勒流形的几何和拓扑性质一直是数学家们关注的一个重要问题,特别是利用它的几何性质(由曲率表征)来获取其拓扑信息(由同调群表征). 小平邦彦经过深入的研究得到了这方面的基本结果,即所谓小平消灭定理. 例如,其中一个典型结果是,对紧凯勒流形 M,如果其凯勒度量下的里奇曲率为正,那么对任何正整数 q,都有 $H^{(0,q)}(M,C)=0$,这里 $H^{(0,q)}(M,C)$ 是 M 上取值于 $(0,q)$ 形式芽层的上同调群. 小平邦彦还得到所谓小平嵌入定理:紧复流形如果具有一正的线丛,那么它就可以嵌入复射影空间而成为代数流形,即由有限个多项式零点所组成. 小平嵌入定理是关于紧复流形的一个重要结果.

由于小平邦彦的上述出色成就,1954 年他荣获了菲尔兹奖. 在颁奖大会上,著名数学家外尔对小平邦彦和另一位获奖者 J. P. 塞尔给予了高度评价,他说:“所达到的高度是自己未曾梦想到的.”“自己从未见过这样的明星在数学天空中灿烂地升起.”“数学界为你们所做的工作感到骄傲,它表明数学这棵长满节瘤的老树仍然充满着勃勃生机. 你们是怎样开始的,就怎样继续吧!”

小平邦彦获得菲尔兹奖之后,各种荣誉接踵而来. 1957 年他获得日本学士院的奖赏,同年获得文化勋章,这是日本表彰科学技术、文化艺术等方面的最高荣誉. 小平邦彦是继高木贞治之后第二位获文化勋章的数学家.

有的数学家在获得荣誉之后,往往开始走下坡路,再也作不出出色的工作了. 对于小平邦彦这样年过 40 的人,似乎也难再有数学创造的黄金时代了. 可是,小平邦彦并非如此,40 岁后的十几年间,他又写出 30 多篇论文,篇幅占他三卷文集的一半以上,而且开拓了两个重要的新领域. 1956 年起,小平邦彦同斯宾塞研究复结构的变形理论,建立起一套系统理论,在代数几何学、复解析几何学乃至理论物理学方面都有重要应用. 60 年代他转向另一个大领域:紧致复解析曲面的结构和分类. 自从黎曼对代数曲线进行分类以后,意大利数学家对于代数曲面进行过研究,但是证明不完全严格. 小平邦彦利用新的拓扑、代数工具,对曲面进行分类,他先用某个不变量把曲面分为有理曲面、椭圆曲面、$K3$ 曲面等,然后再加以细致分类. 这个不变量后来被日本新一代的代数几何学家称为小平维数. 对于每种曲面,他都建立一个所谓极小模型,而同类曲面都能由极小曲面经过重复应用二次变换而得到. 于是,他把分类归结为极小曲面的分类.

他彻底弄清了椭圆曲面的分类和性质. 1960 年,他得出每个一维贝蒂数为偶数的曲面都是一个代数曲面的变形. 1968 年,他得到当且仅当 S 不是直纹曲面时,S 具有极小模型. 可以说,在代数曲面的现代化过程中,小平邦彦是最有贡献的数学家之一. 对于解析纤维丛的分类只能对于某些限定的空间,也是由小平邦彦等人得出的. 小平邦彦的这些成就,有力地推动了 20 世纪 60 年代以来代数几何学和复流形等分支的发展. 从 1966 年起,几乎每一届菲尔兹奖获得者都有因代数几何学的工作而获奖的.

在微分算子理论中,由小平邦彦和梯奇马什(Titchmarsh)给出了密度矩阵的具体公式而完成了外尔-斯通-小平-梯奇马什理论.

小平邦彦对数学有不少精辟的见解. 他认为:“数学乃是按照严密的逻辑而构成的清晰明确的学问.”他说:“数学被广泛应用于物理学、天文学等自然科学,简直起了难以想象的作用,而且有许多情况说明,自然科学理论中需要的数学远在发现该理论以前就由数学家预先准备好了,这是难以想象的现象.”“看到数学在自然科学中起着如此难以想象的作用,自然想到在自然界的背后确确实实存在着数学现象的世界. 物理学是研究自然现象的学问. 同样,数学则是研究数学现象的学问.”“数学就是研究自然现象中数学现象的科学. 因此,理解数学就要‘观察’数学现象. 这里说的‘观察’,不是用眼睛去看,而是根据某种感觉去体会. 这种感觉虽然有些难以言传,但显然是不同于逻辑推理能力之类的纯粹感觉,我认为更接近于视觉,也可称之为直觉. 为了强调纯粹是感觉,不妨称此感觉为‘数觉’…… 要理解数学,不靠数觉便一事无成. 没有数觉的人不懂数学就像五音不全的人不懂音乐一样. 数学家自己并不觉得例如在证明定理时主要是具备了数觉,所以就认为是逻辑上做了严密的证明,实际并非如此,如果把证明全部形式逻辑记号写下看看就明白了…… 谈及数学的感受,而作为数学感受基础的感觉,可以说就是数觉. 数学家因为有敏锐的数觉,自己反倒不觉得了.”对于数学定理,他说:“数学现象与物理现象同样是无可争辩实际存在的,这明确表现在当数学家证明新定理时,不是说‘发明了’定理,而是说‘发现了’定理. 我也证明过一些新定理,但绝不是觉得是自己想出来的. 只不过感到偶尔被我发现了早就存在的定理.”“数学的证明不只是论证,还有思考实验的意思. 所谓理解证明,也不是确认论证中没有错误,而是自己尝试重新修改思考实验. 理解也可以说是自身的体验.”对于公理系统他认为:“现代数学的理论体系,一般是从公理系出发,依次证明定理.公理系仅仅是假定,只要不包含矛盾,怎么都行.数学家当然具有选取任何公理系的自由.但在实际上,公理系如果不能以丰富的理论体系为出发点,便毫无用处.公理系不仅是无矛盾的,而且必须是丰富的.考虑到这点,公理系的选择自由是非常有限的……发现丰富的公理系是极其困难的."

关于数学的本质,他说:"数学虽说是人类精神的自由创造物,但绝不是人们随意杜撰出来的,数学乃是研究和描述实际存在的数学现象……数学是自然科学的背景.""为了研究数学现象,从开始起唯一明显的困难就是,首先必须对数学的主要领域有个全面的、大概的了解……为此就得花费大量的时间.没有能够写出数学的现代史我想也是由于同样的理由."

日本代数几何的第二位代表人物是广中平佑.

广中平佑是继小平邦彦之后日本的第二位菲尔兹奖获得者.他的工作主要是1963年发表的218页的长篇论文 *Resolution of singu - larities of an algebraic variety over a field of characteristic zero*,在这篇论文中他圆满地解决了复代数簇的奇点解消问题.

1931年广中平佑出生于日本山口县.当时正是日本对我国开始进行大规模侵略之际.他在小学受了6年军国主义教育,上中学时就赶上日本逐步走向失败的时候.当时,国民生活十分艰苦,又要经常躲空袭,因此他得不到正规学习的机会.中学二年级就进了工厂,幸好他还没到服兵役的年龄,否则就要被派到前线去充当炮灰.战争结束以后,他才上高中.他在1950年考入京都大学时,日本开始恢复同欧、美数学家的接触,大量新知识涌进日本.许多学者传抄1946年出版的外尔的名著《代数几何学基础》,并组织讨论班进行学习,为日本后来代数几何学的兴旺发达打下了基础.1953年,布尔巴基学派著名人物薛华荔到达日本,对日本数学界有直接影响.薛华荔介绍了1950年出版的施瓦兹的著作《广义函数论》.还没有毕业的广中立即学习了他的讲义,并写论文加以介绍.当时京都大学的老师学生都以非凡的热情来学习,这对广中有极大的鼓舞.他对数学如饥似渴的追求,使他早在1954年就开始自学代数几何学这门艰深的学科了. 1954 年,他从京都大学毕业之后进入研究院,当时秋月康夫教授正组织年轻人攻克代数几何学. 在这个集体中,后来培养出了井草准一、松阪辉久、永田雅宜、中野茂男、中井喜和等有国际声望的代数几何学专家,他们都是从那时开始他们的创造性活动的. 在这种环境之中,早就以理解力和独创性出类拔萃的广中平佑更是如鱼得水,很迅速地成长起来. 1955 年,在东京召开了第一次国际会议,代数几何学权威外尔以及塞尔等人都顺便访问了京都. 1956 年,前面提到的代数几何学权威查里斯基到日本,做了 14 次报告. 这些大数学家的光临对于年轻的广中平佑来说真是难得的学习机会. 他开始接触当时代数几何学最尖端的课题(比如双有理变换的理论),这对他的一生有决定性的影响,因为广中的工作可以说是直接继承和发展查里斯基的成果的.

广中平佑在家里是老大,下面弟妹不少,他在念研究生时,还不得不花费许多时间当家庭教师,干些零活挣钱养家糊口. 尽管如此,他学习得仍旧很出色.

1957 年夏天在赤仓召开的日本代数几何学会议上,他表现十分活跃,他的演讲也得到大会一致好评. 由于他的成绩突出,不久,他得以到美国哈佛大学学习,从此他同哈佛大学结下了不解之缘. 当时代数几何学正进入一个突飞猛进的时期. 第二次世界大战之后,查里斯基和外尔已经给代数几何学打下了坚实的基础. 10 年之后,塞尔又进一步发展了代数几何学. 1964 年,格罗登迪克大大地推广了代数簇的概念,建立了一个庞大的体系,在代数几何学中引入了一场新革命. 哈佛大学以查里斯基为中心形成了一个代数几何学的研究集体,几乎每年都请格罗登迪克来讲演,而听课的人当中就有后来代数几何学的新一代的代表人物 —— 广中平佑、曼福德、小阿廷等人. 在这样一个富有激励性的优越环境中,新的一代茁壮成长. 1959 年,广中平佑取得博士学位,同年与一位日本留学生结婚.

这时,广中平佑处在世界代数几何学的中心,并没有被五光十色的新概念所压倒,他掌握新东西,但是不忘解决根本的问题. 他要解决的是奇点解消问题,这已经是非常古老的问题了.

所谓代数簇是一个或一组代数方程的零点. 一维代数簇就是代数曲线,二维代数簇就是代数曲面. 拿代数曲线来讲,它上面的点一般来说大多数是常点,个别的是奇点. 比如有的曲线(如双纽线)自己与自己相交,那么在这一交点处,曲线就有两条不相同的切线,这样的点就是普通的奇点;有时,这两条(甚至多条)切线重合在一起(比如尖点),表面上看起来好像同常点一样也只有一条切线,而实际上是两条切线(或多条切线)重合而成(好像代数方程的重根),这样的点称为二重点(或多重点). 对于代数曲面来说,奇点就更为复杂了. 奇点解消问题,顾名思义就是把奇点分解或消去,也就是说通过坐标变换的方法把奇点消去或者变成只有最简单的奇点. 这个问题的研究已有上百年的历史了. 而坐标变换当然是我们比较熟悉的尽可能简单的变换,如多项式变换或有理式变换. 而行之有效最简单的变换是二次变换和双有理变换,这一变换最早是由一位法国数学家提出的,他名叫戎基埃尔(Jonguiéres, Ernest Jean Philippe Fauque de, 1820—1901),生于法国卡庞特拉(Carpentras),卒于格拉斯(Grasse)附近. 1835 年进入布雷斯特(Brest)海军学院学习,毕业后,在海军中服役达 36 年之久,军衔至海军中将. 戎基埃尔在几何、代数、数论等几方面均有贡献,而以几何学的成就最大. 他运用射影几何的方法研究初等几何,探讨了当时流行的平面曲线、曲线束、代数曲线、代数曲面问题,推广了曲线的射影生成理论,发现了所谓双有理变换. 这种变换在非齐次坐标下有形式 $x' = x, y' = \dfrac{\alpha y + \beta}{\gamma y + \delta}$,其中,$\alpha$, β, γ 是 x 的函数,且 $\alpha\delta - \beta\gamma \neq 0$. 1862 年,戎基埃尔关于4 阶平面曲线的工作获得巴黎科学院奖金的三分之二. 1884 年,他被选为法兰西研究院成员. 很早就已经证明,代数曲线的奇点可以通过双有理变换予以解消. 从 19 世纪末起,许多数学家就研究代数曲面的奇点解消问题,但是论述都不能算很严格. 问题是通过变换以后,某个奇点消去了,是否还会有新奇点又生出来呢? 一直到 20 世纪 30 年代,沃克和查里斯基才完全解决这个问题. 不久之后,查里斯基于 1944 年用严格的代数方法解决了三维代数簇问题. 高维的情况就更加复杂了. 广中平佑运用许多新工具,细致地分析了各种情况,最后用多步归纳法才最终完全解决这个问题. 这简直是一项巨大的工程. 它不仅意味着一个问题圆满解决,而且有着多方面的应用. 他在解决这个问题之后,进一步把结果向一般的复流形推广,对于一般奇点理论也做出了很重要的贡献.

广中平佑是一位精力非常充沛的人,他的讲话充满了活力,控制着整个讲堂. 他和学生的关系也很好,每年总有几个博士出自他的门下. 在哈佛大学,查里斯基退休之后,他和曼福德仍然保持着哈佛大学代数几何学的光荣传统,并推动其他数学学科向前迅速发展.

广中平佑 1975 年由日本政府颁授文化勋章(360 万日币终身年俸).

继广中平佑之后,将日本代数几何传统发扬光大的是森重文(Mori,shigefumi,1951—). 森重文是日本名古屋大学理学部教授,他先是在1988 年与东京大学理学部的川又雄二郎一起以"代数簇的极小模型理论"的出色工作获当年日本数学学会秋季奖. 他们的工作属于 3 维以上代数几何.

代数簇是由多项式方程所定义的空间. 它们的维数是标记一个点(的复数)的参数数目. 曲线(在复数集合上的维数为 1,因而在实数上的维数为 2)的一个分类由亏格"g"给出,即由"孔穴"的数目来决定,这从 19 世纪以来已为人们所知. 对一簇已知亏格的曲线的详细研究,是曼福德的主要工作,这使他于 1974 年获菲尔兹奖,同样的工作,使德利哥尼于 1978 年,法尔廷斯于1986 年荣膺桂冠. 他们把所开创并由格罗登迪克加以发展了的经典语言作了履行. 一个曲面(复数上为 2 维,或者实数上为 4 维,因此很难描绘)的分类在 20 世纪初为意大利学派所尝试,他们的一些论证,被认为不太严格(这再次与上文所论情况相同),后被查里斯基及再后的小平邦彦重作并完成其结果. 森重文的理论是非常广泛的,然而目前只限于 3 维范围. 古典的工具是微分形式的纤维和流形上的曲线. 森重文发现了另外一些变换,它们正好只存在于至少 3 维的情形,被称为"filp",更新了广中平佑对奇点的研究.

日本数学会理事长伊藤清三对上述获奖工作做了很通俗

的评论:

> 森重文、川又雄二郎两位最近在3维以上的高维代数几何学中,取得了世界领先的卓越成果,为高维代数几何今后的发展打下了基础.
>
> 这就是决定代数簇上正的1循环(one-cycle)构成的锥(cone)的形状的锥体定理;表示在一定的条件下在完备线性系中没有基点的无基点定理(base point free theorem);完全决定3维时关于收缩映射的基本形状的收缩定理;递变换的公式化与存在证明——根据森、川又两位关于上述的各项基本研究,在1987年终于由森氏证明了,不是单有理的3维代数簇的极小模型存在.
>
> 这样,利用高维极小模型具有的漂亮性质与存在定理,一般高维代数簇的几何构造的基础也正在逐渐明了,可以期待对今后高维几何的世界性发展将做出显著的贡献.
>
> 森、川又两位的研究尽管互相独立,但在结果方面两者互相补充,从而取得了如此显著的成果,我认为授予日本数学会奖秋季奖是再合适不过的.

为了更多地了解森重文的工作,我们节选日本数学家饭高茂的通俗介绍.于此森重文工作可略见一斑.首先饭高茂指出:极小模型理论被选为日本数学会奖的对象,对于最近仍然发展显著的代数几何来说,是很光荣的,实在欣喜至极.

他先从双有理变换谈起:

代数几何学的起源是关于平面代数曲线的讨论,因此经常出现

$$x_1 = P(x,y), y_1 = Q(x,y)$$

型的变换,P,Q是两变量的有理式.反过来若按两个有理式来解就成了二变量双有理变换的一个例子,特别地称为克雷莫纳(Cremona)变换.这是平面曲线论中最基本的变换.在双有理变换中,值不确定的点很多,这时可认为多个点对应于一个点.

克雷莫纳变换若将线性情形除外,则在射影平面上一定存在没有定义的点,而以适当的有理曲线与该点对应.但是,当取平面曲线 C,按克雷莫纳变换 T 进行变换得到曲线 B 时,若取 C 与 B 的完备非奇异模型,则它们之间诱导的双有理变换就为处处都有定义的变换,即双正则变换.于是就成为作为代数簇的同构对应.

这样,由于1维时完备非奇异模型上双有理变换为同构,一切就简单了.但是即使在处理曲线时,只说非奇异的也不行.像有理函数、有理变换及双有理变换等都不是集合论中说的映射.因此里德(M. Reid)说道:"奉劝那些对于考虑值不唯一确定的对象感到难以接受的人立即放弃代数几何."

但1到2维,即使是完备非奇异模型,也会出现双有理变换却不是正则的情形,这就需要极小模型.查里斯基教授向日本年轻数学家说明极小模型的重要性时是1956年.查里斯基这一年在东京与京都举行了极小模型讲座,讲义已由日本数学会出版,讲义中对意大利学派的代数曲面极小模型理论被推广到特征为正的情形进行了说明.

查里斯基在远东讲授极小模型时,是否就已经预感到高维极小模型理论将在日本昌盛,并建立起巨大的理论呢?

适逢其时,他与年轻的广中平佑相遇,并促成广中到哈佛大学留学.以广中在该校的博士论文为基础,诞生了关于代数簇的正代数1循环构成的锥体的理论.广中建立的奇异点分解理论显然极为重要,是高维代数几何获得惊人发展的基础.

那么森重文的工作又该如何评价呢?

哈茨霍恩(Hartshorne)的一个猜想说:具有丰富切丛的代数簇只有射影空间.森重文在肯定地解决该猜想上取得了成功,他在证明的过程中证明了:若 K 不是 *nef*,则它与曲线的交恒为非负.若 K 是 *nef*,则 S 为极小模型.

已证明了一定存在有理曲线,并且存在特殊的有理曲线,而且重新对偶地抓住曲面时第一种例外曲线的本质,推广到高维,确立端射线的概念,从而明确把握了代数簇的正的1循环构成的锥体的构造,在非奇异的场合得到了锥体定理.以此为基础对3维时的收缩映射(contraction)进行分类,所谓的森理论即由此诞生. 它有效地给出了具体研究双有理变换的手段,确实成果卓著.

极小模型的存在一经确立,马上得到如下有趣的结果.

(1) 小平维数为负的3维簇是单直纹的

其逆显然,得到相当简明的结论,即3维单直纹性可用小平维数等于 $-\infty$ 来刻画,可以说这是2维时恩里克斯单直纹曲面判定法的3维版本,该判定法说,若12亏格是0,则为直纹曲面. 若按恩里克斯判定法,就立即得出下面耐人寻味的结果:直纹曲面经有理变换得到的曲面还是直纹曲面. 但遗憾的是在3维版本中这样的应用不能进行. 若不进一步进行单直纹簇的研究,恐怕就不能得到相当于代数曲面分类理论的深刻结果.

(2)3维一般型簇的标准环是有限生成的分次环

这只要结合川又的无基点定理的结果便立即可得. 与此相关,川又 - 松木确立的结果也令人回味无穷,即在一般型的场合极小模型只有有限个.

2维时的双有理映射只要有限次合成收缩及其逆便可得到,这是该事实的推广. 2维时的证明用第一种例外曲线的数值判定便可立即明白,而3维时则远为困难. 看看(1) 所完成的证明,似乎就明白了那些想要将2维时双有理映射的分解定理推广的众多朴素尝试终究归于失败的必然理由.

森在与科拉尔(Kollár) 的共同研究中,证明了即使在相对的情形下,也存在3维簇构成的簇极的小模型. 利用此结果证明了3维时小平维数的形变不变性. 多重亏格的形变不变性无法证明,是由于不能证明上述极小模型的典范除子是半丰富的. 根据川又、宫冈的基本贡献,当 $K^3 = 0$,K^2 在数值上不为0时,知道只要小平维数为正即可.

如以上所见,极小模型理论是研究代数簇构造的关键,在高维代数簇中进行如此精密而深刻的研究,前不久连做梦都不敢想象.

1990年8月21日至29日在日本东京举行了1990年国际(ICM - 90) 会议,在此次会上,森重文又喜获菲尔兹奖,并在大会上做了一小时报告. 为了解森重文自己对其工作的评价,我们节选了其中一部分.

我们只讨论复数域 C 上的代数簇. 主要课题是 C 上函数域的分类.

设 X 与 Y 为 C 上的光滑射影簇，我们称 X 双有理等价于 Y(记为 $X \sim Y$)，若它们的有理函数域 $C(X)$ 与 $C(Y)$ 是 C 的同构的扩域. 在我们的研究中，典范线丛 K_x，或全纯 n 形式的层 $\theta(K_X)$，$n = \dim X$，起着关键作用. 换言之，若$X \sim Y$，则有自然同构

$$H^0(X,\theta(vK_X)) \cong H^0(Y,\theta(vK_Y)) \quad (\forall v \geqslant 0)$$

于是多亏格(plurigenera)

$$P,(X) = \dim_C H^0(X,\theta(vK_X)) \quad (v > 0)$$

是 X 的双有理不变量，又小平维数 $k(X)$ 也是，后者可用下式计算，即

$$k(X) = \overline{\lim_{v\to\infty}} \frac{\lg P,(X)}{\lg v}$$

这个由饭高(S. Iitaka)与Moishezon引进的$k(X)$是代数簇双有理分类中最基本的双有理不变量. 它取 $\dim X + 2$ 个值：$-\infty$，0，$\cdots$，$\dim X$，而 $k(X) = \dim X, 0, -\infty$，是对应于亏格大于等于2，1，0的曲线的主要情况. 若$k(X) = \dim X$，X被称为是一般型的.

从本维尼斯特(Benveniste)、川又(Y. kawamata)、科拉尔、森、里德与 Shokurov 在极小模型理论方面的最新结果，可以得到关于3维簇的两个重要定理.

定理1(本维尼斯特与川又的工作)　若X是一般型的3维簇，则典范环

$$R(X) = \bigoplus_{p\geqslant 0} H^0(X,\theta(vK_X))$$

是有限生成的.

当X是具有$k(X) < 3$的3维簇时，藤田(Fujita)不用极小模型理论早就证明了$R(X)$是有限生成的.

定理2(宫冈的工作)　3维簇 X 有 $k(X) = -\infty$(即 $P,(X) = 0$，$\forall v > 0$)当且仅当X是单直纹的，即存在曲面Y及从$P^1 \times Y$到X的支配有理映射.

虽然在上列陈述中，并未提到在与 X 双有理等价的簇中，找一个“好”的模型 Y(极小模型)是至关重要的；但选取正确

的“好”模型的定义,证明是个重要的起点.

定义(里德)　设(P,X)是正规簇芽. 我们称(P,X)是终端奇点,若:

(1) 存在整数$r>0$使rK_X是个卡蒂埃(Cartier)除子(具有此性质的最小的r称为指标),及

(2) 设$f: Y\to(P,X)$为任一消解,并设$E_1,\cdots,E_n$为全部例外除子,则有

$$rK_Y=f^*(rK_X)+\sum a_iE_i\quad(a_i>0,\forall i)$$

我们称代数簇X是个极小模型若X只有终端奇点且K_X为nef(即对任一不可约曲线C,相交数$(K_X\cdot C)\geqslant 0$),我们称X只有Q-分解奇点,若每个(整体积)外尔除子是Q-卡蒂埃的.

此处的要点是尝试用双有理映射把K_X变为nef(在维数大于3时仍是猜想),X可能获得一些终端奇点,它们是可以具体分类的. 下面是一个一般的例子.

设a,m是互素的整数,令$\mu_m=\{z\in C\mid z^m=1\}$作用于$C^3$上,有

$$\zeta(x,y,z)=(\zeta x,\zeta^{-1}y,\zeta^a z)\quad(\zeta\in\mu_m)$$

则$(P,X)=(0,C^3)/\mu_m$是个指标m的终端奇点.

极小模型理论认为:

定理3　设X为任一光滑射影3维簇. 通过复合两种双有理映射(分别称为flip及除子式收缩)若干次,X变得双有理等价于一个只有Q-分解终端奇点的射影3维簇Y使:

(1) K_X为nef(极小模型情况),或

(2) Y有到一个正规簇Z的映射,$\dim Z<\dim Y$而$-K_Y$是在Z上相对丰富的.

暂时放开flip与除子式收缩的问题,让我们看一下几个重要的推论.

在情况(2)中,$k(X)=-\infty$,而宫冈与森证明X是单直纹的. 在情况(1)中,若继一般型,则本维尼斯特与川又证明了(vK_X),对某些$v>0$,由整体截面所生成,于是完成了定理1. 宫冈证明情况(1)中$k(X)\geqslant 0$,于是完成了定理2.

总结在一起,我们有:

定理 4　对光滑射影 3 维簇 X,下列条件等价:

(1) $k(X) \geqslant 0$;

(2) X 双有理等价于一个极小模型;

(3) X 不是单直纹的.

用相对理论的框架,3 维簇的双有理映射的粗略分解便得到了.

定理 5　设 $f: X \to Y$ 是在只有 Q - 分解奇点 3 维簇之间的映射,则 f 可表达为 flip 与除子式收缩的复合.

在定理3与5中,我们只从端射线(extremal rays)所提供的信息去选 flip 与除子式收缩.

除子式收缩可视为曲面在一点吹开(blow up)的3维类似. flip 是 3 维时的新现象,它在原象与象的 1 维集以外为同构.

其实前面说了这么多就是想说明,日本数学很行,日本数论很行,所以本书很有价值,下面再介绍一下本书概况:

本书是《数论及其应用系列》丛书中的第六卷,丛书编辑为金光茂(日本近畿大学),编委成员有 V. N. Chubarikov(俄罗斯联邦莫斯科大学教授)、Christopher Deninger(德国明斯特大学教授)、贾朝华(中国科学院研究员)、刘建亚(中国山东大学副校长)、H. Niederreiter(新加坡国立大学教授)、M. Waldschmidt(法国巴黎第六大学教授),咨询委员会是 K. Ramachandra(印度塔塔基础研究院研究员,已退休)与 A. Schinzel(波兰科学院研究员).

本系列已出版书籍:

第一卷　算数几何和数论

第二卷　数论:在数论的海洋中航行

第四卷　实分析的问题与解决方法

第五卷　代数几何及其应用

第六卷　数论(梦幻之旅):第五届中日数论研论会演讲集

(第三卷为中国山东威海召开的一次数论会议的论文集)

本著作是2008年8月27～31日在日本东大阪市近畿大学举行的"数论(梦幻之旅):第五届中日数论研讨会"的演讲集,该会议的组织者是金光茂和刘建亚,以及当地的组织者青木崇教授.

这个会议名称听起来是浪漫且有异国情调的,闻名世界的诗人R. Browning 的亲戚 Tim. D. Browning 教授也是本次会议的参与者之一,对于会议的名称R. Browning表达了一个具有诗意的观点,即你可以梦想证明 RH 或是证明那些存在于梦中的最困难的东西.但是主编选择这个名称是由于以下一些原因,大阪因为其最著名的大阪城堡而被人们熟知,大阪城堡的建造者是日本16世纪的英雄丰臣秀吉,他在临终时作了一首诗:"如晨露之坠地,如晨露之消失.所有尘世盛行之物,亦不过梦中之梦."原诗中 Naniwa 一词听起来与大阪的旧名字一样,并且他们中的许多人去过这个城市的中心难波公园(或许是为了德国音乐人 Stefan Honig 的作品 empty orchestra),难波是 Naniwa 的现代名称,这为命名本次研讨会提供了理由.这个名字听起来虽然不诗意,逻辑性却很强.会议由贾朝华教授作的一首诗结尾,再加上他们现在至少有参与者的四首诗,包括蔡天新(专业诗人)、贾朝华、刘建亚(曾在第四届中日研讨会中作诗一首)和 Tim D. Browning.

据本书主编在前言中所介绍:

> "会议气氛如往常一样很愉快,我们相信每一个人都享受这丰富的五天时间.我们组织了各种社会活动,包括在喜来登酒店举行招待聚会,感谢该酒店的好客与慷慨,为我们提供了香槟酒瓶.我们还去京都旅游(大巴车也是喜来登酒店安排的),游览了当地的一些非去不可的地方,一些外国参会者去了金阁封和清水寺多次.晚上的活动也很有趣,其中包括在不同地方举行的空管弦乐队活动.我们发现,不仅中国的参会者被认为是优秀的、热情的歌手,而且大部分西方参会者也擅长唱歌. Trevor Wooley, Winfried Kohnen, Katsuya Miyake 和 Yumiko Hironaka 教授最具有娱乐精神. Jörg Brüdern 教授虽然没有唱歌,但是许诺下次有机会的时候弹吉他. S. Kanemitsu 教授对于错过 Tim D. Browning 教授和 Koichi Kawada 教授参与

的每晚举行的表演而遗憾."

现在我们来介绍一下这次研讨会的内容和这本演讲集.这些演讲比较广泛地涉及了很多当代数论的内容,就像从参会者的论文和本书的简介中看到的那样,本著作的主题涵盖了解析数论(经典堆垒数论和现代堆垒数论的重点)、模形式理论、代数群和代数数论.

本演讲集不仅收集了参会者的论文,而且还收集了没有参会的受邀者的论文,比如 Andrzej Schinzel 教授、Igor Shparlinski 教授和 Ken Yamamura 教授.

中国的许多数学著作甚至名词都是从日本"引进"的,中间可能会出现一点失误,比如"无理数"这个词就有问题,但大多数是好的,希望这部书的出版再为我国的数论发展助一分力.

刘培杰

2018 年 1 月 1 日

于哈工大

数论新应用

李文卿　著

编辑手记

《智族》的编辑总监王锋先生曾在一篇题为“在谄媚的时代，做一个骄傲的人”的卷首语中写道：

> “有时候我甚至觉得，紧跟时代步伐，与时俱进，那些既得利益者的利益被夸大了；内心骄傲，独立于自我，坚守更长远的人性观念和价值，这样的力量被低估了，我们容易过于看重即时的成功，忽略一种观念或心性对人更长久的影响.”

本书的引进是一种骄傲而不与时俱进的行为，它最初吸引笔者的是目录中的 Weil's conjecture，译成中文就是韦伊猜想，它是代数几何中的一个重要问题，1948 年由法国数学家韦伊提出，其大意是：设有 n 个整系数代数方程 $f_1(x,y,\cdots,w)=0$，$f_2(x,y,\cdots,w)=0,\cdots,f_n(x,y,\cdots,w)=0$，试求未知数 $x,y,\cdots,w$ 使得 f_i 都能被一个固定的素数 p 所整除. 为简单起见，考虑两个变量的一个不可约多项式 $f(x,y)$，问 x,y 取哪些整数值，使 $f(x,y)\equiv 0(\bmod p)$？显然可限制 x,y 只取 $0,1,2,\cdots,p-1$，因此只须考虑有限组解，其数目记为 N_p. 此外，还考虑 $f(x,y)=0$，其中 x,y 可以取复数，这种解组成一个流形 X. X 是一个二维的曲面，X 上不同的回路的个数称为贝蒂数 B_1，它是这个曲面

上具有的“洞”的个数的两倍. 可以证明

$$|N_p-(p+1)|\leqslant B_1\sqrt{p}$$

这说明,mod p 整数解的数目和复数解的几何流形之间存在着深刻的联系. 韦伊将它提得更一般些,设 N_p 是方程组在 p 个元素的有限域上解的个数,对每个正整数 r,存在一个 p^r 个元素的有限域,令 N_{p^r} 表示方程组在这个域上解的个数. 对每个素数 p,韦伊猜测,应该有一组复数 a_{ij},使

$$N_{p^r}=\sum_{j=0}^{n}(-1)^i\sum_{i=1}^{B_j}a_{ij}^r$$

这里 B_j 是 X 的贝蒂数,且 $|a_{ij}|=p^{\frac{j}{z}}$.

1965 年,法国数学家格罗登迪克证明了第一式,更困难的 $|a_{ij}|=p^{\frac{j}{z}}$ 由比利时数学家德利涅于 1974 年解决. 它揭示了特征 p 的域上流形理论与古典代数几何之间的深刻联系,轰动一时. 德利涅因此获 1978 年菲尔兹奖.

韦伊、格罗登迪克、德利涅都是天才级的人物. 1893 年,奥古斯特·昂热利埃(Auguste Augellier,1848—1911)就说过:

> “至于天才本身,它的形成,它的深刻的原因,我们认为,想对其加以解释是超出了我们分析能力的一种企图.”

本书除了韦伊猜想外,还涉及了有限域、局部域、黎曼 - 罗赫定理(这有些涉及代数几何的经典内容. 代数几何学的发展大致可以分为三个时期,即史前时期、经典代数几何学时期和抽象代数几何学时期. 史前时期(1860 年以前)主要是从综合几何学(射影几何学)、解析几何学以及代数函数论这几方面进行研究. 经典代数几何学时期(1860—1920)主要是研究复数域上的代数曲线及代数曲面. 经典代数几何学的奠基者是黎曼及克莱布什. 黎曼引进拓扑观点,证明代数几何学基本定理(黎曼 - 罗赫定理)的特殊情形,并引进双有理变换及其不变量和参模的概念,这些构成了未来代数几何学的理论框架,也是进一步研究的出发点. 黎曼研究中的唯一空白——几何对象,则

由克莱布什补足.克莱布什还明确指出,代数几何学研究双有理变换及其不变量,并以这个观点研究代数曲线及曲面.其后,德国学派、法国学派、意大利学派分别用不同的观点及方法研究代数几何学,形成了不同的风格及流派)、模形式等数论中的高大上内容.最后一章讨论了基于四元数群、有限阿贝尔域与有限非阿贝尔群的拉马努金图.

黎曼,阿贝尔,拉马努金也都是数学史上以天才著称的大师级人物,虽然都英年早逝,但其遗产泽被后世,学他们的理论内心一定是骄傲的.

本书原版出版于1996年,距今已有20多年了,许多最新进展今天看来都是历史.

正如统计学领袖C. R. Rao所说:"在终极的分析中,一切知识都是历史;在抽象的意义下,一切科学都是数学;在理性的世界里,所有判断都是统计."

这些作为历史的东西对数学家来说也是需要的.正如陈省身所指出:一个数学家的目的,是要了解数学.历史上数学的进展不外两途:增加对已知材料的了解和推广范围.

将一本书再版和买一本书动机是类似的.你知道买书是一种什么样的行为吗?本雅明说得很好:买书实际上是拯救一本书.怎么拯救它?你想想看,在市场经济下,一本书其实是一个商品,被标注了价格在市场上流通.

如果一本书绝版了,说不定在二手市场上价格会被炒高,因为它是商品.但当你把一本书买回家里,它就不是一个商品了,商品这一层意义就消失了.

再版本书的另外一个原因:它在国内图书市场上很难买到.

每个人的书架都有莫名其妙的、属于自己的秩序在里面,这个书被买回来放进去之后,为什么说它被拯救了呢?就是说从这一刻起,书脱离了它商品的面目,它真正成为一个有意义的东西.它不再只是一本书,对一个活生生的人来讲,它是生命中很重要的一块砖,是构筑了这个人灵魂教堂的一块砖瓦.

因此,本雅明用了这样的比喻:我们到书店里面去买书,把书带过来,这就像《一千零一夜》里面的苏丹王子到奴隶市场里面看到一个美女,这美女被当作奴隶摆在那,你把她买回来吧！然后你拯救了她,就像这个感觉.

至于今天谁会读这么高深的著作.可以借一篇题为“十年以来的学术贬值感”的博文来回答.作者为了回答一个问题:清华大学、北京大学博士为何选择从事高中教师?写道:

> “前两天去帮忙评中科院的青年创新促进会了,仅仅是一个35岁以下的人才项目,竞争异常激烈;有老教授调侃说,这些来答辩的人,任何一个放在20年前,都是评选院士的材料……”

正所谓“旧时王谢堂前燕,飞入寻常百姓家.”

最后再介绍一下本书的作者及原出版社.本书作者中文名为李文卿,于20世纪70年代在美国Berkeley获博士学位,从事数论研究近40年,是世界知名数学家.本书中文版曾于2001年在北京大学出版过,原出版社为世界科学出版公司.其老总是一位著名物理学家,在科技界人脉极广,所以出版了许多优秀学术著作.我们也是支付了不菲的版税才拿到影印版权,我们对此是认可的,因为品牌的特征是溢价的,你必须具有提价能力才是品牌,所以但凡是不能提价的就没有品牌效益,知名度不是品牌,忠诚度才是品牌,我们要学习,要模仿,要超越.

刘培杰

2017年10月27日

于哈工大

湍流十讲

皮特·戴维森
金田行雄
凯特派立·斯尼华申　著

编辑手记

本书由剑桥大学出版社2011年首次出版.

本书的几位作者分别是:皮特·戴维森,英国人,剑桥大学工程系教授;金田行雄,日本人,日本通识教育中心爱知理工学院教授;凯特派立·斯尼华申,美国人,纽约大学物理系教授和库朗数学研究所研究员.

湍流是流体的一种流动状态,本书由研究湍流理论的前沿专家撰写,通过10个章节的内容,用最新颖的观点,全面综合讲述湍流这一流体动力学的重要组成部分.书中介绍了湍流理论的背景,壁湍流,湍流扩散与混合,分层湍流等内容,具有很好的可读性,是一本了解和探究湍流问题的有价值的参考书.适用于物理专业研究生,应用数学专业、物理、海洋学、大气科学等方向的科研人员阅读收藏.

本书的十章分别为:

1. 小规模统计数据与湍流结构:根据高分辨率直接数据模拟;
2. 湍流中的涡量动力学与结构;
3. 湍流中的被动标量输运;
4. 拉格朗日观点下的湍流扩散与混合;
5. 涡流与壁湍流的尺度;
6. 壁湍流动力学;

7. 分层湍流的近期进展;

8. 快速旋转湍流;

9. MHD 发电机与湍流;

10. 量子湍流与经典湍流的相似度.

湍流和层流都是流体的一种流动状态. 据百度百科介绍:当流速很小时,流体分层流动,互不混合,称为层流,也称为稳流或片流;逐渐增加流速,流体的流线开始出现波浪状的摆动,摆动的频率及振幅随流速的增加而增加,此种流况称为过渡流;当流速增加到很大时,流线不再清楚可辨,在流场中有许多小漩涡,层流被破坏,相邻流层间不但有滑动,还有混合,从而形成湍流,又称为乱流、紊流或扰流.

在自然界中,如江河急流、空气流动、烟囱排烟等都是湍流.

湍流的特征　湍流的基本特征是流体微团运动的随机性.

湍流微团不仅有横向脉动,而且有相对于流体总运动的反向运动,因而流体微团的轨迹极其紊乱,随时间变化很快. 湍流中最重要的现象是由这种随机运动引起的动量、热量和质量的传递,其传递速率比层流高好几个数量级.

湍流的利弊　湍流利弊兼有:一方面它强化传递和反应过程;另一方面极大地增加了摩擦阻力和能量损耗. 鉴于湍流是自然界和各种技术过程中普遍存在的流体运动状态(例如,风和河中水流,飞行器和船舶表面附近的绕流,流体机械中流体的运动,燃烧室、反应器和换热器中工质的运动,污染物在大气和水体中的扩散等),研究、预测和控制湍流是认识自然现象,发展现代技术的重要课题之一.

湍流研究主要有两类基本问题:阐明湍流是如何发生的;了解湍流的特性. 由于湍流运动的随机性,研究湍流必须采用统计力学或统计平均方法. 研究湍流的手段有理论分析、数值计算和实验. 后二者具有重要的工程实用意义.

湍流的理论　湍流理论的中心问题是求湍流基本方程纳维-斯托克斯方程(简称 NS 方程)的统计解,由于此方程的非线性和湍流解的不规则性,湍流理论成为流体力学中最困难而又引人入胜的领域.虽然湍流已经研究了一百多年,但是迄今还没有成熟的精确理论,许多基本技术问题得不到理论解释.

1895 年,雷诺首先采用将湍流瞬时速度、瞬时压力加以平均化的平均方法,从纳维 - 斯托克斯方程导出湍流平均流场的基本方程——雷诺方程,奠定了湍流的理论基础.封闭是指一种解一连串方程的方法,这一连串方程把流动的一些平均量和另一些平均量联系起来.封闭需要有一种允许把这一连串方程截止在一个可以处理的数目上的假设.如果这个假设是一个良好的近似,那么所取的封闭模式就有适当的应用范围.雷诺方程是不封闭的,学者们一直努力寻求封闭方程组的办法;早年的普朗特混合长理论是一种尝试,后来发展的模式理论也是一种尝试.

数值模拟预测湍流流动的方法 在数值模拟预测湍流流动的时候,主要有三种方法:

(1) 直接模拟(DNS):要精确模拟空间结构复杂、时间剧烈变化的湍流,需要的计算步长非常小,网格节点非常多,基本只有拥有超级计算机的研究中心才能进行.

(2) 大涡模拟(LES):用 NS 方程来模拟大尺度涡旋,而忽略小尺度涡旋.这种方法需要的计算机资源虽然也很多,但是比 DNS 小得多.

(3) 应用雷诺时均方程模拟:这个是工程应用中最广泛的方法.

百度百科是一种针对普通人的粗浅介绍,要想了解权威和科学全面的介绍还是要查《中国大百科全书》的相关条目:

湍流理论 研究湍流的起因和特性的理论,包括两类基本问题:① 湍流的起因,即平滑的层流如何过渡到湍流;② 充分发展的湍流的特性.

湍流的起因 层流过渡为湍流的主要原因是不稳定性.在多数情况下,剪切流中的扰动会逐渐增长,使流动失去稳定性而形成湍流斑,扰动继续增强,最后导致湍流.这一类湍流称为剪切湍流.两平板间的流体受下板面加热或由上板面冷却达到一定程度,也会形成流态失稳,猝发许多小尺度的对流;上下板间的温差继续加大,就会形成充分发展的湍流.这一类湍流称为热湍流或对流湍流. 边界层、射流以及管道中的湍流属于前一类;夏天地球大气受下垫面加热后产生的流动属于后一类.

为了弄清湍流过渡的机制,科学家们开展了关于流动稳定性理论(见流体运动稳定性)、分岔(bifurcation) 理论和混沌(chaos) 理论的研究,还进行了大量实验研究.

对于从下加热流层而向湍流过渡的问题,原来倾向于下述观点:随着流层温差的逐渐增加,在发生第一不稳定后,出现分岔流态;继而发生第二不稳定,流态进一步分岔;然后第三、第四以及许多更高程度的不稳定接连发生;这种复杂的流动称为湍流. 实验结果支持这一论点. 但是,这一运动过程在理论上得不出带有连续谱的无序运动,而与实验中观察到的连续谱相违. 后来,对不稳定系统的理论分析提出了另一种观点:在发生第一、第二不稳定之后,第三不稳定就直接导致一个可解释为湍流的无序运动. 这一观点也得到实验的支持.

剪切流中湍流的发生情况更为复杂. 实验发现,平滑剪切流向湍流过渡常会伴有突然发生的、做奇特波状运动的湍流斑或称过渡斑. 可以设想,许多逐渐形成的过渡斑,由于一再出现的新的突然扰动而互相作用和衰减,使混乱得以维持. 把过渡斑作为一种孤立的非线性波动现象来研究,有可能对湍流过渡现象取得较深刻的理解. 因此,存在着不止一条通向湍流的途径.

过去认为,一个机械系统发生无序行为往往是外部干扰或外部噪声影响的结果. 然而,后来观察到:在某个系统里进行确定的基本操作会导致混乱的重复发生. 这类系统可认为含有一个能吸引系统维持混乱的奇怪吸引子. 这种混乱现象称为短暂混沌. 预期对这种短暂混沌的可普遍化特性的研究将会得到说明完全发展的无序现象(湍流) 的新线索.

湍流基本方程　充分发展的湍流流动图像极其复杂,虽经一百多年的研究,成果并不显著. 目前大多数学者都是从纳维 - 斯托克斯方程

$$\frac{\partial u_i}{\partial t} + u_k \frac{\partial u_i}{\partial x_k} = - \frac{1}{\rho} \frac{\partial p}{\partial x_i} + v \frac{\partial^2 u_i}{\partial x_k \partial x_k} \tag{1}$$

出发进行研究;近年来,有人从统计物理学中的玻耳兹曼方程或 BBGKY 谱系方程出发进行研究.

对充分发展的湍流,除考虑它的瞬时量外,更要考虑各种用以描述湍流概貌的平均量.从瞬时量导出平均量的平均方法有好多种.有了平均法,就可把任一瞬时量分解成平均量和脉动量之和.例如

$$u_i \equiv \bar{u}_i + u'_i, p = \bar{p} + p'$$

式中 u_i,p 为速度和压力的瞬时量;$\bar{u}_i$,$\bar{p}$ 为其平均量;u'_i 和 p' 为其脉动量.对式(1)取平均,就得到平均速度和平均压力所满足的雷诺方程

$$\frac{\partial \bar{u}_i}{\partial t} + u_k \frac{\partial \bar{u}_i}{\partial x_k} = -\frac{1}{\rho}\frac{\partial \bar{p}}{\partial x_i} + v\frac{\partial^2 \bar{u}_i}{\partial x_k \partial x_k} - \frac{\partial \overline{u'_i u'_k}}{\partial x_k} \qquad (2)$$

式中最后一项是雷诺方程对纳维 - 斯托克斯方程的附加项,体现了脉动场对平均场的作用,而 $-\rho\overline{u'_i u'_k} = \tau_{ik}$ 则称为雷诺应力或湍流应力.式中最后一项中的量实质上是新未知量,所以式(2)和连续性方程

$$\frac{\partial \bar{u}_i}{\partial x_i} = 0 \qquad (3)$$

所组成的方程组关于 $\bar{u}_i$ 和 $\bar{p}$ 是不封闭的,因而无法求解.学者们一直努力寻求封闭方程组的办法;早年的普朗特混合长理论是一种尝试,后来发展的模式理论也是一种尝试.

湍流的半经验理论和模式理论 布森涅斯克早在1877年做出假设:二元湍流的雷诺应力正比于平均速度梯度,即

$$-\rho\overline{u'_i u'_j} = \rho\varepsilon_\tau\frac{\partial \bar{u}_i}{\partial x_j}$$

式中 ε_τ 为涡黏性系数.这一假设是仿照牛顿黏性定律做出的.实际上,ε_τ 不是单由物性决定的常数,而是和流动有关的变量,尤其在近壁区,它的变化很大.后来,普朗特仿照气体动理学理论,提出了混合长理论,即令

$$-\rho\overline{u'v'} = \rho l^2\left|\frac{\partial \bar{u}}{\partial y}\right|\frac{\partial \bar{u}}{\partial y} \qquad (4)$$

式中取 x,y 坐标;u',v' 为相应脉动速度分量;l 称为混合长.显

然，$\varepsilon_\tau = l^2\left|\frac{\partial \bar{u}}{\partial y}\right|$. 根据平板边界层的测量，$l$ 和离壁之距 y 的关系可近似地表示为

$$l = \begin{cases} \kappa y, & \text{当 } y \leqslant y_c \text{ 时} \\ \sigma\delta, & \text{当 } y > y_c \text{ 时} \end{cases}$$

式中 $y_c = 0.15\delta \sim 0.20\delta$，$\kappa = 0.40$，$\sigma = 0.075 \sim 0.09$，$\delta$ 为边界层厚度. 对于二元混合层和射流，l 近似地和射流的宽度成比例. 在二元情况下可用式(4) 封闭式(2)(3).

对于直圆管湍流，由混合长理论可以得出用对数函数近似表示的水桶型的速度分布. 经过实验修正后，这个对数分布律为

$$\frac{u}{u_\tau} = 5.75\ln\frac{u_\tau y}{v} + 5.5$$

式中 $u_\tau = \sqrt{\tau_w/\rho}$ 为动力速度，τ_w 为壁面摩擦力.

除了混合长理论，泰勒提出过一种模拟涡量输运的理论；卡门也提出一种假定局部脉动场相似的理论. 现在有人称这些半经验理论为平均场封闭模式或"0" 方程模式. 这种模式比较简单，且计算结果也比较符合某些工程实际.

上述半经验理论是近似的，适用范围有限. 后来，经过改进和推广，出现了"1" 方程模式，其中除了平均运动方程，还补充一个湍能方程或一个关于混合长的微分方程；还有所谓"2" 方程模式和应力输运模式，以及更高阶的封闭模式.

封闭是指一种解一连串方程的方法，这一连串方程把流动的一些平均量和另一些平均量联系起来. 封闭需要有一种允许把这一连串方程截止在一个可以处理的数目上的假设. 如果这个假设是一个良好的近似，那么所取的封闭模式就有适当的应用范围. 近年来，二阶封闭较受重视，而应用得较多的则是一种称为 K-ε 模式的"2" 方程模式. 它用湍能 K 和湍能耗散率 ε 两个量来描写湍流的脉动场，用下式表示雷诺应力

$$-\rho\,\overline{u'_i u'_j} = \mu_t\left(\frac{\partial \bar{u}_i}{\partial x_j} + \frac{\partial \bar{u}_j}{\partial x_i}\right) - \frac{2}{3}\rho K\delta_{ij} \tag{5}$$

式中 $\mu_t = C_\mu \rho K^2/\varepsilon$，$C_\mu$ 为比例常数. 再对 K 和 ε 分别补充一个方程，就可组成同时计算平均速度场和湍流场的封闭方程组. K-ε

模式已用于计算一些平面平行湍流，但计算稍为复杂的湍流时，效果不好.

应力输运模式用六个关于雷诺应力分量的输运方程增补方程(2)(3)，并引进一些附加假定. 周培源早在1945年发表了他对应力输运模式较系统的研究工作，当时没有电子计算机，只能做一般性讨论. 从20世纪60年代起开始应用计算机研究这一模式. 在应力输运模式中，湍流的脉动场用七个量(六个雷诺应力分量和一个耗散率)描写，比只用K和ε两个量似乎合理些，但同样存在封闭的困难. 因耦合的方程数目增多，对边界条件和初始条件的要求也增多，从而给计算带来许多困难.

上述两种二阶封闭都立足于雷诺平均法则，湍流场被分解为平均场和脉动场. 脉动场由$\overline{u'_i u'_k}$和ε来代表. 在$\overline{u'_i u'_k}$中既有大涡的作用，也有小涡的作用，也就是把脉动场中的大涡和小涡同等看待，这可能是造成封闭方程组过分复杂的原因. 此外，雷诺平均法则不能反映一些拟序性的大涡结构. 为此，又开始探索新的平均方法和封闭模式. “滤波”平均(即将小涡滤去)和大涡模拟就是这一方面的尝试.

还有和封闭理论相反的、被称为开式理论的方法. 它不是用假设来截断一连串的方程，而是在许多可能的解中寻求给出某些重要特征的上界的解.

上述模式理论和半经验理论都是对非均匀湍流做定量的预估，寻求用一个简单的统计模式来代替复杂的实际过程，以预测各种工程的或其他实用场合中的湍流特性.

湍流的统计理论　研究湍流一般要用统计平均概念. 统计的结果是湍流细微结构的平均，描述流体运动的某些概貌，而这些概貌对实际湍流细节应该是适当敏感的，因此可以认为，几乎所有湍流理论都是统计理论，但一般著作中所讲的统计理论实际上是指引进多点相关后的统计理论.

泰勒在20世纪20年代初研究湍流扩散时，引进了流场同一点在不同时刻的脉动速度的相关$\overline{u(0)u(\tau)}$，从而开创了湍流统计理论的研究. 这一相关称为拉格朗日相关，可描述流动的扩散能力. 用扩散系数ε_d来表示这种能力，则

$$\varepsilon_d = \overline{u^2}\int_0^t R(\tau)\,\mathrm{d}\tau$$

式中 $R(\tau) = \overline{u(0)u(\tau)}/\overline{u^2}$ 称为相关系数. 知道了拉格朗日相关,就可以算出湍流扩散系数. 1935 年泰勒又引进同一时刻不同点上速度分量的相关 $\overline{u_i u'_j}$,用以描述湍流脉动场,此即欧拉相关. 相应的相关系数

$$R_{ij} = \frac{\overline{u_i u'_j}}{\sqrt{\overline{u_i^2}}\sqrt{\overline{u'^2_j}}}$$

泰勒利用这一类相关研究了一种理想湍流 —— 均匀各向同性湍流. 这种最简单的理想化湍流的定义是:平均速度和所有平均量都对空间坐标的平移保持不变,而且各相关函数沿任何方向都是相同的. 要在实验室中即使近似地模拟这种湍流也是很困难的. 但在这种湍流中,不会有平均流动对脉动的交互作用,也不会有因不均匀性造成的湍能扩散效应和因各向异性造成的湍能重分配效应,因而可以利用这种湍流研究湍能衰减规律和湍流场中各级旋涡间的能量分配和交换规律. 由于没有湍能产生和扩散,这种湍流一旦产生就逐渐衰减. 泰勒导得湍能的衰减律为

$$\frac{\mathrm{d}\,\overline{u^2}}{\mathrm{d}t} = -10v\,\frac{\overline{u^2}}{\lambda^2} \tag{6}$$

式中 λ 为湍流的泰勒微尺度;u 为脉动速度.

这种湍流的所有二阶速度相关可以由一个纵向相关函数 $f(r) = \overline{u_l(0)u'_l(r)}/\overline{u_l^2}$ 表示,式中 l 表示点 P 和点 P' 间连线的方向;r 为两点间的距离;$u_l(0)$,$u'_l(r)$ 分别为点 P 和点 P' 上的脉动速度在 l 方向的分量;$\overline{u_l^2} = \overline{u_l^2(0)}$ 为 l 方向脉动速度的自相关,称纵向自相关,它的 1.5 倍就是湍能. 卡门和豪沃思导出关于 $f(r)$ 的动力学方程

$$\frac{\partial}{\partial t}(\overline{u^2}f) = 2v\,\overline{u^2}\left(\frac{\partial^2 f}{\partial r^2} + \frac{4}{r}\frac{\partial f}{\partial r}\right) + (\overline{u^2})^{3/2}\left(\frac{\partial \boldsymbol{\kappa}}{\partial r} + 4\,\frac{\boldsymbol{\kappa}}{r}\right) \tag{7}$$

式(7) 称为卡门 - 豪沃思方程,它描述相关随时间的变化. 解

出 f 就可求出流场的衰减规律. 把此方程按 r 的幂次展开,其第一项就是式(6),以后各项和 κ 有关. κ 为三阶相关系数,它也是未知量,因而方程不封闭. 早期的均匀各向同性相关理论就是研究这一方程的各种封闭方法和解的形式.

对 $\overline{u_i u'_j}$ 进行傅里叶变换,得三维能谱函数

$$E_{ij}(k,t) = \frac{1}{8\pi^3}\iiint_{-\infty}^{+\infty} \overline{u_i u'_j} \mathrm{e}^{-\mathrm{i}k\xi} \mathrm{d}\xi$$

式中,κ 为波数. 记 $E(k,t) = 2\pi k^2 E_{ij}(k,t)$,它也是个三维能谱函数. 同卡门 - 豪沃思方程相对应的能谱方程为

$$\frac{\partial}{\partial t}E(k,t) = F(k,t) - 2\nu k^2 E \qquad (8)$$

式中 F 和三阶速度相关函数有关. 因而能谱方程也不封闭,它包含两个未知量 E 和 F.

将能谱函数 E 对 k 积分就得湍能

$$\int_0^{\infty} E\mathrm{d}k = \frac{3}{2}\overline{u^2}$$

因此,$E(k,t)\mathrm{d}k$ 就是那些波数处于 k 和 $\mathrm{d}k$ 之间的湍动涡的能量. 如图 1 所示,在能谱曲线(E 对 k 的曲线)中,小波数对应于大湍动涡,大波数对应于小湍动涡. 对于中间尺度的涡,柯尔莫戈洛夫给出它的能谱是按 k 的 $-5/3$ 次幂变化的,即在图中的惯性子区,能谱曲线可表示为 $E = A\varepsilon^{2/3}k^{-5/3}$,式中 ε 为湍能耗散率. 这一形式称为柯尔莫戈洛夫谱定律. 大量观察到的数据支持这一定性结果.

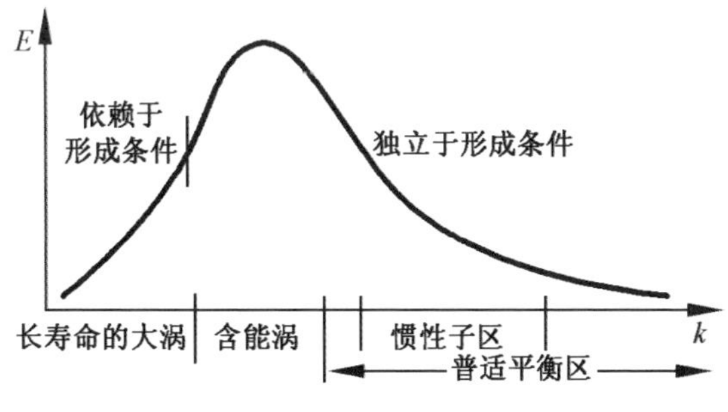

图 1　能谱曲线示意图

对各级湍涡的关系有一种级串观点. 湍流一旦形成,总的变化趋势是大涡逐渐向中涡演变,中涡又向小涡演变. 反映在能谱曲线的演变上,小 k 处的 E 值因大涡减弱而逐渐减小;中 k 处的 E 值一方面接受从较小 k 值区传来的能量,另一方面又向较大 k 值区输送能量,最后因流体黏性的作用,能量在一些微小尺度的涡上转化为热而耗散掉. 均匀各向同性湍流的谱理论就是从研究谱方程(8) 的封闭方法来导出能谱曲线的具体形式及其衰减规律的.

1941 年,柯尔莫戈洛夫提出局部各向同性概念. 他认为实际流动总有边界的影响,因此受边界影响较大的大尺度涡旋的运动不可能是各向同性的,而受边界影响较小的小尺度涡旋则可能是各向同性的. 为了消除大涡旋的影响,他研究了相对速度 $w_i = v_i - v'_i$ 和由此导出的结构函数 $\overline{w_i w'_j}$,并认为由脉动场 w_i 确定的平均性质具有各向同性,因此称这种湍流为局部均匀各向同性湍流. 周培源等从另一途径,先解纳维 - 斯托克斯方程,然后对所得的基元涡进行统计平均来研究均匀各向同性湍流,得出了相关量的衰减规律. 此外,也有人开展了均匀剪切湍流的研究. 克赖希南提出了直接相互作用理论;格罗斯曼把重正化群论方法引进湍流研究;楚格、刘易斯和斯特鲁明斯基等开展了湍流的气体动力论研究,但都未取得重要进展.

湍流经过一百多年的研究只得到极少量的定量预测. 一二十年来关于湍流结构的一些新发现,关于由不稳定、分岔而导致混沌的机械系统和数学系统的发现,有可能为理解湍流的发生提供新途径. 科学家和工程师们开始更多地考虑湍流机理. 但是,这种对机理的思考不会很快地对完全发展的湍流做出彻底的了解,而只可能为构造更精确反映湍流过程基本机理的统计假设提供条件.

建立湍流理论是一个非常艰巨的任务. 近期和中期的任务是提高控制不稳定的技术和增强关于湍流统计模式的预测能力,由此推进工业新产品的设计,并且增强对天气和海流等的预报能力.

国内科普书中介绍湍流的不多,有一本比较优秀的译著是

《湍鉴 —— 混沌理论与整体性科学导引》,它通俗易懂地介绍了这一现象.

试图搞清湍流发生步骤的第一代现代科学家当中,有一位苏联物理学家. 此人便是1962年因超流氦理论荣获诺贝尔奖的列夫·朗道(Lev Landau),他认识到,当流体内部的运动变得越来越复杂时,湍流就开始发展起来. 很像列奥那多,他设想发生大量分岔之后,整体湍动就出现了.

朗道的理论在1948年名声大振,当时德国科学家厄伯哈特·霍普夫(Eberhard Hopf)发明了一种描述分岔导致湍动的数学模型.

对于一条平缓流动的小河,描述流体的参数恒定不变. 即使扔一块石头扰动小河,不久它也能安顿下来,返回到层流状态. 因为确定小河流动的变量没有改变,于是水的流动恰好可以用相空间中的一个点(一个点吸引子)来代表. 此时,这个点表示水的恒定速度(图2).

对于较快速流动的河水,平缓流动被振荡所改变,这时出现稳定的涡旋. 不过这种流动仍然相当规则,可用一个极限环来刻画. 即使一块石头被扔进河里用以扰动水的流动,受扰动的小河也总会返回同一个基本振荡,即同一个稳定涡旋(图3).

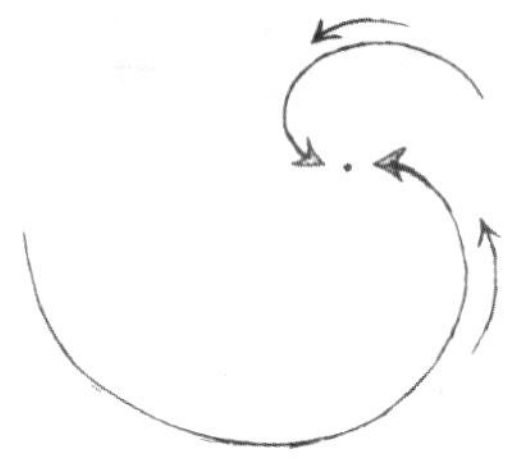

图2

但是,这样一种描述有点矛盾:当河水的流速较低时,其运动可由一个点吸引子很好地描述;但当速度增加时,就要用极限环吸引子去描述. 显然其间应存在一个临界点,在这一点上对小河流动行为的描述,将从一种吸引子跳跃到另一种吸引子上去. 这个临界点的不稳定性现在称为霍普夫不稳定性.

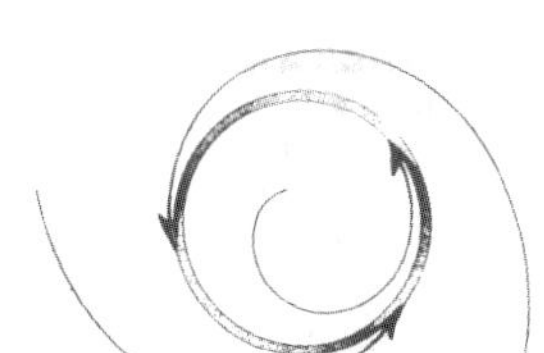

图 3

霍普夫进而设想存在一连串进一步的不稳定性.第一个不稳定性牵涉从点吸引子到极限环的跳跃.随之而来的是,突然出现三维的轮胎形状的环面吸引子,然后是四维、五维、六维的环面,以及维数继续不断增加的环面.

霍普夫和朗道的图景直觉上好像很合理,它使人想起列奥那多所画的涡旋套涡旋.不过,实验并没有证实这一模型所预言的高维环面.相反,对于某些系统的观测表明,虽然开始时从有序流动向无序流动的转变,与朗道和霍普夫描述的一样,但是系统随后通向混沌却遵循了另一条更迷人、更精致的道路.

当热空气从沙漠上上升、热的水汽盘旋着从炒锅锅底升腾时,会出现叫作贝纳(Bénard)不稳定性的对流.1982 年有人对这类对流的不稳定性做了一项细致的实验.研究人员考察了这种特别的贝纳不稳定性,发现湍流的出现比霍普夫的假说所暗示的要快得多.

法国高等科学研究院的物理学家戴维·吕埃尔(David Ruelle)在弗洛瑞斯·塔肯斯(Floris Takens)的帮助下,对混沌的这种快速出现创立了一种新理论.

吕埃尔第一个用“奇怪”来命名湍动和混沌吸引子.对于对流的平缓流动,他同意朗道和霍普夫的观点,即层流让位于第一级振荡,点吸引子跳跃到了极限环,此后极限环变成环面.但是吕埃尔证明,在第三次分岔时,某种近乎科幻小说式的东西出现了.系统不是由二维环面跳到四维空间中的三维环面,而是环面本身开始解体!系统的环面进入了一种分数维数的空间.换句话说,环面吸引子的表面实际上镶嵌在二维的平面与三维的立体之间.

为了弄懂这是什么意思,我们来考虑一张纸,一个二维的东西.①把纸揉搓起来.纸团压得越紧,它折叠得就越混沌,二维的面就越接近于变成三维的体.贝纳对流就类似于揉搓纸团,或者像一种在两个世界之间无法做出选择的科幻人物.相流玩命地做出动摇不定的“努力”,欲逃向高维,又想返回低维,在高低两个维数之间“优柔寡断”,无穷无尽地到处游荡着、揉搓着.因此,这种犹豫不决的维数不是整数维(不是二维也不是三维),而是分数维.这种犹豫不决的轨迹就形成了奇怪吸引子.

哈沃福特学院的哈里·斯维尼(Harry Swinney)与德克萨斯大学奥斯汀分校的杰瑞·格鲁巴(Jerry Gollub)设计了一项惊人的实验,支持了吕埃尔的看法(图4).此实验做的是流体在两个圆筒之间的运动.当内圆筒旋转时,保持外圆柱不动.这会导致流体在不同部分有不同的流速.当转速较低时,流体均匀流动.但当转速增加时,第一霍普夫不稳定性出现了.此时流体像扭动的绳子一样,通过一系列内部旋转而运动着.

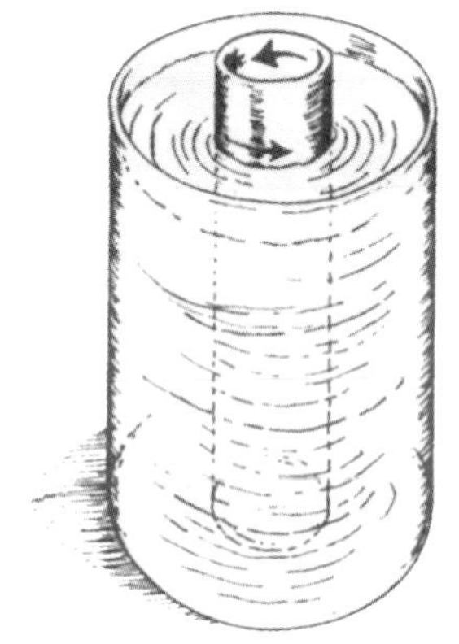

图4

① 当然,实际上纸是三维的,有一维的非常薄.不过,至少在比喻的意义上,可把它视为对数学平面的相当好的近似.

当第二霍普夫分岔到来时，出现了一种新型的内部旋转，流体以两个不同频率振荡着，扭转的复杂性增大了. 当旋转速度进一步增加时，规则运动变成了随机起伏. 若在相空间中画出图来，轨道自身压成了具有分数维的奇怪吸引子.

当科学家分析这些实验的意义时，他们开始越来越勇敢地面对湍动的嘲弄. 湍动的出现是由于运动的各个组分之间彼此关联，任何一组分的活动都依赖于其他组分，各个组分之间的反馈形成了更多的组分.

秩序解体成湍动（奇怪吸引子），反映了系统有深层无穷内部相关性，抑或反映了其整体性？尽管事情似乎很奇怪，但已有证据指向了这个方向.

除了上面提到的科普书外，还有一些是讲某一专门方向的，如1964年，上海科学技术出版社曾出版过一套化学工程学丛书. 其中有一本由顾毓珍编著的《湍流传热导论》，其中就介绍说，在现代流体力学中，特别是流体动力学，边界层学说往往被认为是这门学科的奠基石. 许多比较复杂的流体动力学问题，应用数学分析方法而没有获得解决的，现在可以通过边界层概念求解，并且还可推广到传热学.

1909年，普兰德（L. Prandtl）首先提出了边界层的概念. 按照他的论点，流体沿着固体壁面的流动可分为两个区域：一个是紧靠固体壁面的区域，称为边界层，在其中摩擦力是重要的；另一个是边界层以外的区域，在其中摩擦力可以忽略不计. 因此，在研究黏性流体沿着固体壁面运动时，只须集中注意于边界层内，这样的区域称为流动边界层. 同样的概念已被应用到传热方面，称为传热边界层（或简称热边界层），并可应用到传质方面，称为传质边界层.

在普兰德提出这个概念后，每年仅有几篇关于边界层研究的论文发表，至1950年后，则每年增至几十篇的有关文章. 这是由于边界层学说的应用在科学上和工程上，特别对流体的湍流流动问题的日趋重要所致.

在许多工业上遇到的传热问题，流体大多是处于湍流时的流动类型，因此在湍流情况下的传热更有必要加以探讨. 既然传热介质是流体，并且大都在湍流情况下，则湍流传热是与湍流情况下的流体力学有密切关系. 因此,以往和最近传热理论的发展,在许多方面是随着流体力学的进展而有所发展. 当然,任何理论之价值,必须有赖于实验的证明,对于传热理论自亦不能例外,凡是从理论计算所提供的数字愈能接近于实验数据,则这样的理论将视为愈正确而可以应用到工业上的设计方面.

在我国从事湍流方面研究的最著名的人物就是清华大学前校长周培源,周先生一生就从事过两个领域的研究,一个是广义相对论,再一个就是湍流理论. 一个著名科学家对自己从事研究的领域和方向是十分挑剔的,一般要符合重大和重要两个要求,据《中国科学技术专家传略》中评价,他是我国湍流模式理论的奠基人,是我国湍流理论研究的领头人. 在世界强手如林的湍流研究队伍中,他积数十年之成果,形成了自己独立的理论体系,受到国际上的重视.

他从事湍流研究是从 1938 年开始的. 当时,他暂时搁下了从事多年的宇宙论的研究,而将主要精力放在湍流上.

流体的湍流运动在自然科学史上一直是困惑许多杰出科学家之谜. 流体运动的基本方程纳维 - 斯托克斯方程虽然早在 1821 年就建立了,但是一直未能从它求出描述湍流运动的解来. 1895 年,英国雷诺发现不可压缩流体充分发展了湍流运动可以分解为平均运动和脉动运动两部分,并从 NS 方程用平均方法导出了湍流平均运动方程. 但这组方程是不封闭的. 在周培源之前,人们总是从这组方程出发,引入脉动量、平均流速对空间坐标的梯度有关的各种假设使方程闭合,来求解流体的平均速度.

周培源在国际上最早考虑脉动方程(即 NS 方程与平均运动方程之差),并由这组方程导出二元和三元速度关联函数所满足的动力学方程,再引进必要的假设来建立湍流理论. 1940 年根据这一模型,他对若干流动问题做了具体计算,其结果与当时的实验符合得很好.

1945 年,周培源在论文《关于速度关联和湍流涨落方程的解》中提出了两种求解湍流运动的方法:一种是把平均运动方程和关联函数所满足的方程逐级近似求解;另一种是将平均运动方程与脉动方程联立求解. 由于这组方程的高度复杂性, 在 20 世纪 40 年代, 要联立求解是不可能的, 但他的这种思路却为湍流研究者开辟了崭新的途径. 上述第一种解法奠定了国际上称为"湍流模式理论" 的基础, 在国际上被誉为"现代湍流数值计算的奠基性工作". 近数十年的发展, 由于高速电子计算机计算能力的扩大, 愈益显示出它的重要性. 世界各国不少人因循他的方法进行开拓, 形成了"湍流模式理论" 流派.

20 世纪 50 年代, 周培源利用一个比较简单的轴对称涡旋模型作为湍流元的物理图像来说明均匀各向同性的湍流运动. 利用湍流衰变后期雷诺数比较小的特点, 周培源和他的学生蔡树棠得到了最简单的均匀各向同性湍流的后期衰变运动的二元速度关联函数, 在这一思路的基础上, 他的学生黄永念用同样的方法, 得到了均匀各向同性湍流三元速度关联函数. 10 年以后, 这个三元速度关联函数被佩纳特(Bennett) 与柯尔辛(Corsin) 的实验所证实.

与此同时, 周培源还与他的学生勋刚、李松年对高雷诺数下(即衰变初期) 的均匀各向同性的湍流运动进行了研究, 得到了与实验符合的均匀各向同性湍流在早期衰变运动的二元和三元速度关联函数.

为了统一湍流在初期和后期衰变的模型, 1975 年, 周培源提出"准相似性" 的概念及与之相适应的条件. 他与黄永念把这两个不同的相似性条件统一为一个确定解的物理条件 —— 准相似性条件. 这个条件在 1986 年由北京大学湍流实验室魏中磊、诸乾康、钮珍南和俞达成的实验所证实, 从而在国际上第一次由实验确立了从衰变初期到后期的湍能衰变规律和微尺度扩散规律的理论结果. 其后, 周培源又与黄永念计算得到衰变各期的能谱函数、能量传递函数等. 这些结果都得到国际同行的赞许.

20 世纪 80 年代以来, 周培源又将所取得的结果与准相似条件推广到具有剪切应力的普遍湍流运动中去, 并引进新的逼近求解方法, 得到了新的结果.

为了表彰周培源 1950 年在湍流领域里取得的重大研究成果, 1982 年, 国家科委授予他自然科学二等奖.

在“文化大革命”刚结束，科学的春天来临之际，周先生就在《力学与实践》杂志1979年3月第一卷第一期创刊号上发表文章，力推力学研究在我国重新振兴，他指出：

> 在力学领域中，有几个历史悠久的传统学科，如质点和刚体力学，流体力学，固体力学和土力学等. 在这些学科中，近年来，国外在理论、方法、现象方面都不断有所突破，例如：孤立波理论、失稳分岔理论、有限元法、断裂力学、剪切湍流、变形体热力学、弹黏性介质中的记忆衰退理论等. 这些方面需要向纵深发展，扩大战果. 我们还要继续发现新的突破口. 我们要决心去攻克难关，要避免目前的“浅水区拥挤不堪，深水区无人问津”的现象.
>
> 近年来，在国内和国外连续出现一些新兴学科，如岩体力学、地球力学、物理力学、等离子体动力学、宇宙气体动力学、化学流体力学、爆炸力学、生物力学、理性力学，等等. 这些学科，多半是和其他学科相互渗透建立起来的. 它们的崛起，好像雨后春笋，有旺盛的生命力. 这些学科，又像未开垦的处女地一样，到处有吸引人的前景. 我们认为，老学科有责任来扶植新学科. 我们鼓励传统学科中有经验的科学家向新学科进军，开辟新领域. 在新学科领域里工作的同志要加强学习，学习老学科的经验和我们所不熟悉的相邻学科的知识. 新学科中的新发现，有可能反过来促进老学科的突破. 有的老一辈科学家提倡“人梯”精神，愿意为新学科的成长铺平道路，这是非常值得赞扬的精神.

进入新世纪后，湍流研究又有了哪些新的进展与联系，中科院物理所有一篇博文叫“对一个‘世纪数学难题’的重新思考”：

> 荡漾的小船产生水波，高速飞行的喷气机产生湍

流.数学家和物理学家相信,对纳维 - 斯托克斯方程的理解,可以找到对风和湍流的解释和预测.虽然这些方程在 19 世纪就被提出,但我们对它们仍知之甚少.我们面临的挑战是在数学理论做出实质性的进步,从而揭开隐藏在纳维 - 斯托克斯方程背后的秘密.

——克雷数学研究所

纳维 - 斯托克斯方程在流体力学界就相当于经典力学中的牛顿三大运动定律,它们描述的是气体和液体的运动在不同的环境里会如何演化.正如牛顿第二运动定理描述一个物体的速度在外力作用下会如何改变一样,NS 方程描述了流体的流动速度是如何受到压力、黏度等内力以及重力一类的外力所影响的.这些方程的历史可追溯到 19 世纪的 20 年代,现已被广泛地用来模拟从海流、到飞机起飞后的湍流、再到流经心脏的血液流动等各个领域.

当物理学家认为这些方程的可靠性就如实锤一样实时,数学家却对它们投以十分谨慎的目光.在数学家眼中,这些方程的运作似乎并不对.他们想要证明的是这些方程是真实可靠的:无论是什么流体,也无论对其流动的预测发生在多远的未来,这些方程仍保持正确.而这种愿望已被证明是非常难以达成的.因此,NS 问题被列为七个千禧年大奖数学难题之一.

为了解决这个问题,数学家尝试发展了许多方法.在去年 9 月,普林斯顿大学的数学家 Tristan Buckmaster 和 Vlad Vicol 在网上提交了一篇论文,引发了大家对一个问题的思考,即多年来数学家用来探寻 NS 方程问题的一种主要方法,是否有成功的可能性.Buckmaster 和 Vicol 发现,在某些假设条件下,NS 方程对物理世界的描述不一致.

Buckmaster 说:"我们正在尝试弄清楚这些方程中的一些固有问题,以及为何我们很可能必须得重新思考这些问题.”

Buckmaster 和 Vicol 的研究表明,当我们将NS方程的解设定得非常粗略时(好比草图之于照片),方程的输出便开始失去意义:对同一流体,从相同的初始条件开始,可能会出现两个或更多的非常不同的终态.如果这种情况发生的话,就意味着这些方程就不能可靠地反映我们想要描述的物理世界.

失效的方程式 为了说明这些方程会如何失效,可以以海流的流动为例.在它的内部可能有许多个交叉水流,以不同的速度和方向在不同的区域流动.这些交叉水流在不断变化的摩擦和水压的作用中相互作用,并决定着流体之后的流动.

数学家用一幅能告诉我们流体中每个位置的水流方向和大小的图来模拟这种相互作用.这种被称为向量场的图是流体内部动态的写照.NS 方程将这种写照更提升了一个层次,它能准确地告诉我们向量场在随后的每个时刻会变成什么样子(图5,6).

这些方程描述的流体的流动就好比牛顿方程预测的行星在未来的位置一样可靠,物理学家一直在用它们对流体运动进行模拟和预测,得到的结果与实验结果相符.然而,对数学家来说,他们需要的不仅是从事证实,还需要证明这些方程是不能被违反的:不管起始于哪个向量场,也不管预测的是多么遥远的未来,这些方程总会且只能给你一个独一无二的新向量场.

这就是千禧年大奖问题的主题,它探讨的问题是NS 方程是否对所有时刻的所有起点都有解.这些解必须为流体中的每个点的流动提供精确的方向和大小.以无限精细的分辨率提供信息的解被称为“光滑”解.一个光滑解能让向量场中的每一个点都有与其相关的向量,使流体可以“平稳地”在场内流动,而不会陷在那些无从知道下一步该往哪移动的没有向量的点上.

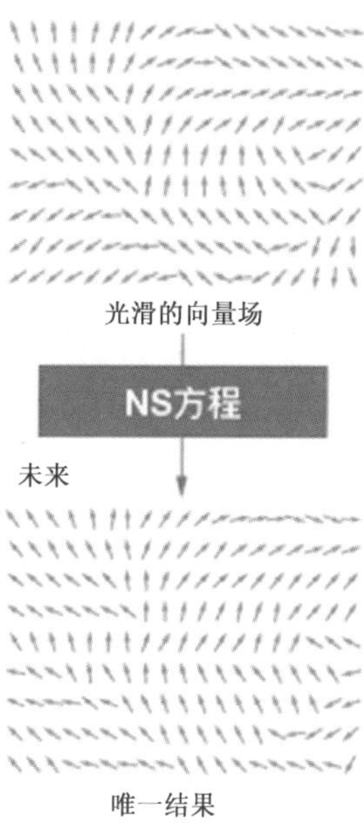

图5

光滑解是对物理世界的完整写照，但从数学上讲，它们可能并不总是存在. 研究NS方程的数学家们担心这种情况出现：假如我们正在运行NS方程，并观察向量场会如何变化，过了一段时间后，方程显示流体中的某个粒子正以无限快的速度移动——问题便来了，NS方程涉及的是对流体中的压力、摩擦力和速度等性质的变化进行测量，它们取这些量的导数，我们无法对无穷大的值进行求导，所以说如果这些方程里出现了一个无穷大的值，那么方程就可被认作失效了，它们不再具有描述流体的后续状态的能力.

同时，失效也是一个预示着方程中失去了某些应该描述却没能描述的物理世界. Buckmaster 说："这也许意味着方程没能捕获到真实流体的所有效应，因为

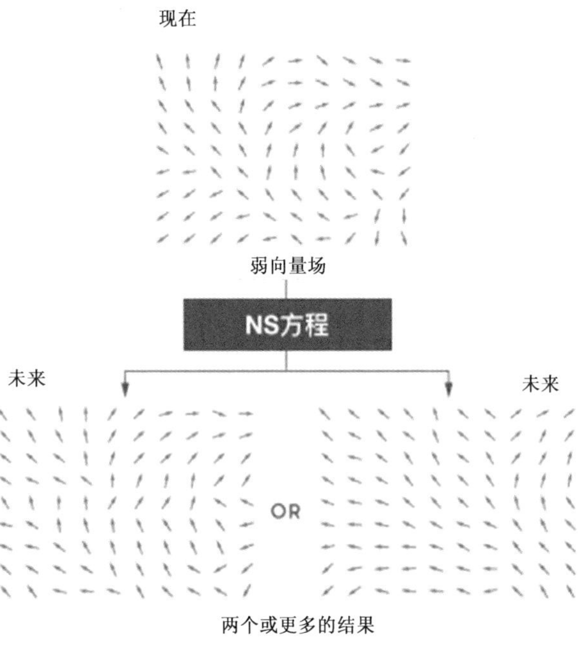

图 6

在真实流体中，我们不会看到粒子以无限快的速度运动.”

如果谁能找到NS方程绝不发生失效，或能确定让其失效的条件，谁就解决了NS方程难题.数学家对这一问题的其中一个研究策略，就是首先放宽它的解的一些要求.

从弱到光滑 当数学家研究像NS这样的方程时，他们有时会从扩大对于解的定义开始.以NS方程为例来说，光滑解要求的是最大化信息量，它们要求在与流体相关的向量场内，每个点都存在一个向量.但如果我们放松这一要求，比如只须能够计算某些点上的向量，或者只须对向量的计算进行估算呢？这样的解称为“弱”解.它们让数学家对一个方程的行为有个大致的把握,而不需要做找光滑解的所有工作.从某些角度来看,弱解比实际的解更容易描述,因为需要知道的信息更少.

弱解是以渐弱的状态出现的.如果将光滑解看作一张有着无限精细的分辨率的流体数学图像,那么弱解就像是这张图片的 32 位、16 位或 8 位版本,取决于你想要的微弱程度.

1934 年,法国数学家 Jean Leray 定义了一类重要的弱解.在 Leray 的解决方案中,与其使用精确的向量,他用的是向量场的小邻域中的向量平均值. Leray 证明,当解可以采用这种特殊形式时,我们总能求解 NS 方程.换句话说,Leray 解不会失效.

Leray 的发现为解决 NS 问题开创了一个新方法:我们可以从 Leray 解开始(因为知道 Leray 解总是存在),再看看是否能将 Leray 解转换成想要证明的永远存在的光滑解.这个过程就类似于从一张粗糙的图片开始,再试图基于这个基础往上添加信息,以获得一个更真实的完美图像.

Buckmaster 说:"一个可能的策略就是要证明这些弱的 Leray 解是光滑的,如果能证明它们是光滑的,那么就解决了这一千禧年大奖的难题."

还有一点,NS 方程的解对应的是真实的物理事件,而物理事件的发生是单向的.因此,方程应只有一组独一无二的解.如果你得到了好几组可能的解,那么就意味着方程失效了.

正因如此,只有在 Leray 解是独一无二的情况下,数学家才能够用它们来解决千禧年问题.非唯一的 Leray 解将意味着完全相同的流体从完全相同的起始条件开始,可能终结于两个不同的物理状态 —— 这在物理上是不对的,同时这也意味着这些方程没能真正描述它们应该描述的东西. Buckmaster 和 Vicol 的最新研究成果首次证明了,对某些定义下的弱解来说,情况可能就是如此.

多层世界 在他们新发表的论文中，Buckmaster 和 Vicol 考虑的是比 Leray 解还要更弱的解，与 Leray 解具有相同的平均原理，并同时额外放松了一个被称为"能量不等式"的要求. 他们使用一种叫作"凸体积分"的方法，它起源于数学家约翰·纳什(John Nash)在几何学方面的工作，并在最近被引用到流体研究中.

通过这种方法，Buckmaster 和 Vicol 证明了 NS 方程的这些非常弱的解是非唯一的. 他们展示了如果从一个完全平静的流体开始，例如摆放在床边的一杯水，会有两种情况可能发生. 第一种情况是显而易见的：水始于静止并永远静止. 第二个情况是匪夷所思的，但在数学上却可行，即水开始静止，但在半夜突然爆发，然后又回到静止. 这证明了方程解的非唯一性.

Buckmaster 和 Vicol 证明了 NS 方程存在许多非唯一的弱解. 在一定程度上，弱解可能会变得非常薄弱，以至于它们停止了真正意义上对光滑解的模仿. 如果是这样的话，那么 Buckmaster 和 Vicol 的结果或许不能走得太远.

DeLellis 说："他们的结果当然是一种警告，但是你可以认为这是对弱解的最弱见解的警告. 在 NS 方程中，有许多能让我们对更好的表述报以期许的层面(更强的解)."

Buckmaster 和 Vicol 也在从"层"的角度思考，他们将目光瞄准了 Leray 解，证明它们也允许多轨物理学，即同一处境下的相同流体可拥有不止一种形式的未来.

Vicol 说："Tristan 和我认为，Leray 解并非唯一的. 虽然我们现在还没能证明这一点，但我们的工作正在为如何解决这个问题奠定基础."

这篇文章虽是由中科院物理研究所所编写，但由于它与数学高度重合，所以是由中国数学会的公众号所发布的.

一本国外科学著作影印版图书要在国内出版，作为本书的策划编辑，有几个问题是一定要回答的.

为什么要出版它，是市场需要还是个人偏爱？对于那些对本书内容感兴趣但读原文有障碍的读者能不能给一点关于本书的背景材料？本书是一个宏大构图中的局部吗？下面容笔者慢慢道来：

人都有自己的偶像，笔者的偶像大多是科学家.周培源先生是其中之一，所以笔者买了北京大学出版社出版的《周培源文集》(北京大学出版社，2002 年，北京)．翻开文集，欣赏完照片后，序言一是由著名物理学家王淦昌先生所撰写的：

> 周培源先生是著名的物理学家、力学家、教育家和社会活动家，是我国理论物理和近代力学的奠基人之一，在国际上享有很高的声誉.他生于 1902 年，1924 年毕业于清华学校(今清华大学前身)，1928 年获美国加州理工学院理学博士学位，1936 年至 1937 年在美国普林斯顿高等学术研究院参加由爱因斯坦领导的广义相对论讨论班并进行相对论引力论和宇宙论的研究，这对他日后的科研教育工作有着深远的影响.
>
> 周培源先生主要从事物理学的基础理论中难度最大的两个方面，即爱因斯坦广义相对论引力论和流体力学中的湍流理论的研究与数学，并取得了举世瞩目的成就.
>
> 在广义相对论研究中，1937 年他发表的《爱因斯坦引力论中引力方程的一个各向同性的稳定解》一文，在引入各向同性的条件下求得静止场的不同类型的严格解，充实了爱因斯坦的引力论；1939 年他又发表了《论弗里德曼宇宙的理论基础》等两篇文章，证实了在各向同性条件下，爱因斯坦引力方程本身即可给出均匀的与各向同性的弗里德曼宇宙的度规张量，从而使问题的求解大大简化；1979 年以后，年近八旬的他又在求解爱因斯坦引力方程方面，引进谐和条件

作为物理条件，并已由实验所证实，由此有可能统一人们对爱因斯坦引力论的认识并产生重大影响.

在湍流理论研究方面，早在三四十年代，他即首次提出需要研究湍流的脉动方程，并用求剪应力和三元速度关联函数满足动力学方程的方法建立起普通湍流理论；五十年代他又提出了小涡旋模型，采用先求解再平均的方法，躲开了纳维－斯托克斯方程出现不封闭性的致命弱点，找到了均匀各向同性湍流衰变后期的轴对称涡旋解，发展了均匀各向同性湍流理论，并于1982年获国家自然科学二等奖；1988年，86岁高龄的他又提出了用逐级迭代法代替传统的逐级逼近法，使平均运动方程和脉动方程联立求解变成现实，这一重大进展是国际湍流理论研究中的一大创举，是模式理论的新飞跃，他由此被公认为当代最杰出的流体力学家之一.

为了更多地了解周先生的学术成就，笔者开始了对湍流这一对数学高度依赖的物理专题图书的收集和阅读.

由于笔者非职业科研人员，所以收集资料的方式略显“民科”与“业余”，其中有几个文献的发现过程较为有趣，所以至今印象深刻.

一本是在老朋友叶中豪先生推荐给我的复旦旧书店中发现的. 这家书店位于复旦大学附近的一个菜市场的二楼，据老板介绍是以经营文科书为主，但在笔者的细细搜寻之下，发现了一本由中国国外科技文献编译委员会、中国科学技术情报研究所办的《力学文摘》1962年卷. 其中找到了一篇文献《不可压缩流体的紊流运动方程式》——Т. С. Башкиров, *Гидротехника*, 1961:48-52(俄文).

本文导出了下列形式的不可压缩流体紊流流动的方程式

$$\bar{F}-\frac{\Delta p}{\rho}-\frac{\mathrm{d}\bar{v}}{\mathrm{d}t}-\bar{v}\mathrm{div}\,\bar{v}'-(\bar{v}'\Delta)\bar{v}=0 \qquad (9)$$

其在坐标上投影的分式(以 x 轴为例)为

$$x - \frac{1}{\rho}\frac{\partial p}{\partial x} - \frac{\partial v_x}{\partial t} + \frac{\partial}{\partial x}\left(D_{xx}\frac{\partial v_x}{\partial x}\right) + \frac{\partial}{\partial y}\left(D_{xy}\frac{\partial v_x}{\partial y}\right) + \frac{\partial}{\partial z}\left(D_{xz}\frac{\partial v_x}{\partial z}\right) \tag{10}$$

紊动黏滞性张量系数 D 具有下列形式

$$D = -\begin{vmatrix} \dfrac{v_x v'_x}{\partial v_x/\partial x} & \dfrac{v_x v'_y}{\partial v_x/\partial y} & \dfrac{v_x v'_z}{\partial v_x/\partial z} \\ \dfrac{v_y v'_x}{\partial v_y/\partial x} & \dfrac{v_y v'_y}{\partial v_y/\partial y} & \dfrac{v_y v'_z}{\partial v_y/\partial z} \\ \dfrac{v_z v'_x}{\partial v_z/\partial x} & \dfrac{v_z v'_y}{\partial v_z/\partial y} & \dfrac{v_z v'_z}{\partial v_z/\partial z} \end{vmatrix} \tag{11}$$

若以温度场代替时均流速场则得出紊流热传导方程式,其中

$$D_x = \frac{\theta v'_x}{\partial\theta/\partial x}$$

此式与一般方程不同的是以 $\theta v'_x$ 代替了一般的$\overline{\theta' v'_x}$.对于含沙浓度场的情况

$$\frac{\mathrm{d}s}{\mathrm{d}t} = \frac{\partial}{\partial x}\left(D_x\frac{\partial s}{\partial x}\right) + \frac{\partial}{\partial y}\left(D_y\frac{\partial s}{\partial y}\right) + \frac{\partial}{\partial z}\left(D_z\frac{\partial s}{\partial z}\right) + \frac{\partial}{\partial z}(\omega s) \tag{12}$$

式中

$$\frac{\mathrm{d}s}{\mathrm{d}t} = \frac{\partial s}{\partial t} + v_x\frac{\partial s}{\partial x} + v_y\frac{\partial s}{\partial y} + v_z\frac{\partial s}{\partial z}$$

$$D_x = \frac{s v'_x}{\partial s/\partial x}$$

ω 为水力颗粒率且仅在 z 轴方向上有投影. 文中指出式(12)当泥沙颗粒小于0.5 mm,$s < 10\ 000\ \mathrm{g/m^3}$ 时,其正确性已为实验所证实. 此式与 B. M. 马卡维也夫公式是后者为了简化最后将紊动交换系数代以一标量.

文中最后重点讨论了边界条件的问题,在指出实验资料与理论间的矛盾后,说明将仅就统计观点来讨

论附着条件的问题.

文中曾指出,所推导的方程式应用到岸滩上波的变形及海底泥沙运动时特别方便.

其实在数学领域,俄罗斯是很强的.很多原创的思想和文献都是用俄文发表的.由于历史的原因现在能阅读俄文数理文献的科研人员越来越少,所以适时影印版英文著作的出版也是一种比较好的选择.

笔者所主持的数学工作室主要以出版数学著作为己任,因为有数理不分家之说,所以物理方面的优秀之作也适当关注.正如北京大学郭仲衡先生指出的那样:

在牛顿、拉格朗日、柯西的时代,数学和力学是密切结合的.历史证明这种结合促进了两学科的发展和新领域的诞生.后来一段时间内,这种结合逐渐减弱了,两学科走向了独自发展的道路.有些力学家认为,他们所掌握的数学工具已足以应付(那时的)各种力学问题;而大部分数学家则集中精力于数学学科各分支的逻辑体系.当然,即使在这期间,数学和力学二位一体的科学家仍然是大不乏人,但主流毕竟是两学科的分家越来越明显了.

第二次世界大战以后,特别是近二十年来,当代科学技术的发展给力学学科提出许多新课题.考虑问题的角度往往需要:

从线性分析转到非线性分析;

从凸分析转到非凸分析;

从光滑分析转到非光滑分析;

从双面约束转到单侧约束;

从等式问题转到不等式问题;

从固定边界问题转到活动和自由边界问题;

从单相分析转到多相和可能发生相变的分析,等等.

要对付这种局面,古典分析的工具已显得很不够,必须跳出原来的框框,去应用和发展新的数学概念和工具.不少力学家又重新回到和数学结合的道路;一些乐于应用的数学家也热衷于力学问题的研究.在国际学术界又重现了数学和力学结合的热潮.理性力学的复兴和发展就是这个潮流的前兆.理性力学的含义在不断演化,初期较多地强调公理化和本构关系的研究.这些固然是重要方面,但不是理性力学的仅有方面.1982 年,Truesdell 当选为巴西科学院国外院士时,霍普金斯大学校刊专门做了报道,上面谈到,“理性力学就是用最先进的数学技巧去研究力学的基本原理和方法”.看来,这种观点和上面谈到的结合新潮流是一致的.近代理性力学工作者们深刻理解近代数学,其中有些甚至还是纯数学领域的积极分子.1975 年在意大利 Lecce 第一次召开了“纯数学在力学中应用的倾向”讨论会.1977 年在第二届讨论会上就成立了“国际力学与数学交缘学会”.学会的宗旨是:最广泛地支持力学和数学的一切交缘活动;给力学家系统提供实用的和抽象的数学新方法,特别是渊源于力学或在力学正在或将被应用的那些方法;给数学家系统介绍近代力学的,要求发展数学的相应领域而对数学家有启发的概念和问题.两年一次的“纯数学在力学中应用的倾向”讨论会是该学会会员的基本集会.总言之,这个学会是上述新潮流的产物.

中国力学学会的“理性力学和力学中的数学方法”专业委员会的活动宗旨也是促进力学和数学的结合.它和北京大学数学系于1986 年6 月联合举办了第一届“近代数学与力学”讨论会.这个会议简称为“MMM 会议”, 是“Modern Mathematics and Mechanics”之意.钱伟长教授在闭幕式上说,这也可理解为“Mathematical Methods and Mechanics”.会议以专题报告为主,每个报告扼要地叙述近代数学的某一分支及其在力学的应用.所涉及的近代数学的方面相当广泛,主要有微分流形、辛几何、李群、微分拓扑、泛函分析、自由边界问题、变分不等式、凸分析、反应扩散方程、动力系统、分歧理论、混沌,等等.这是一次数学和力学结合的盛会.

在此次会议中北京工业大学应用数学系的唐云教授做了题为“二维不可压缩流体中的旋涡运动问题”的报告:

自从一百多年前 Helmholtz 等人建立起无黏性流体的旋涡运动理论以来,旋涡问题一直是人们在研究流体动力学中注意的对象,特别是二维不可压缩流体中的旋涡运动问题.近年来,在物理、工程、数学和计算技术发展的推动下,它已成为数学流体力学中相当活跃的一个课题.比如,利用微分几何的思想,可以对旋涡运动赋予一个辛结构;利用泛函分析的方法,可以建立起平稳涡量的变分原理,并研究它们的非线性稳定性.在应用中,当有多个旋涡相互作用时,还会出现混沌和湍流现象.

二维旋涡运动问题研究的是旋涡向量垂直于运动平面时的情形.这是很现实的,在海洋、气象、航空及超导流体等许多工程技术中都可找到它的原型.另外,由于旋涡运动在数学上和计算上的复杂性,我们也常常从二维问题开始考虑.而对于小黏性和集中涡量的涡流进行分析的一个有效办法就是用有限个具有无限小或有限面积的离散的旋涡迭加来代替涡量的连续分布.这种具有无限小面积的旋涡可以看成是平面上一些离散的点,称为点涡(point vortices),而具有有限面积的旋涡常假定强度是均匀分布的,称为涡块(vortex patches).它们都可看作是欧拉方程的奇异解.下面介绍一下二维不可压缩、无黏性流体的旋涡运动中点涡和涡块问题研究近年来取得的某些进展.

二维旋涡运动要解决的一个基本问题是决定平稳(steady) 涡量的结构及其稳定性(stability) 性质.关于这方面的一些基本事实和方法在一些经典著作

中,已有所描述. 近年来,特别是 Deem 和 Zabusky 从数值计算中发现一大类平稳的涡块及其稳定性质以来,关于涡块问题研究的文献迅速增加. 其研究方法大致有三类:一是数值分析的方法,通过对某些演化方程的解进行迭代,求出涡块边界的性态;二是谱方法或分枝(bifurcation) 方法,对某个已知的平稳涡块做小摄动,求出其(非线性) 特征值和特征函数;三是变分方法,利用变分原理建立起平稳涡块的存在性和稳定性.

先了解一下基本概念和方程.

设 $D \subset \mathbf{R}^2$ 为具有光滑边界 ∂D 的单连通二维区域. D 可能是全平面 $\mathbf{R}^2$. 考虑 D 中具有单位密度的不可压缩、无黏性流体的运动. $\boldsymbol{x} = (x,y) \in D$ 处速度 $\boldsymbol{u} = (u,v)$ 可以用流函数 ψ 来描述, $\boldsymbol{u} = (\psi_y, -\psi_x)$. 引入涡量 $\omega = v_x - u_y$,则流函数 ψ 满足泊松方程

$$\Delta\psi = -\omega \tag{13}$$

而 ω 满足涡量方程

$$\omega_t + u\omega_x + v\omega_y = 0 \tag{14}$$

它们的边界条件,当 D 有界时,为

$$\boldsymbol{n} \cdot \boldsymbol{u} \Big|_{\partial D} = 0 \tag{15}$$

其中 $\boldsymbol{n}$ 为 ∂D 上一点的外法向量;当 D 为全平面时,为

$$|\boldsymbol{u}| \to 0, \text{当 } |\boldsymbol{x}| \to \infty \tag{16}$$

其中 $|\boldsymbol{x}| = (x^2 + y^2)^{\frac{1}{2}}$.

易见,式(13) 的解可以写成势函数的形式

$$\psi = G\omega \equiv \frac{1}{2\pi}\int_D \omega(\boldsymbol{x}')\left[\log|\boldsymbol{x} - \boldsymbol{x}'|^{-1} - g(\boldsymbol{x},\boldsymbol{x}')\right]\mathrm{d}x'\mathrm{d}y' \tag{17}$$

其中 g 使 ψ 满足边界条件(15) 或(16). 特别地,在 D 为全平面的情形,$g \equiv 0$.

此外,涡量 ω 还满足一些不变性质,这是由守恒定律决定的. 引进能量 $E(\omega) = \frac{1}{2}\langle \omega, G\omega \rangle$,当 D 为全

平面时能量为

$$E(\omega) = \frac{1}{4\pi}\int \omega(\boldsymbol{x})\omega(\boldsymbol{x}')\log|\boldsymbol{x}-\boldsymbol{x}'|^{-1}\mathrm{d}x\mathrm{d}y\mathrm{d}x'\mathrm{d}y' \tag{18}$$

其中积分取在全平面上. 我们还可以引进环量 $\Gamma(\omega)=\rho\omega$, 涡心 $\tilde{\boldsymbol{x}}(\omega)=\rho\boldsymbol{x}\omega/\rho\omega(\rho\omega\neq 0)$ 和角动量 $Q(\omega)=\rho|\boldsymbol{x}|^2\omega$, 则它们均守恒.

我们要考虑的基本涡量是点涡和涡块两种. N-点涡 ω 可一般表示为

$$\omega = \sum_{j=1}^{N}\kappa_j\delta(\boldsymbol{x}-\boldsymbol{x}_j) \tag{19}$$

其中 $\boldsymbol{x}_j(j=1,\cdots,N)$ 为 D 中的 N 个点, $\delta(\boldsymbol{x})$ 为原点处的狄拉克函数, $\kappa_j\in\mathbf{R}$ 为 $\boldsymbol{x}_j$ 处的环量. 当 κ_j 都为 1 时, 便得到 N-等点涡. N-涡块 ω 可表示为

$$\omega = \sum_{j=1}^{N}\lambda_j\chi_{A_j} \tag{20}$$

其中 $A_j\subset D(j=1,\cdots,N)$ 为区域 D 中的 N 个互不相交的子区域, 具有光滑边界 ∂A_j, χ_{A_j} 为 A_j 的特征函数, 常数 $\lambda_j\in\mathbf{R}$ 称为 ω 在 A_j 处的强度. 根据 Helmholtz 的结果, 这些环量、强度和区域面积在演化过程中都保持不变.

我们将主要讨论平稳的涡量, 它包括定常的、旋转的和平移的三种情况. 设用 $\varphi_t(\omega)(t\geqslant 0)$ 表示初始为 ω, 在时刻 t 的涡量, $\varphi_0(\omega)=\omega$. 涡量 ω 称为定常的, 若 $\varphi_t(\omega)=\omega, t\geqslant 0$; ω 称为(以原点为中心)旋转的, 若 $\varphi_t(\omega)$ 与 ω 相差一个旋转角度 Ωt, 其中角速度 Ω 为常数; ω 称为平移的, 若 $\varphi_t(\omega)$ 与 ω 相差一个平移 tU, 其中平移速度 $\boldsymbol{U}=(U,V)$ 亦为常量.

比如, 在 19 世纪就知道, 平面上由一对点组成的点涡偶是平稳的. 特别地, 当总环量为零时是平移的, 否则是旋转的. 此外, 均匀分布在圆周上的 N-重对称点涡是旋转的. 关于涡块, 如圆形涡块是定常的(Rankine), 而椭圆涡块是旋转的(Kirchhoff). 近年来

又发现两类旋转的涡块系列，一类是 N - 重对称涡块，另一类是共旋 N - 涡块，其中 $N \geqslant 2$. 这些，我们将在以后讨论.

对于平稳涡块或点涡，应当了解它们的稳定性态. 它们的稳定性是在 Liapunov 意义下，即在一定的范数拓扑下，给定了平稳涡量的一个初始小摄动以后，经过一段时间是否还保持在与原来平稳解的某个状态相差很小的范围内. 有时还用到中性稳定的概念，这是指其线性部分的谱为纯虚数的情形.

我们可以对旋涡运动引进哈密尔顿结构，这对于用变分原理来研究平稳涡块或点涡的存在性与稳定性问题是方便的. 对于涡量 ω 的函数 $F(\omega)$，记 $\delta F/\delta\omega$ 为 F 在 ω 处的 Frechet 导数. 易见，$\delta E/\delta\omega = G\omega$. 定义 $F_1(\omega)$ 和 $F_2(\omega)$ 的泊松括号为

$$\{F_1, F_2\}(\omega) = \int \omega \partial\left(\frac{\delta F_1}{\delta\omega}, \frac{\delta F_2}{\delta\omega}\right)$$

其中 $\partial(f,g) = f_x g_y - f_y g_x$，积分都是取在区域 D 上. 对于任意函数 $F(\omega)$，当 ω 满足涡量方程(14) 时，利用格林公式(形式上) 可得到

$$\frac{\mathrm{d}}{\mathrm{d}t}F(\omega) = \int \omega_t \frac{\delta E}{\delta\omega} = \int \omega \partial\left(\frac{\delta F}{\delta\omega}G\omega\right) = \{F, E\}(\omega)$$

故 F 满足李 - 泊松方程

$$\dot{F} = \{F, E\}$$

特别地，对于 $\mathbf{R}$ 上的任意函数 f，有 $\frac{\partial}{\partial t}\int f(\omega) = 0$. 于是，把能量看成哈密尔顿函数，运动方程为

$$\dot{x} = \{x, E\}, \dot{y} = \{y, E\}$$

还可以对旋涡运动引进辛结构.

流体动力学中的变分原理至少可以追溯到 Kelvin. 到 20 世纪 60 年代，Arnold 在讨论二维 Rayleigh 问题的线性稳定性拐点判别法时提出非线性问题研究的一般方法. Arnold 认为，可以把理想流体的平稳流看成是能量的条件临界点；如果该点是非退化的极

值点,那么平稳流是稳定的.此后,这种几何思想被许多作者所发展.

我们考虑有界区域 D,设 $\lambda > (\text{area } D)^{-1}$,其中 area D 表示 D 的面积.则根据变分原理可以证明,在约束条件 $\int\omega = 1$ 和几乎处处 $0 \leqslant \omega(\boldsymbol{x}) \leqslant \lambda$ 之下,存在一个定常的涡块 ω_λ 使能量 $E(\omega)$ 在 ω_λ 取最大值,且当 λ 趋于无穷时,$\omega_\lambda(\boldsymbol{x})$ 趋于狄拉克函数 $\delta(\boldsymbol{x}-\boldsymbol{x}^*)$,这就是单点涡,而点 $\boldsymbol{x}^* \in D$ 的位置可通过 $H(\boldsymbol{x}^*) = \min\limits_{\boldsymbol{x}\in D} H(\boldsymbol{x})$ 来确定,其中 $H(\boldsymbol{x}) = \dfrac{1}{2}g(\boldsymbol{x},\boldsymbol{x})$,$g$ 的定义见式(17).相应的欧拉方程的解趋于的点涡可通过 Kirchhoff-Routh 方程来描述

$$\dot{\boldsymbol{x}} = \frac{\partial H}{\partial y}, \dot{\boldsymbol{y}} = -\frac{\partial H}{\partial x} \tag{21}$$

对于旋转的涡量,取不同的能量函数,也可以得到类似的结果.

在描述多涡块之前,我们要先讨论点涡的运动.因为点涡运动是研究多涡块问题的基础,它的研究可以追溯到百年前,而多涡块的研究是近几年才开始的.

我们先来考虑可积性问题.对于区域 D 中 N 点涡的运动(19),其运动方程可用变数表示为一组常微系统

$$\bar{z}_j = \frac{1}{2\pi\mathrm{i}}\sum_{k(\neq j)}\kappa_k(z_j - z_k)^{-1} \quad (1 \leqslant j \leqslant N)$$

设 N_* 为 D 上可积动力系中的最大涡点数,即当 $N \leqslant N_*$ 时可积,而 $N > N_*$ 时不可积,出现混沌.则当 D 为全平面时,$N_* = 3$,对于一般有界区域 D,$N_* = 1$,且其运动由 Kirchhoff-Routh 方程(21)描述.仅对于一些特殊边界,如当 D 为半平面或圆盘时,$N_* = 2$.当 $N \gg N_*$ 时,则出现湍流.

在 D 为全平面的情形,对 $N = 3$ 时的可积系统,Novikov 研究过三个等点涡情形.此时有两个平稳态:

一是由正三角形三顶点的点组成,这是稳定的;另一是三点共线,这是不稳定的,由此决定了系统的结构. Aref 把这个结果推广到三个环量不相等的情形. 钱敏等还特别研究了三个环量中有一个趋于零时的特殊情况. 应当指出,上述有些结果在很早以前也曾有人研究过. 对混沌和湍流的数学研究唤起人们重新对这些问题的注意.

湍流问题实际上就是涡量的动力学问题. 半个世纪以来,人们为决定湍流中的涡量分布做出过很多努力. 现代的理论和实验分析指出,湍流可以看作处于混沌状态的涡量场,而这种混沌现象是同奇异吸引子的出现有关的.

事实上,奇异吸引子是通过对两个不稳定状态的鞍点联结进行某种摄动而形成的. 让我们来分析平稳点涡的不稳定状态在这种摄动下的变化. 我们知道,三个等点旋涡共线时所处的不稳定状态可以有 123,312 和 231 这三种排列. 相平面的分析表明,123 和 231 之间经过一定摄动后可以相互转化,因此可以看成是鞍点联结. 经一定的摄动即会出现混沌状况.

在 N 点涡系中,还有两类平稳解值得提出. 一是前面提到的 N 重对称点涡,它是旋转的,且 Thomson 曾指出,当 $N \leqslant 6$ 时为稳定的,当 $N = 7$ 时为中性稳定的,而当 $N \geqslant 8$ 时为不稳定的. 另一类是由一排等距离点组成的涡链,或由一对环量相反的平行涡链组成的 Karman 涡街,它们是平移的. 在一般情况下,它们并不稳定. 这促使后来去研究涡块的相应情况.

另一方面,可以证明,对每个 N,至少存在一个稳定态的点涡,它们均匀地分布在一些同心的圆周上. 在物理上,这些工作受到超液态氦中旋涡实验的启示.

本书是国外的老版本,为什么要引进呢?

在笔者所搜集的文献中以老、专、繁、外为主,即出版年代相对久远、专业性强、繁体字版、外文版. 因为在互联网时代新文献、普及性读物十分易得,而且老的和繁的也有经典的优势,就拿繁体字来说有时候真不见得劣于简体字. 在《人文丛刊(第二辑)》(北京外国语大学中国语言文学院编,学院出版社,2007年,北京)中就专门有一篇文章叫"再提繁体字和简体字". 作者戴国华先生就讲了一个插曲:在一次给西方学生讲汉语的课堂上,一名西方学生就提了一个问题. 他问"听"字为什么用"口"字旁,为什么用嘴巴而不是耳朵听? 戴老师只好又一次把繁体字"聽"抛出来救急. 学生恍然大悟,继而随口说"简体字太难了",偏旁意义没有规则.

笔者曾在潘家园旧货市场淘到一本由著名化学家侯德榜先生主编、顾毓珍所著的化学工程学丛书中的《湍流传热导论》一书,就是用繁体字出版的. 今天读之仍有新意,它可以理解为"湍流时的动量传递与热量传递".

在现代流体力学中,特别是流体动力学,边界层学说往往被认为是这门学科的奠基石. 许多比较复杂的流体动力学问题,应用数学分析方法而没有获得解决的,现在可以通过边界层概念求解,并且还可推广到传热学.

1909 年,普兰德首先提出了边界层的概念. 按照他的论点,流体沿着固体壁面的流动可分为两个区域:一个是紧靠固体壁面的区域,称为边界层,在其中摩擦力是重要的;另一是边界层以外的区域,在其中摩擦力可以忽略不计. 因此,在研究黏性流体沿着固体壁面运动时,只须集中注意于边界层内,这样的区域称为流动边界层. 同样的概念已被应用到传热方面,称为传热边界层(或简称热边界层),且可应用到传质方面,称为传质边界层.

在普兰德提出这个概念后,每年仅有几篇关于边界层研究的论文发表,迨至1950年后,则每年增至几十篇的有关文章. 这是由于边界层学说的应用在科学上和工程上,特别对流体的湍流流动问题的日趋重要所致.

当流体流经固体壁面时,由于真实流体(非理想流体)具有黏性,就产生剪应力和垂直于运动方向的速度梯度 $\mathrm{d}u/\mathrm{d}y$. 牛顿黏性定律表达了流体的剪应力 τ 和速度梯度间的关系,即

$$\tau = \mu \frac{\mathrm{d}u}{\mathrm{d}y} \tag{22}$$

式中,τ 为剪应力,kg/m^2;u 为流体流动速度,m/s;y 为离固体壁的距离,m;μ 为黏度,$kg \cdot s/m^2$. 凡是服从式(22)关系的流体,称为牛顿型流体,如空气、气体、水和许多通常遇到的液体.

正由于黏性流体在运动时与固体壁面产生了剪应力,以致靠近壁面的流体流动速度减小而形成边界层. 图7为在平板上边界层的形成. 图中虚线为边界层的厚度,可知是随着流动方向而逐渐增加的,并且在平板起点边界层厚度等于零. 从图7还可观察到,当 $y = 0$ 时,$u = 0$;而当 $y = \delta$ 时,$u = u_s$,其中 u_s 是指边界层外缘处的流速,δ 是指边界层的厚度. 边界层学说指出:当 $y \leqslant \delta$ 时,那里黏度起着作用,即在边界层以外的流体运动,可以简化地当作无黏性即理想流体来考虑. 既然如此假定,则边界层以外的流体运动,才可应用伯努利公式,因为伯努利公式是从理想流体的欧拉运动方程式推导出的.

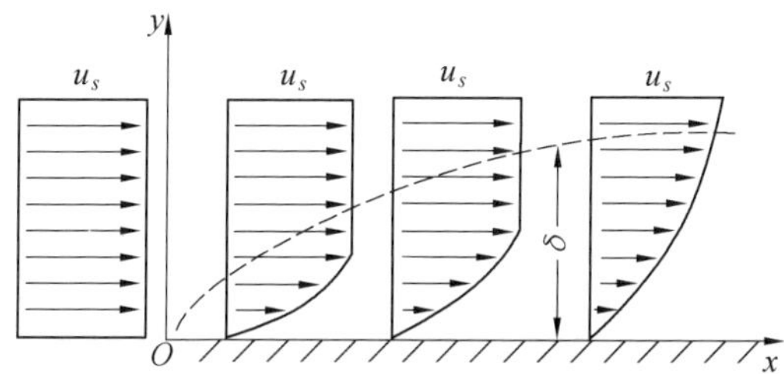

图7　平板上边界层的形成

在流体运动时的边界层称为流动边界层,其中流体速度 u 随着离固体壁面距离 y 而有显著的变化. 这种具有显著变化的厚度称为边界层厚度. 边界层厚度的定义也有取 $u/u_s = 0.99$ 处离壁面垂直距离的,这就是所谓"有限边界层"的概念.

图8所示为流动边界层在平板上的发展. 由于边界层毕竟是较薄的(与平板长度比较),故图中的 y 轴是放大了很多倍数. 在平板的左端,边界层开始时的厚度为零,随着 x 方向边界层厚度逐渐增加,由于这部分流体的流动类型是滞流,故称为滞流边界层. 当达到某一距离 X_c 处(图8),流动类型由滞流转

变为湍流,此后的边界层则称为湍流边界层. 由于流体流动类型的变更,X_c 称为临界距离. 实际上,从 X_c 以后先有一段过渡流存在,然后再达到湍流区域. 从流体力学得知,即使在湍流区域,靠近平板的极薄一层中仍做滞流流动,这一层称为滞流内层. 在滞流内层与湍流边界层之间,还存在着一个缓冲区域称为过渡层.

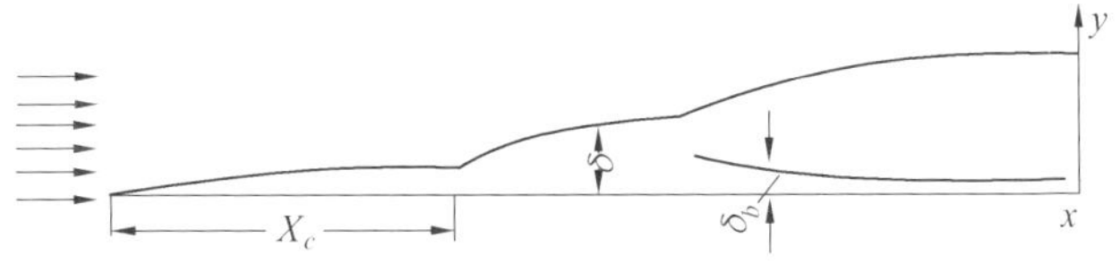

图 8　流动边界层的发展(在平板上)

临界距离 X_c 是与平板前缘的形状、板面的光滑度、流体的性质和流体的流动速度有关. 前缘越钝、板面越粗糙,则临界距离越短. 对于给定的平板,不论何种流体,滞流边界层的临界距离决定于临界雷诺准数的数值,其定义为

$$\mathrm{Re}_x = \frac{u_s X_c}{\nu} \tag{23}$$

从实验得知,最低的 Re_x 为 32 000,最高值达 500 000 或更大一些,而一般的 Re_x 可从 80 000 开始.

必须指出,在薄的平板上,板的上面和下面应当存在相对称的滞流边界层和湍流边界层.

从上述边界层的简要概念,可进一步估计边界层厚度的公式. 兹分别将滞流边界层厚度与湍流边界层厚度予以介绍.

滞流边界层厚度　在滞流边界层中,速度分布侧形呈抛物线状,即

$$\frac{u}{u_s} = \frac{3}{2}\frac{y}{\delta} - \frac{1}{2}\left(\frac{y}{\delta}\right)^3 \tag{24}$$

从流体力学得知,边界层的动量方程式可写为

$$\tau_0 = \rho \frac{\mathrm{d}}{\mathrm{d}x}\int_0^\delta (u_s - u) u \mathrm{d}y \tag{25}$$

上式中的积分可改写为

$$\rho\int_0^\delta (u_s - u) u \mathrm{d}y = \rho\int_0^\delta u_s^2 (\frac{u}{u_s})(1 - \frac{u}{u_s}) \mathrm{d}y$$

如代入式(24)的关系,积分后得

$$\rho\int_0^\delta (u_s - u) u \mathrm{d}y = \frac{39}{280}\rho u_s^2 \delta$$

于是从式(25)可得

$$\tau_0 = \frac{39}{280}\rho u_s^2 \frac{\mathrm{d}\delta}{\mathrm{d}x} \tag{25'}$$

从滞流边界层的速度分布侧形式(24),可知

$$\tau_0 = \mu\left(\frac{\mathrm{d}\mu}{\mathrm{d}y}\right)_{y=0} = \frac{3}{2}\mu\frac{u_s}{\delta} \tag{24'}$$

将上式关系代入式(25′)而加以积分,得出

$$\delta = 4.64\sqrt{\frac{\mu x}{\rho u_s}} = C_1$$

式中 x 是从平板前缘算起的距离,很明显地当 $x = 0$ 时,$\delta = 0$,故上式中的积分常数 $C_1 = 0$,于是滞流边界层厚度 δ 为

$$\delta = 4.64\sqrt{\frac{\mu x}{\rho u_s}} = 4.64\sqrt{\frac{\nu x}{u_s}} \tag{26}$$

或

$$\frac{\delta}{x} = \frac{4.64}{\sqrt{\frac{x u_s}{\nu}}} = \frac{4.64}{\sqrt{\mathrm{Re}_x}} \tag{26'}$$

上式中的 Re_x 是以离平板前缘算起的距离作为几何尺寸的雷诺准数. 因以上解法为近似解,故上式中的常数4.64,在文献中亦有用常数5.2的. 无论如何,从上式估计的滞流边界层厚度,说明了比值 δ/x 与 $\sqrt{\mathrm{Re}_x}$ 的关系呈反比例.

湍流边界层厚度 在上述的滞流边界层,假定了仅有黏性作用力,故其中动量传递全赖于分子运动. 与此相反,在湍流边界层中的湍流主体内,动量传递基本上赖于涡流运动. 假定在湍流边界层中的速度分布侧形可以用普兰德建议的公式

$$\frac{u}{u_s} = \left(\frac{y}{\delta}\right)^{\frac{1}{7}} \tag{27}$$

将上式的关系代入式(25)中,得

$$\rho\int_0^\delta (u_s - u)u\mathrm{d}y = \rho u_s^2\int_0^\delta \left(\frac{y}{\delta}\right)^{\frac{1}{7}}\left[1 - \left(\frac{y}{\delta}\right)^{\frac{1}{7}}\right]\mathrm{d}y = \frac{7}{72}\rho u_s^2\delta$$

于是式(25)的右边部分为

$$\tau_0 = \frac{7}{72}\rho u_s^2 \frac{\mathrm{d}\delta}{\mathrm{d}x} \tag{25''}$$

应用布拉修斯(Blasius)的剪应力在光滑壁面上的公式(湍流且 $\mathrm{Re}_x < 10^5$)

$$\tau_0 = 0.022\ 8\rho u_s^2\left(\frac{\nu}{u_s\delta}\right)^{\frac{1}{4}} \tag{28}$$

代入式(25″)且加以积分,得到

$$\delta = 0.376x\left(\frac{\nu}{u_s x}\right)^{\frac{1}{5}} + C_2$$

如假定 $C_2 = 0$,则

$$\delta = 0.376x\left(\frac{\nu}{u_s x}\right)^{\frac{1}{5}} \tag{29}$$

或

$$\frac{\delta}{x} = \frac{0.376}{(\mathrm{Re}_x)^{\frac{1}{5}}} \tag{29'}$$

必须指出,在上述计算中,没有考虑从滞流边界层发展到湍流边界层的过渡层,因为过渡层是不稳定的.

前已述及,在平板上当流体做湍流流动时,紧靠壁面依旧存在着一层极薄的滞流层,称为滞流内层或滞流层,以 δ_b 表之.次一问题为如何估计 δ_b,因为虽然极薄,但对于传热和传质的影响很大.

假定在滞流内层中,由于厚度极薄,速度与离平板的距离间可作为直线关系,则

$$\tau_0 = \mu\frac{\mathrm{d}u}{\mathrm{d}y} = \mu\frac{u}{y} = \mu\frac{u_b}{\delta_b} \tag{22'}$$

式中 u_b 为在 δ_b 处的流体速度.

对光滑壁面的剪应力,可应用式(28)的关系,代入上式得

$$0.0228\rho u_s^2\left(\frac{\nu}{u_s\delta}\right)^{\frac{1}{4}}=\mu\frac{u_b}{\delta_b}$$

故

$$u_b=\frac{0.0228\rho u_s^2}{\mu}\left(\frac{\nu}{u_s\delta}\right)^{\frac{1}{4}}\delta_b$$

简化后得

$$\frac{\delta_b}{\delta}=\frac{1}{0.0228}\frac{u_b}{u_s}\left(\frac{\nu}{u_s\delta}\right)^{\frac{3}{4}}=43.8\frac{u_b}{u_s}(\mathrm{Re}_\delta)^{-\frac{3}{4}} \tag{30}$$

再应用式(27)的关系，对滞流内层而论应为

$$\frac{u_b}{u_s}=\left(\frac{\delta_b}{\delta}\right)^{\frac{1}{7}} \tag{27'}$$

或

$$\frac{\delta_b}{\delta}=\left(\frac{u_b}{u_s}\right)^{7} \tag{27''}$$

将式(27″)的关系代入式(30)中而加以简化，得

$$\frac{u_b}{u_s}=1.878(\mathrm{Re}_\delta)^{-\frac{1}{8}}=1.878\left(\frac{\nu}{u_s\delta}\right)^{\frac{1}{8}} \tag{31}$$

若将式(29)中的δ值代入上式，得

$$\frac{u_b}{u_s}=\frac{2.12}{\left(\frac{u_sx}{\nu}\right)^{0.1}}=\frac{2.12}{(\mathrm{Re}_x)^{0.1}} \tag{31'}$$

而按式(27″)，则

$$\frac{\delta_b}{\delta}=\left(\frac{u_b}{u_s}\right)^{7}=\frac{194}{(\mathrm{Re}_x)^{0.7}} \tag{32}$$

或结合式(29′)的关系与式(31)，则

$$\frac{\delta_b}{x}=\frac{\delta_b}{\delta}\cdot\frac{\delta}{x}=\frac{194}{(\mathrm{Re}_x)^{0.7}}\cdot\frac{0.376}{(\mathrm{Re}_x)^{0.2}}=\frac{72.8}{(\mathrm{Re}_x)^{0.9}} \tag{33}$$

从式(33)得知，滞流内层δ_b与$x^{0.1}$成正比，即滞流内层随着距离x的增加而增加很小. 同时亦说明δ_b与$u_s^{0.9}$成反比，故当主流速度加大，滞流内层就很快地减薄.

借用台湾旅美学者郭正昭用英文写的三句感言作为本文结尾："Pride in our past, faith in our future, efforts in our modernization.”把这三句话译成中文就是:“为我们的过去而骄傲,为我们的未来而自信,为我们的现代化而奋斗.”

刘培杰
2018年5月21日
于哈工大

无穷维李代数
(第3版)

维克多·卡茨　著

编辑手记

《世界数学家名录》(*World Directory of Mathematicians*) 包含了5 500位数学家,他们大多数都从事研究工作.《数学评论》(*Mathematical Reviews*) 每年出版十二期,内容不是论文,而是研究论文的简单摘要. 以2004年为例,2004年出版的《数学评论》合计达10 586页,每一页平均摘要五篇论文,因此该年共摘要论文约五万篇. 每一篇论文平均约二十页,因此每一年大概产生一百万页的新数学!

数学大树枝繁叶茂,其中必定有一些是骨干和经典的,本书所涉及的内容即是.

李群论是一个数学领域,在这个领域里特别突出地可以看得出来不同数学学科:代数学、几何学、分析学之间的相互联系和相互渗透.

李群是群,同时也是解析流形. 因此依照本身对象而言,李群论一方面连接到群论,成为代数学的一部分,另一方面连接到解析流形论,位于代数学和分析学的边缘. S. 李(S. Lie) 的基本定理确立了李群论和李代数论之间的紧密联系,后者可以看成代数学的一般理论里的一章. 研究李群的重要方法是研究它们的线性表示,就是映入所有非退化的 n 阶复矩阵群的同态. 这样就确定出李群论与线性代数之间的多样联系. 更进一步,依照克莱因(F. Klein) 的 Erlangen 纲领,几何学的主要问题之一是齐性空间的研究,就是偶$(M,\mathfrak{D})$,其中M是解析流形,$\mathfrak{D}$是可传递地作用于其上的李群. 由这里已经可以看出来,李群论与几何学多么紧密地交织在一起. 李群和拓扑学之间的联系由于纤维空间论的发展获得尤其重要的意义.

李群论的发展在很大程度上指向和进入到分析学的问题. 创造这门理论的动机之一是希望得到对于微分方程在求积分中的可积性的判断准则. 分析学的某些经典的章节,例如球函数和其他特殊函数的理论,近年来在齐性空间上函数的不变线性系统的一般理论中得到了继续,与李群的线性表示论紧密地联系起来. 李群论在多复变解析函数论中也起着重要的作用.

李群论的创始者是挪威数学家 S. 李. 法国几何学家 E. 嘉当起着非常巨大的作用,李群现代理论中几乎所有的带基本性的方向的发展都有赖于他的工作. E. 嘉当的传统由现代的法国数学学派(H. 嘉当,A. 韦伊及其他人)成功地继续着和发展着. H. 外尔的工作对于李群论的发展给予了相当大的影响.

再介绍一下李代数,李代数是一类重要的非结合代数. 非结合代数是环论的一个分支,与结合代数有密切联系. 结合代数的定义中把乘法结合律删去,就是非结合代数.

李代数是 S. 李在研究连续变换群时引进的一个数学概念. 他是从探讨具有r个参数的有限单群的结构开始的,并发现李代数的四种主要类型. 法国数学家 E. 嘉当在 1894 年的论文中给出变数和参变数在复数域中的全部单李代数的一个完全分类. 他和德国数学家基林(Killing) 发现,全部单李代数分成四个类型和五个例外代数,E. 嘉当还构造出这些例外代数. E. 嘉当和德国数学家 H. 外尔还用表示论来研究李代数,后者得到一个关键性的结果. 由于基林,E. 嘉当和 H. 外尔的工作,李代数的理论得到了完善和发展,其理论与方法已渗透到数学和理论物理的许多领域.

本书的作者是维克多·卡茨(Victor G. Kac),苏联人,苏联和美国数学家,麻省理工学院数学系教授,是代数领域的创始人和专家,在无穷维李代数和理论物理等领域做出了杰出的贡献.

苏联数学家有许多值得我们学习的地方,如对数学的热爱和为研究甘愿坐冷板凳. 正如林群院士最近所指出的那样:冷板凳对应的都是冷门学科和难啃的骨头. 这跟短平快的"主旋律"是背道而驰的. 如果长此以往,这些领域将会变成科研盲区,科研界将失去了生态多样性,结果也是灾难性的.

李群和李代数理论起源于 19 世纪,据中科院研究员胡作玄介绍:

S. 李的变换群理论正式在1874年发表,他曾多次谈到自己是在 1873 年开始研究连续变换群的,不过他在 1873 年写给迈耶的一封信中表明:1870 年在巴黎时他已有变换群的概念. 在 1871 年的一篇论文中,他已明确提出"变换群"这个词,并且明显提出问题,即决定 $GL(n,C)$ 的所有连续及不连续的子群. 不过这个新领域对他来说显然并不容易,正如 F. 克莱茵后来所说:"S. 李无疑创造了连续算子群的想法 …… 不过在当时一切还处于萌芽状态 ……"

经过几年的考虑,1873 年 S. 李把自己的想法写信告诉迈耶,他由变换

$$x_i' = f_i(x_1,\cdots,x_n,a_1,\cdots,a_r) \quad (1 \leqslant i \leqslant n)$$

的"连续"群开始,其中 x_i' 依赖于 r 个参数 $a_1,\cdots,a_r$,而当参数为 $a_1^0,\cdots,a_r^0$ 时,此变换是恒等变换. 从而在参数变化时,进行泰勒展开

$$\begin{aligned} & f_i(x_1,\cdots,x_n,a_1^0+z_1,\cdots,a_r^0+z_r) \\ = {} & x_i + \sum_{k=1}^{r} z_k X_{ki}(x_1,\cdots,x_n) + \frac{1}{2}\sum_{k,h,j} z_k z_h X_{hj}\frac{\partial X_{ki}}{\partial x_j} + \cdots \end{aligned}$$

并把上式写成

$$x' = G(x,z)$$

其中

$$x = (x_1,\cdots,x_n)$$
$$x' = (x_1',\cdots,x_n')$$
$$z = (z_1,\cdots,z_r)$$

由变换的组合

$$G(G(x,u),v) = G(x,H(u,v))$$

其中 $H = (H_1,\cdots,H_r)$ 不依赖于 x,因此

$$H(u,0) = u$$

$$H(0,v)=v$$

$$H_i(u,v)=u_i+v_i+\frac{1}{2}\sum_{h,k}C_{hk}^i u_h v_h+\cdots$$

于是 S. 李得出关系

$$\sum_{j=1}^{n}\left(X_{hj}\frac{\partial X_{ki}}{\partial x_j}-X_{kj}\frac{\partial X_{hi}}{\partial x_j}\right)=\sum_{i=0}^{r}C_{hk}^i X_{li}$$

令

$$A_k(f)=\sum_{i=1}^{n}X_{ki}\frac{\partial f}{\partial x_i}$$

得出

$$[A_h,A_k]=\sum_l C_{hk}^l A_l$$

开始他称算子 $A_k(f)$ 为无穷小变换

$$\mathrm{d}x_i=X_{ki}\mathrm{d}t\quad(1\leqslant i\leqslant n)$$

的"象征"(symbol),不久他就不加区别地称算子 $A_k(f)$ 为无穷小变换了. 他通过切触变换及偏微分方程得到这个无穷小变换群,实际上是现在的李代数,后来他就抛开这些背景,专门研究这些"群"了.

1874 年以后,S. 李继续研究变换群. 一方面,他研究一般理论,最后总结在 3 大卷《变换群理论》中,另一方面,他得出许多特殊的结果,其中包括定出直线及平面的连续变换群并加以分类. 他还在 1883 年引进无限连续群,并开始涉足常微分方程. 从 1874 年到 1880 年,他发表了十几篇有关连续群的论文,并同时研究一阶偏微分方程,特别是普法夫问题. 在 1877 ~ 1881 年,他还研究了极小曲面.

S. 李的《变换群理论》第 Ⅰ 卷及第 Ⅲ 卷中的 5 章是讨论所谓"连续有限群"的,其余部分讨论切触变换,在当时与连续群理论密切相关,现在看来,已经属于另外的学科了. 第 Ⅰ 卷中总结的变换群理论,主要集中于 S. 李的三大定理,而现在这三大定理已成为李代数的公理.

S. 李的第一定理是指函数 f_i 满足下列偏微分方程组

$$\frac{\partial f_i}{\partial a_j}=\sum_{k=1}^{r}\xi_{ki}(f(x,a))\Psi_{kj}(a)\quad(1\leqslant i\leqslant n)\tag{1}$$

其中矩阵 (ξ_{ki}) 具有极大秩,$\det(\Psi_{kj})\neq 0$;反之,若函数 f_i 满足

该方程及条件,则定义变换群的一个群芽.

S. 李的第二定理给出 ξ_{ki} 之间以及 Ψ_{ij} 之间的关系,ξ_{ki} 之间的关系为

$$\sum_{k=1}^{n}\left(\xi_{ik}\frac{\partial\xi_{jl}}{\partial x_k}-\xi_{jk}\frac{\partial\xi_{il}}{\partial x_k}\right)=\sum_{k=1}^{r}C_{ij}^{k}\xi_{kl}\quad(1\leqslant i,j\leqslant r,1\leqslant l\leqslant n)$$

其中 C_{ij}^k 是常数(后称之为结构常数);Ψ_{ij} 之间的关系按照毛勒(Ludwig Maurer) 在 1890 年的论文中所表述的,可以写为

$$\frac{\partial\Psi_{kl}}{\partial a_m}-\frac{\partial\Psi_{km}}{\partial a_l}=\frac{1}{2}\sum_{1\leqslant i,j\leqslant r}C_{ij}^{k}(\Psi_{il}\Psi_{jm}-\Psi_{jl}\Psi_{im})$$

其中 $1\leqslant k,l,m\leqslant r$. 引入无穷小变换 X_k 及 A_k,可得现在熟知的形式,令

$$X_k=\sum_{i=1}^{n}\xi_{ki}\frac{\partial}{\partial x_i}\quad(1\leqslant k\leqslant r)$$

$$A_k=\sum_{j=1}^{r}\alpha_{kj}\frac{\partial}{\partial a_j}\quad(1\leqslant k\leqslant r)$$

上面两式分别成为

$$[X_i,X_j]=\sum_{k=1}^{r}C_{ij}^{k}X_k\quad(1\leqslant i,j\leqslant r)$$

$$[A_i,A_j]=\sum_{k=1}^{r}C_{ij}^{k}A_k\quad(1\leqslant i,j\leqslant r)\qquad(2)$$

反之,如果 r 个无穷小变换 $X_k(1\leqslant k\leqslant r)$ 线性无穷且满足条件(2),由这些变换生成的单参数子群就构成一个 r 参数变换群.

S. 李的第三定理是给出结构常数 C_{ij}^k 之间的关系

$$C_{ij}^{k}+C_{ji}^{k}=0$$

$$\sum_{l=1}^{r}(C_{il}^{m}C_{jk}^{l}+C_{kl}^{m}C_{ij}^{l}+C_{jl}^{m}C_{ki}^{l})=0$$

其中 $1\leqslant i,j,k,m\leqslant r$. 反之,若满足上面两式,则存在无穷小变换系统满足

$$[X_i,X_j]=\sum_{k=1}^{r}C_{ij}^{k}X_k\quad(1\leqslant i,j\leqslant r)$$

用现代语言表述,这些 X_i 形成李代数,反过来,每个有限维李代数均可如此得出. 这后半个结果由舒尔(F. Schur) 在 1889 年证明.

S. 李仿照置换群理论对变换群的结构问题进行了初步研究. 他引进两个变换群相似的概念,即存在一个变元的可逆坐标变换及一个参数的可逆坐标变换,将一个变换群变成另一个. 他知道两个变换相似的必要条件是其相应的李代数同构,由于他没有李代数观念,他称两群等连,但这个条件并不充分. 他证明两群等连的充要条件是两群一一同态,这个词来源于若当(Jordan). 同样他也引入若当的另一词汇 —— 映上同态,而且知道其典型例子 —— 伴随表示,以及它与群的中心的关系. 他证明这些定理的主要工具都是雅可比 - 克利布施(Jacobi-Clebsch) 关于一阶偏微分方程组的完全可积性定理,但没有引用弗罗宾尼乌斯的更一般的定理.

S. 李还花费了很大力气把置换群的可迁性及本原性概念搬到变换群上,他还看出点的稳定子群与齐性空间概念的关系. 不过,他始终在变换群中打圈子,而没能从置换群过渡到抽象群. 同样,他基本上在局部打转,难得从大范围来考虑问题. 更有甚者,他始终在微分方程及几何的应用中考虑问题,而不能跳出来对结构及分类问题进行研究. 真正的现代李群、李代数的研究却不是S. 李 和他的学生的成果,而是由基林从 1888 年开始研究,后由 E. 嘉当所继续,并成为结构数学的主流. 可悲的是,S. 李对于离开他的路线的基林恨之入骨(他告诉他的学生:你们碰到基林,就把他杀了),因此,他离开这个极富创造性的方向越来越远了.

本书具体的内容是所谓的卡茨 - 穆迪(Kac-Moody) 代数,它是近代代数中一个极为重要的分支,在理论物理学、数学物理学及许多数学领域中都有重要的应用. 本书详细讨论了无穷维李代数中非常重要的卡茨 - 穆迪代数的基本理论及其表示理论,全面介绍了卡茨 - 穆迪代数在数学和物理学中的应用. 书中定理的陈述和证明简明扼要,各章有大量习题以及提示.

本书适合大学数学系高年级本科生、研究生,以及相关专业的研究人员阅读参考.

我国开展李代数的教学和研究比西方和苏联都晚,第一部自己编写的教材是由万哲先先生所编著的《李代数》,1964 年由科学出版社出版. 在书的前言中万哲先先生简单介绍了成书的经过和对李代数的一点评介.

原文如下：

> 1961 年秋至 1963 年春作者在中国科学院数学研究所李群讨论班上陆续做了一些专题报告，本书就是根据这些报告的讲稿改编而成，内容包括复半单李代数的经典理论，即它的结构、自同构、表示和实形. 当时，作者的目的是和参加讨论班的同志们共同学习李代数的基础知识，为进一步学习李群及李代数的近代文献打下基础. 这些专题报告，主要参考邓金的《半单纯李氏代数的结构》（曾肯成译，科学出版社，北京，1954）和 Seminaire Sophus Lie 的讲义 *Théorie de algèbres de Lie et topologie de groupes de Lie*（Paris，1955）. 邓金的书叙述清楚，易于被初学者领会，遗憾的是内容太少；Seminaire Sophus Lie 的讲义内容较丰富，但是要求读者具有较多的预备知识. 两书虽各具优点，但都不能完全满足我国初学者的需求，于是，作者就想到要写一本适合这种需求的书. 这就是这本书的来历.

李代数是 S. 李作为研究后来以他的名字命名的李群的代数工具而引进的. 在李代数经典理论方面有重要贡献者，除 S. 李本人外，当推 W. 基林，E. 嘉当和 H. 外尔等人. 虽然本书为了初学者的方便，在叙述上尽可能少地涉及李群，却应该指出，李代数经典理论的重要性主要在于它对李群的应用. 本书的大部分内容，都已推广到特征 0 的代数封闭域上的李代数，而且一部分结果也已推广到特征 0 的任意域上的李代数. 但我们在本书中却仅对复数域上的李代数来叙述，这是因为复数域上的李代数理论是最基本的，同时只要求读者具备线性代数知识就能阅读本书绝大部分内容也是一个限制.

本书共分 14 章，具体的章标题如下：

第 1 章　基本定义

第 2 章　不变双线性形式和广义卡西米尔算子

第 3 章　Kac-Moody 代数可积表示与 Wely 群
第 4 章　广义 Cartan 矩阵的分类
第 5 章　实根与虚根
第 6 章　仿射代数:正规化不变式形式,根系,Wely 群
第 7 章　仿射代数作为环代数的中心展开
第 8 章　扭曲仿射代数与有限自同构
第 9 章　Kac-Moody 代数上的最高权模
第 10 章　可积最高权模:特征公式
第 11 章　可积最高权模:权系与单位制
第 12 章　仿射代数上的可积最高权模
第 13 章　仿射代数,Theta 函数和模形式
第 14 章　主要和齐次顶点算子构造的基本形式

但愿我们费心费力引进的书能有读者,也希望有更多的人能够享受阅读的快乐时光,但正如威廉·哈兹里特所说:"少年人不能享受时光,因为他们有的是无尽的时间;老年人也不能享受时光,因为他们所剩不多,因忧虑而再也不能享受这些剩下的."

刘培杰
2018 年 3 月 21 日
于哈工大

等值、不变量和对称性

皮特·奥立弗　著

编辑手记

最近中美贸易战大有一触即发之势，于是许多网友开始对比中美实力，这个问题很敏感不便妄议. 但笔者可以肯定地说在数学领域，中美对比悬殊，所以向美国学习恐怕还是长期的任务. 本书的作者是皮特·奥立弗(Peter J. Olver)，美国人，数学家，任职于美国明尼苏达州大学，研究领域为对称性的应用和微分方程中的李群.

微分方程的对称理论首先可以追溯到挪威著名数学家李(Lie)，他受到18世纪初期创立的Galois理论的影响和激励，引进连续群的概念，现在称其为李群，目的是为了统一和扩展形形色色的特定的关于常微分方程的求解方法. 李证明了如果一个常微分方程在单参数经典李变换群作用下是不变的，那么其阶数可以构造性地减1. 于是，提出了对称和群不变解方法，将以往的关于常微分方程的杂乱无章的方法，包括：积分因子法、分离变量法、降阶法、待定系数法、Laplace 变换法，等等，统一起来. 李同时研究了二阶以下的偏微分方程的求解问题，计算了大量具有两个独立变量的二阶偏微分方程的对称群. 李的方法比较系统，很快受到了重视. 它的应用领域很广，包括代数拓扑学、微分几何、控制理论、经典力学、量子力学、分岔理论、特殊函数、相对论、连续固体力学，等等，很难估计李对现代科学和数学做出的重要贡献. 理论上，李对称可以用于求解任何偏微分方程,但是由于运算量大,受到运算能力的限制,一直没有得到很好的运用.直到近来计算机在数学上的大量应用,使应用这种方法来求解复杂的方程成为可能.20 世纪 80 年代以来,随着非线性微分方程研究的需要,通过微分方程的不变性来研究非线性偏微分方程的性质,特别是求方程的精确解已成为一个十分重要的课题.

李群的基本思想是寻找给定方程的对称群,在微分方程的研究中,它是一个十分有用的方法.由经典李对称理论可以得到许多十分有用的结果:如将偏微分方程的维数降低,即减少一个自变量,特别是两个自变量的方程即可化为常微分方程.常微分方程降阶,对于一阶常微分方程可求出其显式解,进而构造相似解,生成新的解,而这种解用其他方式很难得到.由于对称群将方程的解变为解,因此可由一特解生成依赖于参数的新解.如果一个偏微分方程系统在一个经典李变换群作用下是不变的,我们得到微分方程对称的决定方程组,通过求解对称的决定方程组,我们得到了相应的对称.一般来说,由对称出发可以构造性地获得特解,就是所谓的相似解或不变解,这有一些固定的操作步骤,这些解可以通过求解约化后的含有较少变量的微分方程而获得.

另外,在20世纪60年代孤波理论初露端倪.由于KDV方程在若干研究领域反复被发现,孤波现象(1844 年 Rusell 首先发现)引起人们的关注.1967 年,C. S. Gardner,M. Kruskal 等人提出了解 KDV 方程的反散射方法,并得到了一些结果.这种思想方法很快被推广用来解高阶 KDV 方程和立方 Schrodinger 方程.1974 年,M. J. Ablowitz 等人进一步完善了反散射方法.孤波解的发现给非线性现象的研究带来了曙光,20 世纪 70 年代出现了孤子理论研究的热潮,新的技巧、新的方法层出不穷,如双线形法、谱方法、Painleve 检验等,更为重要的是发现了无穷 KDV 及其与方程对称的关系,及 Hamilton 系统与这些问题的联系.广义对称被重新重视起来.

可以这样说:李对称的产生和发展与求偏微分方程的解息息相关,它的产生对数学和物理以及其他一些学科产生了深远的影响.

李的理论沉睡了将近半个世纪,直到1950年,Birkhoff将李群应用到流体力学中的一些偏微分方程才又引起了人们的注意.紧接着,Ovsiannikov 和他的研究小组成功地将这些方法应用到一大类物理问题上.之后,李群的应用范围和理论深度不断得到扩展.1969年,Blumman 和 Cole 提出了非经典对称(或称条件对称).这种对称要求在微分方程和其不变曲面条件的公共解集上群作用不变,因而可以获得更多的对称.虽然只是增加了不变曲面条件,但是所获得的无穷小生成元的决定方程组不再是线性的了,而变成了非线性、超定的偏微分方程组这样分析起来就更为复杂、困难.1988 年,Blumman 等人又提出了势对称的概念.首先,寻找给定方程的守恒律,通过引入辅助的函数变量(称为势函数),得到相关的辅助系统所允许的经典李对称群是给定微分方程的对称群,因为它映给定方程的解到其他解.如果其显式地依赖于势函数的话,对于偏微分方程,这些对称常常是非局部对称,称为势对称.Krasil' shchik 等人更深入地研究了非局部对称,而 Akhatov 等人给出了非局部对称的一些非平凡的例子.经典李对称的另一种推广 —— 广义对称,它首先由 E. Noether 引入,Noether 给出了如何从变分对称群出发构造地推出相应的 Euler-Lagrange 方程的守恒律.由于守恒律对于描述的事物的重要性以及与对称的对应关系,可知寻找到更多的对称的意义.递归算子是构造广义对称的强有力工具,基于 Lenard 递归地构造高阶 KDV 方程组簇的思想,Olver 提出了一般递归算子的概念,递归算子的研究和应用推进了对称方法的研究.近些年来,人们又提出了广义非经典对称(或广义条件对称)和非经典势对称,并取得了一些研究成果.可见,李对称群的方法对微分方程的应用还需进一步的研究.

微分方程的对称群是一个映射它的解到另一个解的变换群.经典李群依赖于连续参数,并且由作用在自变量和函数变量空间上的点变换组成.李给出了结论:对于给定的微分方程,它所允许的作用在自变量和函数变量空间上的连续点变换群(经典对称群)能够用显式的可计算的算法来加以确定.同时李证明了:李变换群可以由其无穷小生成元完全刻画,这些无穷小生成元形成了一个李代数.李群以及它的无穷小生成元能够自然地延拓到自变量、函数变量以及函数变量的直到有限阶导数的空间上去，这样一来，原来难以处理的一个给定方程的群不变的非线性条件约化为确定群的无穷小的线性、齐次偏微分方程组. 因为这些决定方程组是一个超定的系统，通常情况下我们可以获得无穷小生成元的闭合形式的解. 对于一个给定的偏微分方程，这些决定方程的获取完全是可以程序化的，在李对称计算方面已有一些专用软件包，如 SODE 和 SPDE, SYMMGRP. MAX, lie, liesymm 等，这些复杂的软件包可以自动生成决定方程组，并将它们约化为等价的适当形式，从而求出它们的闭合形式的解，最终确定张成对称的李代数的无穷小生成元.

本书内容涉及多个数学学科，包括几何、分析、应用数学和代数，提出了一种创新的方法，用于研究在各种数学领域和物理应用中出现的等价和对称问题. 建立了求解等价问题的建设性方法，并应用于各种数学学科，包括微分方程、变分问题、流形、黎曼矩阵、多项式和微分算子. 特别强调了不变量的构造和分类，以及将复杂对象简化为简单的规范形式. 这本书将成为学生和研究人员在几何学、分析、代数、数学物理和其他相关领域的宝贵资源.

力学系统的对称性与守恒量紧密地联系在一起，关于力学系统对称性与守恒量的研究已渗透到现代数学、力学、物理学等各个领域. 寻求力学系统的对称性和守恒量已成为近代分析力学的一大热点问题. 但事实上，通过数学模型建立的运动微分方程总是近似的，因此研究系统的近似对称性和近似不变量意义重大. 近年来关于常微分方程、偏微分方程近似对称性和近似不变量的研究已取得不少的成果. 目前研究近似对称性和近似不变量主要采用近似李对称性理论和近似 Noether 对称性理论. 引进近似的群无限小变换，微分方程在此变换下近似保持不变则为近似李对称性，Hamilton 量在此变换下近似保持不变则为近似 Noether 对称性，所得的不变量为近似不变量.

本书共分十五章，具体章名如下：

第 1 章，几何基础；第 2 章，李群；第 3 章，表示论；第 4 章，节与切触变换；第 5 章，微分不变式；第 6 章，微分方程的对称性；

第7章,变分问题的对称性;第8章,等价余标架;第9章,等价问题的表述;第10章,Cartan 等价方法;第11章,对合映射;第12章,等价问题的延拓;第13章,微分系统;第14章,Frobenius 定理;第15章,Cartan-Kahler 存在性定理.

本书的一大特点是特别重视几何学的方法与物理学的应用,关于此论题,已故的复旦大学校长谷超豪先生曾写过一篇题为《几何学在物理学发展中的作用》① 的文章,他指出:

> 从历史上看,几何学的发展对物理学的发展产生了很大的影响.我觉得这是科学史上一个很有兴味的很值得注意的事项,是自然辩证法很有意思的研究课题.由于我没有充分的时间去进行历史考证和细致的理论分析,在这里我只能就几个重要的问题说一些情况,同时对一些概念作若干解决,为进一步的研究提供一些线索.
>
> **一、古典几何学对物理学的影响**
>
> 这里讲的古典几何学,即指欧几里得空间的几何学.各个有古老文化传统的民族都在实践中积累了许多几何知识,在2 000 多年前,古希腊的欧几里得所做的总结最为完整.除了直线形和圆之外,古希腊的几何学里还研究了圆锥曲线.最有名的圆锥曲线理论家是阿波洛内斯(Apollonius),他生活的年代比欧几里得大约晚40 年,具体出生年月已经不大可能考证出来了,他撰写了八卷《圆锥截线》,其中四卷直接传到了欧洲,另外有三卷先是传到阿拉伯,被译成了阿拉伯文,然后欧洲人又从阿拉伯人那里找到了它,还有一卷始终没有找到.现在,解析几何中的关于圆锥曲线的性质在那时候差不多都已经有了.过了1 800 年左右,这一部分圆锥曲线理论,对自然科学的发展,产

① 摘自《近代物理学史研究》,王福山主编,复旦大学出版社,1983.

生了意想不到的作用.

事情首先发生在天文学上.古希腊时天文学已经相当发达了,它有两个论点,其一是大家都知道的地心说,另一个就是圆周运动说.古希腊人认为基本运动不外乎两种:直线运动和圆周运动.其中直线运动是会终止的,如一个物体掉到了地上运动就停止了;而圆周运动是永恒的,所有的星球都绕着地球作无限的运动.后来地心说被哥白尼打破了,代之以日心说.在哥白尼的计算中,也是以圆周运动为前提的.他假定行星绕太阳作圆周运动,得到的结果和观测比较符合,因而否定了地心说而代以日心说.

哥白尼的日心说经历了艰苦的历程才得到承认,过了不久行星运动的规律就被第谷和开普勒发现出来.第谷记录了大量的天体运动的数据并交给了当时正在研究行星轨道问题的开普勒,开普勒就是根据这些非常珍贵的材料总结出了行星运动的三条定律.行星的运动轨迹是椭圆,以太阳为其一个焦点,单位时间扫过的面积相等,周期和轴长的3/2次方成正比.古希腊圆锥曲线的理论主要是从纯几何上来考虑的(但与光学有点关系),但是如果没有古希腊的圆锥曲线理论,如果开普勒不知道椭圆的许多性质,那么这三条定律是出不来的.更重要的还在后面,大家知道,物理学赖以发展的基础之一是牛顿力学,没有牛顿力学,近代物理学就无从发展.牛顿力学的核心除了牛顿三定律以外还有他的引力理论,即引力的平方反比定理:$F=\frac{km_1m_2}{r^2}$,这个引力公式的来源就是开普勒定律.传说中,牛顿因看到苹果掉下来而发现了这一定律,这个说法是非常不完全的.牛顿在这里所做的工作就是把由地球的引力作用产生的直线运动和由太阳的引力作用产生的椭圆运动统一了起来.把两个表面上不同的现象联系起来,找到了共同的规律.不但如此,他还用精确的定量形式把这个规律表示了出来，这就是引力的平方反比定律.

这是一个现代数学中所说的反问题，假设引力未知，根据牛顿的运动定律，可以写出行星运动的微分方程，但其中引力项是未知的，而这种方程有一批解是已知的，这就是由开普勒定律所描述的行星运动.牛顿根据这些解，反过来求出引力的平方反比定律，就完成了这个在物理学的发展上起关键作用的研究.由此可见，圆锥曲线的理论在科学史上起了何等重大的作用.

反过来可以设想，如果大自然把它的奥秘藏得再深一点，引力和距离的关系是更为复杂的函数，近代物理学的发展可能就要拖后很长时间了. 因为行星的轨道若不是椭圆，那么开普勒定律也总结不出来了，以后微分方程也难解了.

从以上这些可以看出，从开普勒定律到牛顿定律，圆锥曲线的理论起了很重要的作用. 所以要谈几何学对物理学发展的影响时，这就是一个突出的事实.

附带说一下，如果打开牛顿的著作《自然哲学的数学原理》的话，会发现里面的大部分内容都是用几何语言表述的，很少看到式子，连证明的方法也是几何的. 由此也可以看到几何学的影响之大.

二、黎曼几何学对物理学发展的影响

黎曼几何学是德国数学家黎曼在 1854 年正式创立的. 黎曼是对当代数学影响最大的数学家之一. 1854 年，他就任哥廷根大学首席教授时发表了一篇演说，题目是“作为几何学基础的假设”，但在当时很少有人能够理解. 在今天看来，这篇著作的意义是非常深远的. 从数学上讲，他发展了空间的概念，引进了“多重广延量”即现代的微分流形的原始形式，为用抽象空间描述自然现象打下了基础.

在这篇文章里他认为，我们平时所说的几何学只是已知测量范围之内的几何学，如果超出了这个范围，或者是到更细层次的范围里面，空间是否还是欧几里得的则是一个需要验证的问题，需要靠物理学发展的结果来决定.

那么，如果不是欧几里得的还可能是什么的呢？这里他就提出了新的理论. 他认为几何学里最根本的概念是距离(现代的观点应该是微分流形和距离). 具体说来，如果能够知道任一条曲线在任两个端点之间的长度的话，那么整套几何学就可以建立起来了. 曲线的长度又可以建立在任两个无限邻近点的距离的基础之上，所以可以用二无限邻近的距离来作为几何学的基础. 这个思想起源于高斯，但是黎曼提出了更一般化的观点. 在欧几里得几何学中，邻近点的距离平方是$ds^2=dx_1^2+dx_2^2+dx_3^2$(在笛氏坐标下)，这确定了欧几里得几何. 但是在曲线坐标架下，则应为$ds^2=\sum\limits_{i,j}g_{ij}(x)dx_idx_j$，这里$g_{ij}(x)$是相当特殊的一组函数，如果$g_{ij}(x)$是一般的函数，又$(\delta_{ij})$构成正定对称阵，那么从$ds^2=\sum\limits_{i,j}g_{ij}(x)dx_idx_j$出发，也可以定义一种几何学，这便是黎曼几何. 在每一点的周围，都可选取坐标使在这一点成立

$$ds^2=(dx_1)^2+(dx_2)^2+\cdots+(dx_n)^2$$

所以在非常小的区域里面勾股定理近似成立. 但在大一点的范围里一般就和欧几里得的有很大的区别了. 他的通篇演说中只有如下一公式

$$\frac{1}{1+\frac{\alpha}{4}x^2}\sqrt{\sum dx^2}$$

其中$x^2=\sum\limits_{i=1}^{n}x_i^2$，$\sum dx^2$即表示$\sum\limits_{i=1}^{n}dx_i^2$. 他认为，如果把这个式子表示的量作无限邻近点的距离的话，那么当$\alpha>0$时，就是球面几何，$\alpha=0$时就是欧几里得几何，$\alpha<0$时就是罗巴切夫斯基几何(负常曲率的几

何). 当时人们不知道这是怎么算出来的,所以很少有人理解它.

十年以后,在德国科学院举办的关于传热问题的有奖征文中,黎曼递交了一篇在曲线坐标下解热传导方程的论文. 人们从中了解到了他在曲线坐标中的运算方法并加以发展,这就是张量分析的方法.

黎曼还对引力论产生了兴趣. 他对牛顿的引力论表示怀疑,因为牛顿的引力是一种超距作用. 黎曼因此写了一篇自然哲学的论文,认为作用应该通过接触来传递,类似于曲线求长度那样. 所以黎曼做出了这套几何学还可能是有物理观念的指导. 但是黎曼实际上并没有把黎曼几何用于引力论,一直到五十年以后,由爱因斯坦创立了广义相对论才使黎曼几何在物理上发挥了重大的作用.

首先讲狭义相对论. 从数学结构上来讲,它显示了时空概念的一个根本变化. 把时间和空间作为相关的量一起考虑,构成一个“四重广延量”. 其中的距离关系为:$\mathrm{d}s^2 = \mathrm{d}x_1^2 + \mathrm{d}x_2^2 + \mathrm{d}x_3^2 - \mathrm{d}x_4^2$. 其中 $x_4 = ct$, c 为光速, t 为时间. 这种具体的数学形式是由闵可夫斯基引进的,因此这种空间叫作闵可夫斯基时空. 它和欧氏空间的不同之处还在于,它是建立在非正定的二次型的基础上的,勾股定律需要作重大的修正.

较之于狭义相对论,广义相对论真正地用到了黎曼几何学中. 现在称这种流形为洛伦兹流形,它和闵可夫斯基时空的关系正好像黎曼几何学和欧氏几何学的关系一样,也就是说洛伦兹流形的特点是它在任何一点的一个小邻域中,和闵可夫斯基时空性质相近似. 值得注意的是,从欧几里得几何学到黎曼几何学经历了 2 000 多年的时间,但从闵可夫斯基时空到洛伦兹流形只经历了十年的时间,这是因为黎曼几何学的张量分析已为此做了一切数学上的准备.

引力论的基本问题是要说明试验质点在引力的作用下的运动轨线即世界线的问题. 在广义相对论中

归结为流形上的类时(即“弧长”平方为负)的测地线. 类时意味着质点的速度低于光速,测地线联系于一个变分原理

$$\delta\int ds = 0$$

弯曲空间化为平直空间,表示引力场不存在,质点沿直线做匀速运动. 洛伦兹度量决定于物质的分布,但比牛顿的公式复杂得多,这归到一个偏微分方程组

$$R_{ij} - \frac{R}{2}g_{ij} = T_{ij}$$

这里 R_{ij} 是 g_{ij} 构成的,称为里兹张量. $R = \sum g_{ij}R_{ij}$,T_{ij} 是描述物质分布(运动)的能量动量张量. 这个方程是复杂的,有许多复杂的解. 最早发现的是球对称的静态真空引力场,如太阳的引力场,这时除对称中心之外,$R_{ij} = 0$ 成立. 它和“时间”无关,在相当远的地方牛顿引力势仍然是一个好的近似. 据此可以定出准确解,后称为 Schwarzchild 解,很快就在水星近日点进动、引力红移、光线弯曲这几个实验中得到了验证.

爱因斯坦广义相对论的思想来自物理学的研究,但是广义相对论的建立却离不开黎曼几何,在这个过程中,爱因斯坦得益于他的朋友格罗斯曼. 他是一位数学家,他使爱因斯坦知道了张量分析和黎曼几何. 这对于广义相对论的创立是必不可少的. 爱因斯坦在建立和发展广义相对论过程中,和著名的几何学家嘉当进行了许多的讨论,希尔伯特也参加了建立场方程的研究.

以此可见,黎曼几何的建立对于近代物理学产生了多么巨大的作用.

广义相对论产生以来,引起了许多研究. 如果不掌握几何学(严格地说,洛伦兹流形的几何学),这些研究便无法进行. 这些研究也反映出微分几何学从局部到整体的发展,许多研究,如各种特解的分析,奇点理论,宇宙学,等等都贯穿着整体微分几何的结果. 同

时，广义相对论还不能说是已经十分完善了，它还需要进一步的发展，可以期望，几何学对于它的各种发展和修正，也将会起重大的作用.

三、纤维丛理论及其在物理学中的应用

广义相对论的产生，又大大促进了黎曼几何的研究，并出现了纤维丛理论.

什么是纤维丛呢？最简单的例子是一个圆柱. 把一根根长度为 l 的线段垂直地放在一个单位圆上，组成一个圆柱，这一根根线段就是纤维，这个圆就是纤维丛的底(图 1).

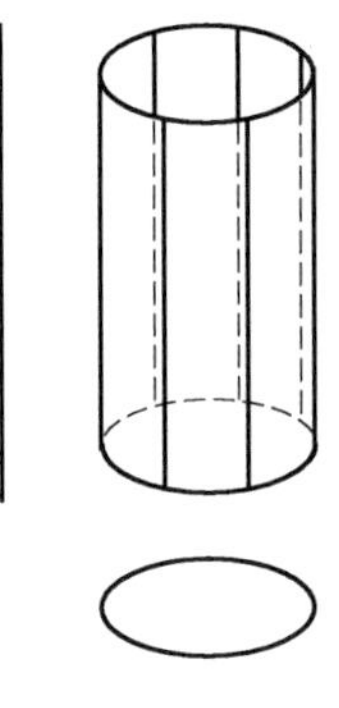

图 1

另一个例子是刚体在欧几里得空间 $\mathbf{R}^3$ 的位置，它决定于重心的位置及刚体本身的方位. 重心在 $\mathbf{R}^3$ 的一定点的刚体，其位置由它的空间方位决定，它可以由正交群 SO(3) 的一个元素表示，因而刚体的可能位置是一个以 $\mathbf{R}^3$ 为底，SO(3) 的元素为纤维的纤维丛.

这两个例子中，纤维丛上每一元素可以用底上的一点及区间 l 的点或 SO(3) 的元素来表示，在各个纤维上的元素可以选取对底上各点通用的坐标，这种纤维丛称为平凡的丛.

较复杂的例子是球面上相切的二维标架，它由两个互相垂直的切向量组成，并假定第二向量总是由第一向量绕外法线以右手系的方向转 90° 而成. 这时标架决定于底空间(球面) 上的点和一个转角. 转角可作为一个纤维(即先固定原先的正交相切标架) 上标架的坐标. 由于球面找不到一个连续分布的单位向量场，所以对标架而言，并没有一个可通用的角坐标. 这

种纤维丛比较复杂，称为非平凡的纤维丛. 最简单的例子是麦比乌斯(Möbius) 带，它是把一个矩形纸条扭转一下黏结而成的. 由于有了扭转，纤维就没有统一的坐标，因此也是非平凡的纤维丛.

纤维丛的理论对最近二三十年的物理学起了很重要的作用，突出的是规范场理论，或称杨 - Mills 理论. 量子力学中，带电粒子的波函数是一个复值函数 $\psi(t,x) = |\psi| e^{i\phi(t,x)}$，$\phi(t,x)$ 称为位相. 如果乘上一个位相因子 $e^{i\alpha(t,x)}$，那么，每点的位相都分别变掉了，但这个改变对可观察物理量是没有影响的. 波函数位相因子可以任意改变，可以说成是带电粒子有群 $\cup(1)$ 的内禀自由度，这和电磁场的电磁势作如下的变换完全相对应. $A_v \to A_v + \partial_v \alpha$，这对电磁场分布没有影响.

1954 年杨振宁和密尔斯(Mills) 根据同位旋的对称性提出了规范场理论，又称杨 - Mills 理论. 在强相互作用下质子和中子性质十分相似，所以可以把质子和中子看成一种粒子，就有了一个内禀自由度，相应的波函数可表示为 $\bar{\psi} = \begin{pmatrix} \psi_n \\ \psi_p \end{pmatrix}$，而内禀自由度表现为 ψ 可以用 $S\psi$ 来代替，这里 S 是 $S\cup(2)$ 群中的任何元素，而且在不同的点可以是不同的. 杨振宁和密尔斯认为，既然这里有一个这样的对称性，和平面转动 $\cup(1)$ 对称性相类比，就可以发展一套类似于电磁场但复杂得多的理论，后来被称为杨 - Mills 理论. 这一理论在刚建立的时候注意的人并不是很多，但到 20 世纪 60 年代后期，却变得十分引人注目. 特别是萨拉姆(Salam)、温伯格(Weinberg) 和格拉肖(Glashow) 用了杨 - Mills 理论提出了弱、电相互统一的理论，其中用 $S\cup(2)\times\cup(1)$ 作为规范群，它预言的许多事项在实验上已获得证实，并在1979 年获得了诺贝尔奖奖金. 粒子物理学家正在做实验，希望得到这个理论所预言的粒子，以最终肯定这个理论. 最近，其中的

W^+ 粒子已被证实了.

在讨论强相互作用时,人们发展了“量子色动力学”.现在大家都同意强子内部是有自由度的,有内在的结构,并且也用到了规范场.这一方面的工作现在正在进行,取得了相当大的成功.目前有不少人还在努力把各种相互作用都统一到一个理论框架里,基本工具之一还是杨 - Mills 理论.在杨 - Mills 理论中,纤维丛是一个十分根本的概念,因此基本粒子物理学的发展和纤维丛的理论发生了很密切的关系.

纤维丛的理论为什么会有这么大的作用呢?这是因为我们所研究的对象,往往存在内在自由度,比如刚体运动,就有转动作为其内禀自由度,基本粒子如上所说也有它的内禀自由度.既然它们有内禀自由度,而纤维丛理论可以用比较好的方法把体系的内在自由度表示出来,那么纤维丛理论的运用就是非常自然的了.详细地讲,这里面有许多复杂的东西.我们只想再指出一点,磁单极子是否存在是物理学上重大的问题,多年的实验探索,均未发现.去年在斯坦福大学(Stanford)的一个观测事例又燃起了人们的希望.如果真有磁单极的话,它就需要用非平凡的纤维丛来描述.

我们可以期望,纤维丛理论对物理学的发展还将起更大的作用.

另外,在这个题目上还有许多东西可讲,如光学和几何学的关系也很密切,又如孤立子理论、调和映照,等等.但限于篇幅,我们就不去涉及了.从以上三部分中已经可以看出几何学对物理学的巨大作用.反过来物理学对几何学也有很大的推动作用,如果没有最初的测量概念的话,也就不会产生几何学.黎曼几何学的产生也是受到了当时工业发展的影响.纤维丛理论又是从黎曼几何里发展而来的.近年来,杨 - Mills 理论的研究,已开始对纯数学的研究产生了重大的作用.

> 自然界是这样的复杂,一个个层次分析下去以致无穷.但是,人类的智慧是可以克服一切困难的.把这一层层的理论剖析下去,又可看到,层与层之间所需的时间越来越短了.从圆锥曲线的理论到牛顿力学经历了 2 000 多年,从牛顿力学到黎曼几何学和相对论只不过经历了200多年的时间.理论变得越来越深奥、复杂,但是对于勇于钻进去的人来说,却是越来越有吸引力.只要勤于钻研,我们就能克服所有困难,掌握自然界的奥秘,并从中得到乐趣.

本书的第 8 章讲的是微分几何中的等价余标架的相关内容,皮特·奥立弗曾建立了等价活动标架理论,可用以研究更一般的李变换群作用下子流形的等价、对称等属性,具有更一般化、完全化的特点.活动标架法作为微分几何的重要研究工具得到了广泛的应用与研究.关于此类话题比较权威的是已故大师陈省身的一篇文章:《微分几何与理论物理》① 他指出:

> 微分几何和理论物理都用微积分作为工具,前者研究几何现象,后者研究物理现象,自然更为广泛些.但任何物理现象都是在空间中发生的,所以前者又是后者的基础.虽然两者都用推理方法,但理论物理还必须有实验的支持,几何则不受这个限制,因此选择问题比较自由,但推理要求有数学的严格性,这个自由度把数学推到新的领域.有数学经验和远见的人,能在大海航行卜达到重要的新的领域.例如,广义相对论所需要的黎曼几何,规范场论所需要的纤维丛空间内的连络,都是在物理应用前已为数学家所发展.这个“殊途同归”的现象真令人有神秘之感.
>
> 微分几何与理论物理的关系非一言可尽.下面只

① 摘自《理论物理与力学论文集》,王竹溪,彭桓武,林家翘,胡宁编,科学出版社,1982.

略举几点，间附拙见，请大家指教.

一、动力学和活动标架

在动力学中要描写一个固体的运动，必须把一个标架牢固地安装在固体上，描写标架的运动. 在三度空间中，所谓标架是指一点 x 及经过 x 的互相垂直的单位矢量 $\boldsymbol{e}_i, i = 1,2,3$. 如 $\boldsymbol{x}$ 亦代表点 x 的坐标矢量，则有

$$\frac{\mathrm{d}\boldsymbol{x}}{\mathrm{d}t} = \sum_i p_i(t)\boldsymbol{e}_i, \frac{\mathrm{d}\boldsymbol{e}_i}{\mathrm{d}t} = \sum_i q_{ij}(t)\boldsymbol{e}_j \quad (1 \leqslant i,j \leqslant 3) \tag{1}$$

其中 t 是时间，而

$$q_{ij}(t) + q_{ji}(t) = 0 \tag{2}$$

函数 $p_i(t), q_{ij}(t)$ 可以完全描写标架及固体的运动.

动力学和空间的曲线理论有密切关系，后者甚至可以看作前者的一个特例. 要把这个方法应用于曲面论，就必须考虑两参数族的标架，这个计划为法国大几何学家 G. Darboux(1842—1917) 成功地和精彩地完成了. 他的大著 *Théorie des Surfaces* 四册是微分几何的经典.

把这个活动标架法发扬光大的是 Elie Cartan(1869—1951)(Gauss，Riemann，Cartan 公认为历史上三个最伟大的微分几何学家). 现在活动标架法已成为微分几何中极为重要的方法，试述其含义如下：

在多参数标架族时，相当于方程(1) 的是偏微分方程，它的系数适合积分条件，表示这些条件的最好方法，是用外微分算法. 把(1)(2) 两式写为

$$\mathrm{d}x = \sum_i \omega_i\boldsymbol{e}_i, \mathrm{d}\boldsymbol{e}_i = \sum_j \omega_{ij}\boldsymbol{e}_i \quad (1 \leqslant i,j \leqslant 3) \tag{3}$$

$$\omega_{ij} + \omega_{ji} = 0 \tag{4}$$

其中 ω_i, ω_{ij} 为参数空间的一次微分式. 最广泛的情形是参数空间为全体标架所构成的空间. 这个空间是六维的，因为定 x 需要三个坐标，而以 x 为原点的标架成

三参数族. 固定一个标架,有唯一一个运动,把它变为另一标架. 所以,全体标架所成的空间与运动群同胚,记为 G.

求式(3) 的外微分,则得

$$\begin{aligned} d\omega_i &= \sum_j \omega_j \wedge \omega_{ji} \\ d\omega_{ij} &= \sum_k \omega_{ik} \wedge \omega_{kj} \\ &1 \leqslant i,j,k \leqslant 3 \end{aligned} \tag{5}$$

其中 $\wedge$ 代表外积. 这是群 G 的 Maurer-Cartan 方程,与 G 的李代数乘法方程是对偶的. 可见从动力学到活动标架到李群的基本方程是一串自然的过程.

这个演变还可继续推进,爱因斯坦的广义相对论发表后,Cartan 于 1925 年发表了一篇论文,进一步发展了广义仿射空间的理论及它在相对论中的应用,该文的一个结论是式(5) 的推广

$$\begin{aligned} d\omega_i &= \sum_j \omega_j \wedge \omega_{ji} \\ d\omega_{ij} &= \sum_k \omega_{ik} \wedge \omega_{kj} + \Omega_{ij} \\ &1 \leqslant i,j \leqslant 3 \end{aligned} \tag{6}$$

其中 Ω_{ij} 是二次微分式,叫作曲率式,是三维黎曼几何的基本方程.

处理微分几何的一般方法是张量分析. 它的基本观点是利用局部坐标的切矢量作标架. 现在看来,这个约束弊多利少. 但是,张量分析简单明了,在初等问题中,其功用是不可磨灭的.

二、曲面论与孤立子及 σ 模型

在三维欧氏空间 E^3 内设曲面 S. 在一点 $x \in S$ 命 $\boldsymbol{x}$ 代表它的坐标矢量,并命 $\boldsymbol{\xi}$ 代表其单位法矢量,则 S 的不变量是两个二次微分式

$$\mathrm{I} = (dx, d\boldsymbol{x}) > 0, \mathrm{II} = -(dx, d\boldsymbol{\xi}) \tag{7}$$

分别称为第一及第二基本式,前者并是正定的,第二基本式的两个特征值 $k_i, i = 1,2$,称为 S 的主曲率,它

们的对称函数

$$H = \frac{1}{2}(k_1 + k_2), K = k_1 k_2 \tag{8}$$

分别称为中曲率与全曲率(或高斯曲率).这些曲率有简单的几何意义,已为熟知的事实.例如,$H = 0$ 的曲面是最小曲面.

中曲率或全曲率是常数的曲面,显然有研究的价值,如 x,y,z 为 E^3 的坐标,而 S 有方程

$$z = z(x,y) \tag{9}$$

则 $H = \text{const}$ 或 $K = \text{const}$

可表为函数 $z(x,y)$ 的二级非线性的偏微分方程.求这样的曲面等于解相当的方程.例如,最小曲面 $H = 0$ 的方程是

$$(1 + z_y^2) z_{xx} - 2 z_x z_y z_{xy} + (1 + z_x^2) z_{yy} = 0 \tag{10}$$

此方程是非线性椭圆型的.

另一重要的例子是 $K =$ 负常数,可假设为 $K = -1$.在这样的曲面上渐近曲线是不重合的实曲线.命 φ 为其夹角,则可在 S 上选择参数 u,t,使

$$\varphi_{ut} = \sin \varphi \tag{11}$$

这是有名的 Sine-Gordon 方程(或 SG 方程).反之,如有 SG 方程的一解,可做出一个 $K = -1$ 的曲面:

由此解释,曲面的变换论在偏微方程论中有重要的应用,它的根据是下面的 Backlund 定理:

设曲面 S,S^* 成对应,使连接对应点 $x \in S, x^* \in S^*$ 的直线为两曲面的公切线,命 r 为对应点间的距离,v 为曲面在对应点的法线的夹角.如 $r = \text{const}, v = \text{const}$,则 S,S^* 的全曲率同是 $-\sin v/r^2$(二负常数).

此定理可使我们从一常全曲率的曲面造出同一常全曲率的曲面,即从 SG 方程的一解造出新解.

如释 $\varphi(u,t)$ 为直线 u 上的波动,t 为时间,则 SG 方程有孤立子解,而上述变换可导致新解,增减其孤立子的个数,这样可得任意个孤立子的 SG 方程的解.

负常全曲率曲面在高度的一个推广是 E^{2n-1}

(= (2n - 1) 维欧氏空间) 内的 n 维常曲率支流形. 这种支流形相当于一偏微分方程组,可能是 SG 方程在高度的推广. 滕楚莲和巴西女数学家 Keti Tenenblat 证明了 Backlund 定理在高维的推广.

常中曲率的曲面或最小曲面在理论物理上有同样多的应用. 如 $f: X \to Y$ 是两个黎曼流形间的映射,可以定义它的能量 (Energy) $E(f)$. 这个泛函 (Functional) 的临界映射称为调和映射. 这是调和函数和最小支流形的推广,调和映射适合一组椭圆型的二级偏微分方程. 如果 X 是紧致的,调和映射是比较稀有的. 因为它的出发点是变分原则,这些映射在物理上可能有用处.

从几何观点讲,已知流形 $X, Y(\dim X < \dim Y)$,如果把 X 嵌入或浸入 Y 成为最小支流形,是一个极有趣味的问题. 即使 $X = S^2$ 为二维球面,此问题亦不简单,在此假设下,早年 E. Calabi、陈省身和 L. Barbosa 研究了 $Y = S^n$(= n 维球面) 的情形. 1980 年物理学家 A. M. Din 和 W. J. Zakrzewski 确定了所有的调和映射 $f: S^2 \to P_n(\mathrm{C})$(= n 维复投影空间),称为 σ 模型. Y 为其他空间的情形,如 $SU(n)$, $Q_n(\mathrm{C})$(复二次超曲面),或 $G(n,k)$(= Grassmann 流形),其中的最小二维球面如何,亦是大家所渴望了解的,此问题至今未完全解决.

对于最小曲面数学分析上有强的"正则性"(Regularity) 性质,即在某种边界条件下,有有理的或光滑的最小曲面存在. 这个重要的结果在几何上有无数应用. 在广义相对论中,R. Schoen 和丘成桐曾用来证明所谓"正质量假设"(Positive Mass Conjecture).

三、规范场论

规范场论的数学基础是矢量丛的观念,这个演进在数学上是十分自然的. 牛顿的微积分讨论函数 y =

$f(x)$. 我们可推广自变数为 m 维空间的坐标，因变数为 n 维空间的矢量，即得 m 变数的矢量值函数. 通常也可把函数记为映射 $f:X \to Y$，其中 $X = R^m, Y = R^n$. 这个映射也可表为一个"图"(Graph) $F:X \to X \times Y$, $F(x) = (x, f(x)), x \in X$. 映射 F 的右端是两个拓扑空间的积，命 $\pi: X \times Y \to X$，使 $\pi(x,y) = x, x \in X, y \in Y$，则 F 符合性质 $\pi \circ F(x) = x$.

矢量丛的概念，对近代数学有决定的重要性，要点是把乘积 $X \times Y$ 易为空间 E，它只是局部的乘积. 易言之，有空间 E 及映射 $\pi: E \to X$，使每点 $x \in X$ 有邻域 U 符合条件：$\pi^{-1}(U)$ 与 $U \times Y$ 是拓扑相等的.

局部乘积的空间是否必然是整体的乘积？即上述的 E 是否必与 $X \times Y$ 拓扑相等？这在数学上是一个极为微妙的问题，它的解答导致示性类(Characteristic Classes)的观念(答案是 E 不必是 $X \times Y$).

设矢量丛 $\pi: E \to X$. 映射 $F: X \to E$ 符合条件 $\pi \circ F(x) = x, x \in X$ 称为截面(Section). 截面的微分需要连络(Connection). 量度微分的非交换性是曲率.

规范场就是矢量丛的连络，物理学家称为规范势(Gauge Potential)，曲率则称为强度(Strength). 微分几何与理论物理真是"同气连枝，同胞共哺"了.

据我的了解，一切物理的理论最终要"量子化"(Quantization). 在数学上我们需要研究无穷维的空间及分离(discrete)的现象.

四、结论

当然，我还需要提到广义相对论与黎曼几何的关系，没有相对论，黎曼几何是不易引起数学界的重视的.

杨振宁先生曾用一个图来表示数学与物理的关系，我另作一图(图 2)以结束此文.

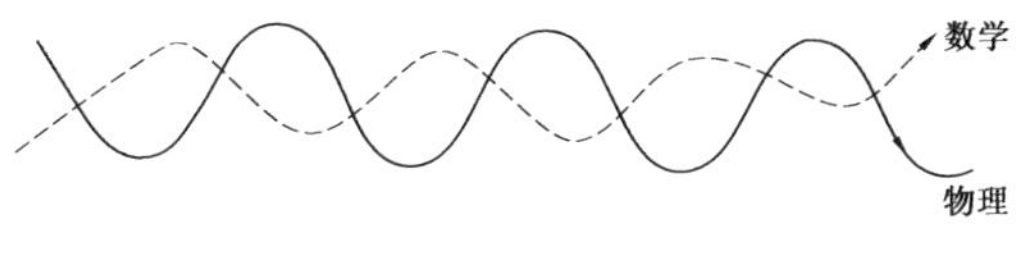

图 2

笔者对本书所讨论的课题完全是外行，但笔者坚信本书的引进是一项伟大事业的一部分. 它是有内在推动力的，因为，这一切正如社会学家马克斯 · 韦伯所言：

“任何一项伟大事业背后，必须存在着一种无形的精神力量.”

刘培杰
2018. 3. 26
于哈工大

解析数论
(英文)

本桥洋一　主编

编辑手记

本书是从英国剑桥大学出版社引进的一本版权书,它是在日本举办的第 39 届谷口国际数学座谈会(1996 年 5 月 13 ~ 17 日在京都举行,主题为解析数论)和由 N. Hirata-Kohno, L. Murata 与日本大学理工学院的 Yoichi Motohashi 一起组织的本次座谈会的论坛(1996 年 5 月 20 ~ 24 日,也是京都大学数理解析研究所的会议)的成果集.

从作者的前言中读者可以看出日本对数学的重视. 一个解析数论的国际会议竟有多家基金会提供资金支持, 如作者所言:

> 我深深地感谢谷口基金会对这次座谈会和论坛的慷慨支持. 会议的组织者由衷地感谢得到了科学基金会、仓田基金会、实好奖学金基金会和住友商事基金会支持的部分演讲者;感谢日本大学理工学院、京都大学数理解析研究所;感谢教育、科学和文化部对一般科学研究的资助(承蒙九州大学 M. Koike 教授的好意).

笔者也赞叹日本人对数学事业的一丝不苟,如作者在前言中所写:

特别感谢 N. Hirata-Kohno 和 L. Murata 教授
在为会议做准备的三年时间里经久不衰的合作.

不像我们有些会议由一个草台班子临时起议,一哄而上,一哄而散,效果可想而知.

日本数学与中国数学一样都有一个曾经辉煌的古代数学,他们称为和算.不过后来的发展路径就大不一样了.日本全盘西化,中国闭关锁国,如此一来,在近代数学中就没有了中国人的贡献,而日本则出了以高木贞治为代表的一大批杰出数学家.

中国老一辈数学家,如苏步青、陈建功等都是从日本学成归来后才建立的苏陈学派.

说到学派,借此向大家推荐湖南教育出版社原总编助理欧阳维诚先生的四首专门写数学学派的小诗.

德国数学学派

纳粹乌云压柏林,
群魔乱舞夜阴森.
妄将数学分人种,
一派荒唐尽佞臣.

波兰数学学派

波兰学派聚群英,
弱国兴邦梦未成.
硕果辉煌惊宇内,
奈何纳粹正横行.

哥廷根学派

一从学派起高斯,
代有辉煌出大师.
纳粹居然容不得,

欧洲难借一枝栖.

布尔巴基学派

连篇宏论势崔嵬,
布尔巴基作者谁?
异彩纷呈结构也,
各支数学试依归.

希望有人也能写一首关于日本数学学派的诗,毕竟人家后来的几位代数几何大家还是很有影响的,如小平邦彦、广中平祐、森重文以及宫冈洋一和现在人们疯传的望月新一.

至于为什么要引进如此小众的论文集,笔者的判断是虽然小众但价值永恒.

古代青铜器的铭文,最后一句话常常是"子子孙孙永宝用",这个美好的愿望没有一个实现的,而书则有望实现.

笔者第一次见到本书是若干年前在哈尔滨工业大学图书馆,时值中国图书进出口公司到图书馆推销原版图书.书中的许多内容令粗通数论的笔者非常心仪,以己度人相信一定还会有其他读者感兴趣,所以一旦有可能一定要将其引入中国.

一本书的价值与销量并非成正比,曾看过一篇写叔本华的文章很有同感.

> 他是商人的儿子,被寄予了子承父业的希望.可是最终他把经商和学业都放弃了.《作为意志和表象的世界》厚达千页,在他年满30岁时便告完成,而之前之后,迁居和游历完全成了他生活的一部分,魏玛、德累斯顿、法兰克福,他哪里都住过,但在哪里都是一个人.有家族财产支持,他的生计倒是始终无忧,但一直到1845年,照他的出版商的说法,《作为意志和表象的世界》依旧没有卖出去过哪怕一本.
>
> 一本书难卖,当然是因为它所讨论的问题让人不感兴趣.18世纪是启蒙的世纪,启蒙带来的一种普遍

思潮则是乐观,相信人类可以进步,只要挣脱了像教会这样的羁绊,则开明的明天可期.在德国,终生困守书斋的康德被称为启蒙运动的集大成者,而黑格尔更是一个以一己之脑力编织出完整的一套历史哲学的人.叔本华很敬仰康德,但很排斥黑格尔,后者的着眼点落到了国家、民族、人类之上,热衷于展望未来,叔本华如果很懂中国话,必定会给黑格尔学说贴上"陈义过高"的评语.

但谁会想到若干年后《作为意志和表象的世界》这部巨著会在中国这样一个充满烟火气的国家大卖.喜欢用名人为自己站台似乎是缺乏自信的表现,引用权威语录来强化观点,虽属世上小文人、小学者的共同爱好,但也一直受到有自尊、有抱负人士的轻蔑.因为,那不仅露出思维惰性,还显出文字奴性,似乎不搬弄一点观念权威,不倚住一座思想靠山,作者就失去立论之勇.在缺乏"诗云子曰"传统的西方,事实上一直存在一种警告,告诫文人学者不要这样做.古罗马哲人塞涅卡曾这样告诫一位后生:

> 你没有必要追求大量的语录,因为这类东西在其他作家是摘抄来的,在我们却可以自己不断地写作出来.这就是我们为什么不热心于装饰门面的缘故.……对于无疑已经取得很大进步的成年人来说,仍然只依赖自己的记忆力,全靠几句名言支撑,那就很不光彩了.因为这正是他进行独立思考的时候,应该自己发表这样的警句,而不是去背诵了.已经年老或已步入老年的人还只能从笔记本中获得智慧,那是不体面的.

当今中国出版业与其说要提高广大作者的阅读品味,还不如首先提高少数编辑的欣赏品味.因为他们相当于大百货公司的时尚买手,不经他(她)们的挑选,许多精品就会被埋没,无缘同中国读者见面.

2009 年,葛文德(Atul Gawande) 在《纽约客》上发表了长文“成本谜团”(The Cost Conundrum),分析了美国得克萨斯州一个小镇的医疗数据,提出了一个宏大的问题:为什么美国的医疗支出占 GDP 比例在发达世界高居前列,但是人均寿命和健康状况的排名却垫底? 换句话说,是什么导致美国医疗行业的“价高质次”问题.

葛文德的这篇文章,引起了巴菲特的左右手芒格的注意.当年他读完葛文德的文章,立刻寄给《纽约客》一张两万美元的支票,并附上一张便签:“文章对社会太有价值,请葛文德教授收下这份小礼物.”这恐怕是前移动互联网时代最大的点赞红包了.《纽约客》把芒格的支票退了回去,芒格又加了一张两万美元的支票再寄回来.这次,葛文德收下了,把钱捐给了他在波士顿做外科医生的医院.

这说明现代社会知识是值钱的,值大钱,您遇到心仪的,您愿意付费吗?

刘培杰

2018 年 9 月 23 日

于哈工大

哈密尔顿数学论文集（第4卷）——几何学、分析学、天文学、概率和有限差分等（英文）

布伦丹·斯凯夫　主编

编辑手记

谁是哈密尔顿？这恐怕是读者看到本书后提出的第一个问题.

哈密尔顿(William Rowan Hamilton,1805—1865)是一位著名的数学家,1805年8月生于爱尔兰的都柏林.他的父亲是一位律师,又是一位商人.哈密尔顿从小天资超人,惊人早熟.他的叔父是一位当地的副牧师,又是一位语言学家,懂得许多欧洲语言、方言及近东语言.哈密尔顿从3岁开始就受叔叔的教养.他3岁就学会写英文信;5岁就能读拉丁语、希腊语和希伯来语的书籍;8岁又学会意大利语和法语;10岁学会阿拉伯语和梵文;14岁还学会印度斯坦语、马来语、孟加拉语.1818年,13岁的哈密尔顿因同快速计算器的一次接触,激发了他钻研数学的巨大兴趣.在他叔父的指点下,他自学了克莱罗(Clairaut)、拉普拉斯、牛顿等人的著作.1821年,年仅16岁的哈密尔顿不仅能读懂拉普拉斯的《天体力学》,还发现其中关于力的平行四边形法则的证明中的错误,初次显露了他的数学才华,从此他的兴趣转到数学方面了.1823年7月,哈密尔顿考入都柏林的三一学院.他是一位出色的大学生,囊括了各种奖,尤以数学和古典文学成绩出色.1827年,他将一篇题为《光学系统的理论》的论文呈送给爱尔兰皇家科学院.由于这篇论文中建立了几何光学的体系,使年仅22岁的哈密尔顿被破格聘为三一学院天文学教授,当时他大学尚未毕业. 1853 年,他发表《四元数讲义》,并在当年被封为爵士勋位. 1865 年 9 月,哈密尔顿因痛风病去世,终年 60 岁.

哈密尔顿曾在数学上做出过重大贡献.

首先,他建立了极小作用原理,文献中称之为哈密尔顿原理. 1834 年至 1835 年间他发表了一篇著名的论文《动力学的一般方法》,其中引进了作用积分,即动能 T 与位能 V 的差对时间 t 的积分 S

$$S = \int_{P_1t_1}^{P_2t_2}(T - V)\mathrm{d}t$$

其中 $T - V = L$ 称为拉格朗日函数,P_1 代表 $q_j^{(1)}$,P_2 代表 $q_j^{(2)}$,q_j $(j = 1,2,\cdots,n)$ 为一个质点系的广义坐标. 这样从上述积分取极值的条件即可得到

$$\delta S = \int_{t_1}^{t_2}L\mathrm{d}t = 0$$

动力学的各条定律都可以从这个变分式推出. 在同一篇论文中,他还引进了一个新函数

$$H(p_j,q_j,t) = -L + \sum_{j=1}^{n}p_jq_j$$

这个函数在现代数学和物理的文献中称为哈密尔顿函数. 利用这个函数可证明运动的微分方程具有形式

$$\frac{\mathrm{d}q_j}{\mathrm{d}t} = \frac{\partial H}{\partial p_j} \quad (j = 1,2,\cdots,n)$$

这组方程称为哈密尔顿典型方程. 哈密尔顿的工作开创了一个数学物理新学科,并为此奠定了基础.

其次,哈密尔顿还奠定了四元数的理论基础. 在 1835 年发表的题为《共轭函数或者代数对的理论》的论文中,他把复数作数对来研究,给定了运算法则. 这推动了他进而想到三元、四元以及更多元的超复数. 他把形如 $x + y\mathrm{i} + z\mathrm{j} + t\mathrm{k}$ 的数叫作四元数,并指出了这些数不满足交换律,这是一个很大的突破. 他建立了四元数的基本理论,引入了微分算子

$$\nabla = \mathrm{i}\frac{\partial}{\partial x} + \mathrm{j}\frac{\partial}{\partial y} + \mathrm{k}\frac{\partial}{\partial z}$$

这是一个极重要的微分算子;哈密尔顿还引入了散度、旋度等概念.他的研究成果系统地总结在名著《四元数讲义》中.四元数是数学物理中的一个关键工具.四元数对代数学更具有特别的重要性,因为有了四元数,就为建立向量代数、向量分析奠定了基础,推动了线性代数这个新学科的建立.

最后,哈密尔顿在物理学、天文学上的贡献也是杰出的.

中国现在某个行业的专家很多,但像哈密尔顿这样的大家太少了!

本书读者提出的第二个问题可能会是这本书是怎么来的?据本书主编都柏林三一学院电子电气工程系布伦丹·斯凯夫(Brendan Scaife)介绍:

> 本著作源起于1925年开始的一个项目,发起者与第一编辑为亚瑟·威廉·康威(Arthur William Conway, 1875—1950)和约翰·莱顿·辛格(John Lighton Synge, 1897—1995).本著作包含了哈密尔顿发表的关于几何学、分析学、天文学、概率和有限差分的论文,以及包括几个不同出版社的各种出版物.还有三份以前未出版的手稿,即"the, unfortunately incomplete, Third Part of the Systems of Rays",其较早的部分已在第一卷中出版;给奥古斯都·德·摩根(Augustus De Morgan)的两封信,一个是研究定积分,另一个是研究三阶微分方程;还有一封写给安德鲁·塞尔·哈特(Andrew Searle Hart)的关于非调和坐标的长信和附言.
>
> 在本书的末尾,读者将会发现哈密尔顿的论文是按时间顺序排列的,索引也是,而且还有一个关于所有4卷书的组合索引.
>
> 卷头插画是邓辛克天文台(Dunsink Observatory)的景观.自1827年哈密尔顿被任命为爱尔兰皇家天文学家、天文学教授以来,他一直在邓辛克天文台生活和工作,直到1865年去世.该插画是威廉·本杰明·萨斯菲尔德·泰勒(William Benjamin Sarsfield Taylor,

1781—1850)在1820年发表的一幅水彩画的复制品，意在见证他在都柏林大学的一部分历史.

爱尔兰皇家科学院感谢爱尔兰国立大学、都柏林三一学院、都柏林大学、科克大学、戈尔韦大学、贝尔法斯特女王大学、都柏林高等研究院的慷慨的财政援助,帮助他们出版了本书.

必须向都柏林三一学院图书馆的手稿部门和早期印刷图书的工作人员以及爱尔兰皇家科学院的工作人员表示感谢，感谢他们随时愿意提供专业的帮助.

为了准备这一卷的出版,特别感谢邓辛克天文台的伊恩·艾略特(Ian Elliott)博士,他提出了关于卷头插画以及天文问题的主题和建议，以及三一学院的B. P. 麦卡德尔(B. P. McArdle)博士、彼得罗斯·弗洛里德(Petros Florides)教授,汉娜·O'康娜(Hannah O'Connor)小姐,以及我的兄弟W. 加勒特·斯凯夫(W. Garrett Scaife)教授. 都柏林大学的T. J. 加拉格尔(T. J. Gallagher)教授和我的女儿露西(Lucy)在校对方面给予了宝贵的帮助.

剑桥大学出版社对这部作品的出版是最用心的.

第三个问题:为什么要引进本书? 本书原本是笔者准备私人收藏的,但还想装着格局大点,便想着与社会各界的同好一起分享. 说起藏书,以笔者不大的熟人圈而论,叶中豪先生略胜于我. 但他的藏书中文科书居多,尤以红学书为甚. 朱华伟先生的藏书只听过没见过,但其得到过两位数学界牛人的全部藏书. 一位是数学解题巨擘克雷姆金,一位是华人数学家刘江枫先生. 所以其藏书量独执牛耳当无争议,而且多是外文版精装本,令人好生羡慕,有机会一定要参观一下,这样的机会不多. 据说当年北京师范大学蒋硕民先生有一大批书散落于身后,没能搜罗到是件憾事. 其实藏书对个人是一个雅好,对社会也是一项对文化传承有益的行为. 如果说藏书这个界别中数学书是一个极小众的类别不足为凭，我们放眼文史类藏家就有说服力.

曾读到过一本关于阿英藏书的评述:

> 阿英一生出版了将近九十部书.小说、诗歌、剧本、文艺理论,应有尽有.《碧血花》《海国英雄》等哄传一时,给他带来巨大声誉的剧本,现在已经差不多被人遗忘了.他的文学面目,随着旧时代的远去,越来越显得模糊不清.最能流传久远的反倒是他在近代文学史料上下的功夫,人们因为这些作品记住他的名字.《晚清小说史》这样资料密集型的著作和阿英的收藏爱好相契合,正可以充分发挥其所长.阿英不是腰缠万贯的高官大贾,他的收藏活动不是请客吃饭,没有和风细雨.如同各个时代成气候的收藏家一样,阿英能在近代文学史料收藏上占山为王,靠的是一股子“进退不随缘,取舍不量力”的豪气.他节衣缩食,拆东墙补西墙,蚂蚁搬家似的把自己的小天地发展成一个自给自足的图书馆.惠特曼《草叶集》里有诗:“这不是一本书,谁接触它就是接触一个人.”《晚清小说史》一卷终了,我看到自耕农阿英,勤恳厚道,春天埋头播种田地,秋天渴望收获果实.

本书的出版对数学史研究是非常重要的.

正如史学巨擘《世界文明史》的作者威尔·杜兰特(Will Durant)所说:“大部分历史是猜的,剩下的都是偏见.”

许多数学史研究者囿于外语能力和一手资料的匮乏在许多文章中以个人的己见代替严格的求证,所以原著来了,至于读不读,你说了算!

刘培杰
2019年4月24日
于哈工大

偏微分方程全局吸引子的特性（英文）

A. V. 巴宾
维施内克　著

编辑手记

《苏联数学进展系列》由不同数学领域的一名或多名资深专家作为主编，内容包含来自俄罗斯的世界顶级数学家的论文. 此系列书籍在21卷之后作为《美国数学协会译丛2》的子系列出版，后更名为《苏联数学进展系列》.

本书为此系列的第10卷《偏微分方程全局吸引子的特性》.

演化方程的全局吸引子是一组描述动态系统在非常大的时间值内的行为轨迹. 值得注意的是，偏微分方程组的吸引子点是某个函数空间的一个元素；这一点是空间变量的函数，也取决于方程中出现的参数. 对于带有耗散的物理系统的任何有限制的系统（as $t\to+\infty$），被描述为：与存在于吸引子中的轨迹相对应的演化方程. 从物理的角度来看，这种制度往往很有意义. 例如，根据Landau和Ruelle-Takens的猜想，正是Navier-Stokes系统的非平凡动力学确定了湍流的存在. 因此，获得关于吸引子的尽可能完整的信息无论是从物理角度来说，还是从数学问题的趣味性来说都是重要的. 本卷中的文章涉及吸引子的存在及其在解决方案（比如$t\to+\infty$）行为描述中的应用. 然而，关键的一点是对吸引子的函数的详细分析，研究了这些函数对空间变量以及参数的依赖关系.

在论文“小参数反应扩散方程解的渐近性”（作者V. Yu.

Skvortsov 和 M. I. Vishik）中，两个抛物线反应 - 扩散方程的系统，其中一个具有小参数作为相对于时间的导数系数，即，在该方程中出现项 $\varepsilon\partial_1 u_1$. 对于所有 $t \geqslant 0$，该系统解的 $\varepsilon \to 0$ 的渐近行为用极限系统吸引子的解决方案来描述，其中一个方程是固定的.

论文“演化方程的无限吸引子”（作者 V. V. Chepyzhov 和 A. Yu. Goritskiĭ）研究了无限制吸引集的方程中的吸引子，例如在狭义上不耗散的方程式，这样的方程没有紧凑的全局吸引子. 然而，对于某些足够宽泛的此类方程，有可能引入一个合理的吸引子概念，证明吸引子的存在，并描述它们的性质. 这些吸引子既不是紧的，也不是有界限的，它们是局部紧和有限维的，通过具体实例说明一般理论. 作者试图使论述尽可能地自成一体，只提到那些可以在易读的书中找到的事实；对于所有其他的陈述内容，作者都给出了详细的证明.

具体论文包括：“强摄动泊松叶动流无限的渐近展开”“演化方程的无限吸引子”“奇摄动抛物方程的吸引子及其元素的渐近行为”“小参数反应扩散方程解的渐近性”.

出版资源目前在中国是一种稀缺资源，如何使用这有限的资源，每个编辑有各自不同的出版理念，所以图书市场也呈现出色彩缤纷的“繁荣”. 但笔者的基本判断是：出版物特别是学术出版社物，本质上讲是一种知识产品，原创性是首要的，尤其是在当今的“山寨”中国. 然而这种理念知易行难. 正如已故日本作家夏目漱石在散文《草枕》中写道：“发挥才智，则锋芒毕露，凭借感情，则流于世俗；坚持己见，则多方掣肘.”

刘培杰

2018 年 9 月 15 日

于哈工大

整函数与下调和函数（英文）

B. Ya. 莱文　著

编辑手记

本书是引进的影印版.《苏联数学进展系列》由不同数学领域的一名或多名资深专家作为主编,内容包含来自俄罗斯的世界顶级数学家的论文. 此系列书籍在 21 卷之后作为《美国数学协会译丛 2》的子系列出版,后更名为"苏联数学进展系列".

本书是此系列的第 11 卷《整函数与下调和函数》,内容来自于在哈尔克斯大学举办的函数论研讨会参会者的研究论文,其中大部分论文是关于整函数和次调和函数的. 该研讨会 1953 年由 B. Ya. Levin 创办,研讨会的主题没有严格的限定,参与者的演讲内容可以是函数理论和泛函分析中的各种问题,也可以是微分学和数学物理学中的相关问题.

不同年份研讨会中最活跃的参与者包括 V. S. Azarin, A. F. Grishin, V. P. Gurariĭ, A. E. Eremenko, M. I. Kadets, V. E. Katsnel'son, Yu. I. Lyubarskiĭ, V. I. Matsaev, V. D. Mil'man, I. V. Ostrovskiĭ, L. I. Ronkin, M. L. Sodin, V. A. Tkachenko 和其他著名的数学家. 来自其他城市和国外的数学家也经常来观摩研讨会. 本卷包含后期在研讨会上报告过的成果.

本卷所收入的具体文章包括:"有理函数序列的值分布""复平面集的函数系的完整性""带有无穷指数的齐次黎曼边界问题的可解条件""整函数贝格曼空间中的框架""子集合

上的有限度有界的次调和函数”“代数函数的唯一性定理”“整函数的极限集乘数”等.

目前在中国成功学盛行,大家都在汲汲于名利.我们却在不合时宜地出版这些小众的东西自娱自乐,自甘边缘化,自愿躲在角落与主流互不干扰,其实这样也挺好.恰如诗人奥登在一首写学者和猫的诗中所说:

只有我们,学者和猫
我们每天都有自己的工作
你要捕捉耗子,我要捕捉学问
你闪烁的双眼盯着墙
我近视的双眼盯着书
你为一只陷入圈套的耗子欢乐
我为脑中闪过的灵光而愉悦
请继续各自努力吧
不要妨碍彼此
没有厌烦和嫉妒
我们就这样一直一起生活

刘培杰
2018年9月14日
于哈工大

李群，离散子群与不变量理论（英文）

E. B. 温贝格　著

编辑手记

《苏联数学进展系列》由不同数学领域的一名或多名资深专家作为主编，以来自俄罗斯的世界顶级数学家的论文作为内容. 此系列书籍在21卷之后曾作为《美国数学协会译丛2》的子系列出版，现在更名为《苏联数学进展系列》.

第8卷《李群，离散子群与不变量理论》所选论文来自在莫斯科大学工作的参加李群和不变量理论研讨会的研究者们. 该研讨会开始于60多年前，由E. B. Vinberg和L. A. Onishchik主持建立. 在20世纪60年代时，有更多的人参与进来，包括E. M. Andreev，V. G. Kac，B. N. Kimelfeld，B. O. Makarevich，V. L. Popov，A. K. Tolpygo和A. G. Elashvili，他们参加了题为《代数群和李群研讨会》的论文集的出版工作，其在1969年以英国罗塔丛书的形式由莫斯科大学出版社出版；其扩充版本由斯普林格在1980年以《李群与代数群》的名称出版. 大概在30多年以前(1986年)，"不变量理论"被加到研讨会的名称中，V. L. Popov成为该研讨会的第三个主持者.

现在该研讨会的内容包括：李群、代数群、不变量理论、齐性空间的拓扑学、几何学等. 虽然不是所有的参与者和所有的研究主题都出现在本卷内容中，但本卷展现了该研讨会研究进程的瞬时图像.

本卷所收入的具体文章名称为：带有一维轨道空间的G流形，不变量代数，伽罗瓦截面的存在性，紧致齐性流形的上同调不变量,多重矢量不变量的外显式,三元四次空间的双有理几何,数学瞬子模块多样性的合理性,Seshadri 引理等.

本书是我们工作室庞大的引进计划的一个组成部分. 虽然我们能力有限,但目标高远. 有人说:“能力不能企及地追求完美,都是用纤结编织的作茧自缚的外衣.” 但我们坚信每次努力都会离目标更近一步.

刘培杰
2018 年 9 月 12 日
于哈工大

动力系统与统计力学
（英文）

Ya. G. 西奈　著

编辑手记

本书是我们工作室引进的版权图书的影印版，这套《苏联数学进展系列》由不同数学领域的一名或多名资深专家作为主编，以来自俄罗斯的世界顶级数学家的论文作为内容. 此系列书籍在 21 卷之后曾作为《美国数学协会译丛 2》的子系列出版，现在更名为《苏联数学进展系列》.

本书是此系列的第 3 卷《动力系统与统计力学》，本卷的内容来自于在莫斯科国立大学举办的统计物理学研讨会. 正如标题所示，本卷包含与动力系统和统计力学的理论相关的论文. 据主编介绍将这两个主题安排在同一卷中是合理的，在过去的几十年中，这两种理论被广泛地理解，已经在密切的互动中发展起来. 本卷中的具体论文包括：混沌动力系统中的相空间离散化、特征值的 G 相容估计和矩阵的特征向量、带有弱间断的圆同胚、重正规化群观点下的多维 KAM 理论、茹利亚集的相对性、p 进和 Adelic 标量模型中的重正规化群和重正规化理论、弱交互双曲映射链的时空混沌、几何问题中的泊松分布、带有概周期潜能的一维薛定谔算子的奇异谱属性等.

该卷内容表明，尽管向西方移民的俄罗斯数学家人数越来越多，但仍有足够多积极工作的数学家，他们的研究成果必须得到应有的重视.

苏联在“冷战”时期与美国搞军备竞赛，国力被拖垮，苏联解体后俄罗斯GDP只相当于中国的广东省.但在数学领域俄罗斯的实力还在,当今国际数学界的许多原创性的思想仍源自于俄罗斯,所以我们还要“以俄为师”.这次不是要学制度,而是要学思想与技巧了.

刘培杰
2018年9月11日
于哈工大

表示论与动力系统(英文)

A. M. 沃希克　著

编辑手记

《苏联数学进展系列》是一套由不同数学领域的一名或多名资深专家作为主编,以来自俄罗斯的世界顶级数学家的论文作为内容的数学书籍. 此系列书籍在 21 卷之后曾作为《美国数学协会译丛 2》的子系列出版,现在更名为《苏联数学进展系列》.

第 9 卷《表示论与动力系统》的文章包括了参与 1989—1991 年在列宁格勒(现彼得格勒)召开的关于表示论、动力系统及其应用研讨会的研究者的论文. 正如 A. M. Vershik 所介绍:该研讨会是由本卷的主编所在的列宁格勒国立大学的数学系组织的. 自从 1980 年以来,斯捷克洛夫数学研究所的列宁格勒分部也加入到这个研讨会中来. 在某种程度上,他们的研讨会将继续研究 V. A. Rokhlin 的遍历性研讨会的课题,V. A. Rokhlin 在 1960 年创建该研讨会,并一直持续到 20 世纪 60 年代末. 他们研讨会的主要目的是研究表示论、C^* - 代数和 W^* - 代数理论,包括它们相互的联系中的遍历理论和纯粹的代数问题. 在研讨会的早期,研究了线性空间中的测度理论、光滑动力系统、表示论的几何和分析问题以及李群理论等问题,后期有当代背景下的组合数学和其他一些主题出现. 所有的这些问题吸引了很多不同领域的数学家.

这不是研讨会论文集的第一次出版,自 1980 年以来,参会者的论文已经定期出现在《Zapiski Nauchnykh 研讨会 LOMI. 微分几何,李群和力学系列》(L. D. Faddeev 主编)的第3—10卷上,它们的翻译版出现在《苏联数学杂志》的26卷(1985)、36卷(1987)、38卷(1987)、41卷(1988)、47卷(1989)等分卷中.本卷中包含的论文虽然不是完整的,但却代表了研讨会当时的主题.将当代数学划分为不同的领域是一件困难的事情(并且没有必要).在数学物理及其代数方面,如何更好地观察到数学创造过程的综合性质,这一直是我们研讨会的核心目标.像李群及其表示法、无限群、拓扑和动力系统,它们之间互相影响,与各种不同的数学理论创造出了多种关系,这就是本卷书名不确切的原因.在过去的若干年之间,上述的一些理论是研讨会的主要讨论焦点,其他没有在本卷中被适当地反映出来的主题,会经常地出现在研讨会的讲习班中,也是值得关注的.比如:组合学、群及其表示的渐近论、无限群的表示、随机游动、非正则微分几何和应用,这些主题将会在后续出版的研讨会论文集中出现.

本书具体内容包括:第一部分:量子群、群和代数的表示;第二部分:动力系统与近似值.具体论文名称:量子群理论中的一些问题;量子 $*$-代数 $sl_t(N+1,\mathrm{R})$ 的表示;无限对称群的投影表示;周期度量;正能量流;带有内在度量和非完整空间的流形等.

本工作室对俄罗斯数学的关注始于2007年,之前由于地域关系及哈尔滨工业大学早期的俄式传统(以前的校长、书记多为留苏博士与副博士)对俄罗斯数学早就十分敬仰.2007年出版社一行四人赴俄罗斯的出版之旅使笔者更加坚定了大量引进俄罗斯数学精品的决心,今后还会有更多的精品问世.

卡尔维诺在《文字世界与非文字世界》中写道:书海就意味着要有非常多的书,单独的一本书只有在与其他书放在一起时才有意义,因为它们之间总是有着前后联系……我们的文明建立在万千书籍的多样性上:只有像一只彩蝶从各种语言、对立与矛盾中吸食花蜜那样,不断地在各种书页中游走追寻,你才能发现真理.

中国目前的图书市场虽然品种繁多,每年多达40多万种新书,但同质化日趋严重. 希望本套丛书像一股清流注入中国图书市场的海洋中,为中国早日成为世界数学强国做出贡献.

刘培杰

2018 年 9 月 13 日

于哈工大

拉马努金遗失笔记
(第1卷)

乔治·E. 安德鲁斯
布鲁斯·C. 伯恩特　主编

编辑手记

为什么要出版这样一套书?

在中兴事件中国人最为震惊的是:原来中国是这么的缺乏核心技术.用"举国山寨"来描述并不为过,原因就是缺乏原创.技术的原创源自于基础科学理论的原创,而数学作为所有自然科学的基础,自然是原创缺乏的重灾区.那么纵观中外数学家哪一位原创性最强呢?英国著名数学家哈代曾说过:如果就原创性给数学家打分的话,拉马努金得100分,希尔伯特得70分(还有说80分的),他哈代自己大概只能得30分(还有说25分的).

如果是这样,您说是不是最应该在中国出版拉马努金的著作呢?

最近读了一篇季理真教授对杨振宁先生的一次访谈录,其中有一段与拉马努力金有关:

> 季理真:因为我上次和Borel在香港组织学术活动时,我一个夏天待了两个月,Selberg有一个学生①在香港请他去,我们每天早上都在一起吃饭聊天,后

① 曾启文.

来他告诉我两件事情我记得很清楚. 第一,他觉得他不是一个专业的数学家,他说是业余的,随便玩玩的,他觉得他没有正儿八经地学过数学.

杨振宁:你说的是谁?

季理真:Alte Selberg. 他认为自己不是专业的数学家,是个业余的,因为他没有正儿八经地学过数学,是自己看看的. 因为以前他爸爸①的书房里有一些拉马努金的书,他就拿来看,他的两个哥哥也读数学,也是数学家.

杨振宁:是吗?

季理真:对,是他自己随便看看的. 我拿这话问Borel,Borel 笑笑说,如果 Selberg 认为自己不是数学家,那么其他人怎么办?

杨振宁:你懂不懂他那个素数定理的初等证明?

季理真:我不知道,我只是听说过.

杨振宁:他成名就是因为那个.

季理真:对,他还因此拿了菲尔兹奖.

杨振宁:对,可是你并没去研究它?

季理真:没有. 就是因为那个原因,他才和 Paul Erdös 吵架了,两个人有矛盾了. 然后 Selberg 后面的数学做得挺奇妙的,因为他开始很窄,开始大部分时间只是做 zeta 函数,然后是素数定理的初等证明,后来他做李群中的离散群,Selberg 迹公式,还有 Selberg 猜想(Selberg's hypothesis),你看 G. A. Marugulis 和 David Kazhdan 的工作都与那个有关. 所以他的变化很妙,一开始很窄,后来一下子变得很宽.

(摘自《杨振宁的科学世界:数学与物理的交

① Alte Selberg 的父亲 Ole Michael Selberg 是数学家. 他有四个儿子,1910 年出生的双胞胎 Sigmund Selberg 和 Arne Selberg 分别是数学家和工程师,1906 年和 1917 年出生的 Henrik Selberg 和 Atle Selberg 也是数学家.

融》,季理真,林开亮主编,高等教育出版社,2018.)

印度的经济总量远低于中国,那么我们还有什么是需要向其学习的吗?我们这一代生于20世纪60年代的人对印度的了解是从电影上,从当年的《流浪者》,到近年的《摔跤吧!爸爸》,总之我们将其总结为:印度电影又唱又跳.其实在中印两个大国的竞赛中,真正完胜我们的是印度本土的精英教育.

国人与印度人交集最大的地方似乎是在美国的硅谷,所以不妨就从硅谷说起.

印度裔在硅谷已经成为不容小觑的力量,曾经硅谷是IC并重,Indian + Chinese,现在I越来越大了,而且是从做技术到做管理的全面铺开.其实不仅仅在硅谷,中国的软件行业也是如此,尤其针对欧美的软件外包业,印度裔高管的比例越来越高,而且越来越多的中国公司,从给美国做外包,转为给印度做转手二包.

究其原因,大家普遍认为,印度裔在英语方面的先天优势是最重要的因素.但同样英语化程度很高的菲律宾,输出最多的却多是菲佣.那么印度人在全球IT业高歌猛进的背后,有没有更深层次的原因呢?郑林允老师2018年4月10日在微信公众号"博雅小学堂"上发表的下面这篇文章,似乎能启发我们的思考.

> 经常听到有人感叹硅谷的高科技公司都被印度人"占领"了,具体到什么程度了呢?一份研究报告显示:在硅谷的三分之一的工程师是印度裔,硅谷高科技公司里7% 的CEO是印度人;印度人创建的工程和科技公司比英国人、华人和日本人所创建的总和还多.
>
> 噢,对不起,这还只是一份十年前(2008年)的报告.
>
> 今天,三大硅谷IT公司:苹果、谷歌、微软,后两个的CEO都是印度裔.除了谷歌与微软,摩托罗拉、诺基亚、软银、Adobe、SanDisk、百事可乐、联合利华、万事

达卡、标准普尔……这些知名国际巨头的CEO都已经被印度人拿下.

即使在整体商业领域:全美500强企业中,外籍CEO有75位,其中排名第一的是印度裔(籍)10位,排名第二的是英国裔(籍)9位.另有来自包括加拿大、澳大利亚、巴西、土耳其等在内的其他国家的人士.中国香港华裔(籍)和中国台湾华裔(籍)分别有1位,中国大陆华裔(籍)0人.

从1999~2012年,虽然印度雇员只占硅谷整体雇员人数的6%,但印度人在硅谷创建的公司占全硅谷的比例从7%飙升到了15.5%!

而且不同于华人硅谷高管往往本科甚至更早前就来到美国的情况(陈士俊8岁开始,李开复11岁开始接受美国教育),印度裔的硅谷高管几乎全部是本科甚至念完研究生才来的美国.

表1中最著名的要算是印度理工学院(IIT)了,据说是世界上第一难考大学.2015年世界最难考大学排行,印度理工学院居榜首,报考450 000人,录取13 000人,录取率3%.

表1

公司	头衔	名字	本科院校	校史
微软	CEO	Satya Nadella	Manipal Institute of Technology	印度 1957
Hotmail	创办者	Sabeer Bhatia	Birla Institute of Technology and Science,Pilani	印度 1964
Adobe	CEO	Shantanu Narayen	Osmania University	印度 1918
SlideShare	联合创始人和CEO	Rashmi Sinha	Allahabad University	印度 1887

续表1

公司	头衔	名字	本科院校	校史
太阳微系统	CEO	Vinod Khosla (JAVA 发明者)	IIT Delhi	印度 1961
思科	CEO	Padmasree Warrior	IIT Delhi	印度 1961
谷歌	CEO	Sundar Pichai	IIT Delhi	印度 1961
谷歌	荣誉工程师	Amit Singhal	IIT Roorkee (BS,1989)	印度 1989

下面我们来看清华大学、北京大学的高考录取率(表2).

表2　2016年清华大学、北京大学录取率汇总表（不含港澳台）

排名	省区市	清华大学、北京大学录取总人数	北京大学录取人数	清华大学录取人数	高考报考总人数/万人	清华大学、北京大学录取率/%
1	北京市	553	257	296	6.12	0.903 594 771
2	上海市	209	122	87	5.1	0.409 803 922
3	天津市	146	70	76	6	0.243 333 333
4	浙江省	344	203	141	30.74	0.111 906 311
5	福建省	202	102	100	18.93	0.106 708 928
6	吉林省	155	69	86	14.8	0.104 729 73
7	青海省	45	21	24	4.46	0.100 896 861
8	宁夏回族自治区	69	38	31	6.91	0.099 855 282
9	辽宁省	212	70	142	21.82	0.097 158 57
10	湖北省	341	194	147	36.15	0.094 329 184

续表2

排名	省区市	清华大学、北京大学录取总人数	北京大学录取人数	清华大学录取人数	高考报考总人数/万人	清华大学、北京大学录取率/%
11	西藏自治区	22	11	11	2.39	0.092 050 209
12	江苏省	315	155	160	36.04	0.087 402 886
13	重庆市	216	116	100	24.89	0.086 781 84
14	新疆维吾尔自治区	130	70	60	16.61	0.078 266 105
15	黑龙江省	151	86	68	19.7	0.076 649 746
16	湖南省	300	159	141	40.16	0.074 701 195
17	陕西省	238	126	112	32.8	0.072 560 976
18	海南省	42	17	25	6.04	0.069 536 424
19	河北省	281	151	130	42.31	0.066 414 559
20	内蒙古自治区	128	38	90	20.11	0.063 649 925
21	山西省	214	114	100	34.23	0.062 518 259
22	四川省	310	150	160	51.14	0.060 617 912
23	江西省	207	112	95	36.06	0.057 404 326
24	河南省	426	216	210	82	0.051 951 22
25	广西壮族自治区	155	80	75	33	0.046 969 697
26	安徽省	250	139	111	54.6	0.045 787 546
27	山东省	307	147	160	71	0.043 239 437
28	广东省	280	149	131	73.3	0.038 199 181
29	甘肃省	106	36	70	29.2	0.036 301 37
30	云南省	97	38	59	28.11	0.034 507 293
31	贵州省	122	56	66	37.38	0.032 629 045

续表2

排名	省区市	清华大学、北京大学录取总人数	北京大学录取人数	清华大学录取人数	高考报考总人数/万人	清华大学、北京大学录取率/%
平均录取率		6 573	3 312	3 264	922.11	0.071 28

(来源 http://tieba.baidu.com/p/5626109813.)

好吧,你说清华大学、北京大学的数据是全国高考录取率,但印度理工学院是自主招生考试,那么我们来比较清华大学、北京大学的自主招生:

(1)初审关.2015年申请清华大学、北京大学自主招生的有2万多人,最后通过清华大学、北京大学初审的为2 446人,通过率不到10%,非高中名校的更是凤毛麟角.

(2)复审关.通过初审后,再经过复赛的筛选,又有5成以上出局,最终1 099人取得了两校自主招生降分资格,通过率为44.9%,其中北京大学1 900人,711人通过自主招生考试,通过率为37.4%,清华大学546人,最终388人通过自主招生考试,通过率为71.1%.

(3)高考关.尽管取得了名校的自主招生降分资格,但还得同高考做一锤子买卖,如果你的高考成绩加上降分,仍不能到达名校投档线,也会无缘名校.

温馨提示,竞赛是很费时间和精力的,在竞赛上花的时间和精力越多,在高考上花的时间就会越少,因此一部分竞赛生有偏科现象也就顺理成章.从2015年清华大学、北京大学来看,最终录取人数为778人,有321人倒在了高考关上.整体而言,两校相对初审录取率为31.8%,其中,北京大学录取487人,录取率为25.3%;清华大学录取人数297人,录取率为54.4%.

(因为(1)中显示初审通过的为2 446人,通过率不到10%,所以估计申请自主招生的人数应该在

25 000 ~28 000 人. 最后录取 778 人,录取率约为2.8% ~3.1%.)

从这个数据看,印度理工学院和清华大学、北京大学相比并没有明显更难考. 而且我们不要忘了,能去参加清华大学、北京大学自主招生考试的学生已经是各省精英中的精英了,和印度理工学院这种45 万人可以参加的报考门槛相比,已经精挑细选得多了!

另一方面,在教育拨款上:

即使用最夸张的算法,印度理工学院是每个学生每年约 30 万卢比,折合 2.9 万元人民币.

而清华大学 2017 年的教育经费拨款约 30 亿元、科研拨款约 50 亿元,全校学生 3.6 万人. 如果算总拨款的话是平均一个学生 22.2 万! 即使只算教育拨款也高达 8.3 万元. 可以说从任何角度都碾压印度理工学院.

下面来看看中国自主招生网上这些高校中哪所高校的教育经费最多(表 3).

表 3

序号	大学	教育经费拨款/亿元	科研经费/亿元	教育事业收入/亿元	经费总计/亿元
1	清华大学	29.9	50.79	12.2	92.89
2	浙江大学	23.04	41.23	7.7	71.97
3	北京大学	27.78	27.24	9.5	64.52

(来源 http://www.sohu.com/a/164475124_334498.)

换句话说,清华大学的录取往最宽里面算也不比印度理工学院容易,清华大学每个学生的教育资源用最严格的方法算也比印度理工学院最宽的算法高得多. 结果是,“留美预备学堂”在美国被人家全线碾压. 这不得不让人深思啊.

这里还有一个问题:拉马努金的数学思维真的就那么异于常人吗?

其实这个问题直接阅读这套书就可以得到肯定的答案,但考虑到英文原版及高深的理论背景等障碍可能会使许多业余人士无法快速地领略到拉马努金思维之奇,在此我们举几个初等的例子.

在一个微信公众号中笔者见到这样一道求值问题:

题目1 已知$\frac{a}{x}+\frac{b}{y}=3$,$\frac{a}{x^2}+\frac{b}{y^2}=7$,$\frac{a}{x^3}+\frac{b}{y^3}=16$,$\frac{a}{x^4}+\frac{b}{y^4}=42$,求$\frac{a}{x^5}+\frac{b}{y^5}$的值.

一位普通数学老师的解法如下:

解 令$m=\frac{1}{x}$,$n=\frac{1}{y}$(m,n不为0),原题变为

$$\begin{cases}am+bn=3 & (1)\\ am^2+bn^2=7 & (2)\\ am^3+bn^3=16 & (3)\\ am^4+bn^4=42 & (4)\end{cases}$$

求am^5+bn^5的值.

式(3)·m可得

$$am^4+bn^3m=16m \quad (5)$$

式(3)·n可得

$$am^3n+bn^4=16n \quad (6)$$

式(5)+(6)可得

$$am^4+bn^4+am^3n+bn^3m=16(m+n)$$

将式(4)代入,即

$$42+mn(am^2+bn^2)=16(m+n)$$

将式(2)代入可得

$$42+7mn=16(m+n)$$

即

$$m+n=\frac{42+7mn}{16} \quad (7)$$

式(2)·m可得

$$am^3 + bn^2m = 7m \tag{8}$$

式(2)·n 可得

$$am^2n + bn^3 = 7n \tag{9}$$

式(8)+(9)可得

$$am^3 + bn^3 + am^2n + bn^2m = 7(m+n)$$

$$(am^3 + bn^3) + mn(am + bn) = 7(m+n)$$

将式(1)(3)代入可得

$$16 + 3mn = 7(m+n)$$

即

$$m + n = \frac{16 + 3mn}{7} \tag{10}$$

由式(7)和(10)可得

$$m + n = \frac{42 + 7mn}{16} = \frac{16 + 3mn}{7} \tag{11}$$

解方程(11)

$$m + n = \frac{42 + 7mn}{16} = \frac{16 + 3mn}{7} = \frac{26 + 4mn}{9} = \frac{10 + mn}{2} \tag{12}$$

$$\frac{16 + 3mn}{7} = \frac{10 + mn}{2}$$

$$2(16 + 3mn) = 7(10 + mn)$$

$$32 + 6mn = 70 + 7mn$$

故

$$mn = -38$$

代入式(12)可得

$$m + n = -14$$

式(4)·m 可得

$$am^5 + bn^4m = 42m \tag{13}$$

式(4)·n 可得

$$am^4n + bn^5 = 42n \tag{14}$$

式(13)+(14)可得

$$am^5 + bn^5 + am^4n + bn^4m = 42(m+n)$$

即

$$am^5+bn^5=$$
$$42(m+n)-mn(am^3+bn^3)= \tag{15}$$
$$42(m+n)-16mn$$

由于

$$m+n=-14$$
$$mn=-38$$

代入式(15),可得

$$\begin{aligned}am^5+bn^5&=42\times(-14)-16\times(-38)\\&=-588+608\\&=20\end{aligned}$$

因此,$\frac{a}{x^5}+\frac{b}{y^5}$ 的值为20.

但对于数学奥林匹克选手来讲,这其实是一个成题的变形,而且也有不错的巧妙解法.

题目2 设 $a,b,x,y\in\mathbf{R}$,满足方程组

$$\begin{cases}ax+by=3\\ax^2+by^2=7\\ax^3+by^3=16\\ax^4+by^4=42\end{cases} \tag{1}$$

求 ax^5+by^5 的值.(1990年美国数学邀请赛)

该题解法所用知识不超过初中范围.

解法1 由

$$ax^3+by^3$$
$$=(ax^2+by^2)(x+y)-(ax+by)xy$$

得

$$16=7(x+y)-3xy \tag{2}$$

由

$$ax^4+by^4$$
$$=(ax^3+by^3)(x+y)-(ax^2+by^2)xy$$

得

$$42=16(x+y)-7xy \tag{3}$$

由式(2)(3)解得

$$x+y=-14,xy=-38$$

故

$$\begin{aligned}&ax^5+by^5\\=&(ax^4+by^4)(x+y)-(ax^3+by^3)xy\\=&42\times(-14)-16\times(-38)\\=&20\end{aligned}$$

解法 2 此题可以用递推数列的观点来处理. 二阶线性递推数列的通项为

$$a_n=ax^n+by^n$$

反过来, $\{ax^n+by^n\}$ 是二阶递推数列, 递推关系为

$$a_{n+1}=ca_n+da_{n-1}$$

其中, $c=x+y, d=-xy$.

于是

$$\begin{cases}16=7c+3d\\42=16c+7d\\a_5=42c+16d\end{cases}$$

将其视为一个关于 $1,c,d$ 的三元方程组

$$\begin{cases}16-7c-3d=0\\42-16c-7d=0\\a_5-42c-16d=0\end{cases}\tag{4}$$

将 $(1,c,d)$ 视为方程组(4) 的非零解, 则其系数行列式为0, 即

$$\begin{vmatrix}16&-7&-3\\42&-16&-7\\a_5&-42&-16\end{vmatrix}=0$$

解得 $a_5=20$.

这固然是一个巧妙的解法, 但有学生会问是否有直接的方法, 可以用“蛮力” 将 a,b,x,y 从方程组(1) 中解出来, 再代回 ax^5+by^5 中去. 当然, 这对于普通人来说是一个复杂的途径, 但对于印度数学家拉马努金, 则显得轻而易举.

拉马努金提出并解决了下面的问题.

题目 3 解下面的 10 阶方程组

$$x+y+z+u+v=2$$

$$px+qy+rz+su+tv=3$$

$$p^2x+q^2y+r^2z+s^2u+t^2v=16$$
$$p^3x+q^3y+r^3z+s^3u+t^3v=31$$
$$p^4x+q^4y+r^4z+s^4u+t^4y=103$$
$$p^5x+q^5y+r^5z+s^5u+t^5v=235$$
$$p^6x+q^6y+r^6z+s^6u+t^6v=674$$
$$p^7x+q^7y+r^7z+s^7u+t^7v=1\ 669$$
$$p^8x+q^8y+r^8z+s^8u+t^8v=4\ 526$$
$$p^9x+q^9y+r^9z+s^9u+t^9v=11\ 595$$

解　拉马努金首先考虑了一般方程组

$$\begin{gathered} x_1+x_2+\cdots+x_n=a_1\\ x_1y_1+x_2y_2+\cdots+x_ny_n=a_2\\ x_1y_1^2+x_2y_2^2+\cdots+x_ny_n^2=a_3\\ \vdots\\ x_1y_1^{2n-1}+x_2y_2^{2n-1}+\cdots+x_ny_n^{2n-1}=a_{2n} \end{gathered}$$

令 $F(\theta)=\dfrac{x_1}{1-\theta y_1}+\dfrac{x_2}{1-\theta y_2}+\cdots+\dfrac{x_n}{1-\theta y_n}$.

但

$$\frac{x_i}{1-\theta y_i}=x_i(1+\theta y_i+\theta^2y_i^2+\theta^3y_i^3+\cdots)\quad(i=1,2,\cdots,n)$$

故

$$\begin{aligned} F(\theta)&=\sum_{i=1}^{n}x_i\cdot\sum_{k=0}^{\infty}(\theta y_i)^k\\ &=\sum_{k=0}^{\infty}(\sum_{i=1}^{n}x_iy_i^k)\theta^k=\sum_{k=0}^{\infty}a_{k+1}\theta^k \end{aligned}$$

把它化为有公分母的分式,求

$$F(\theta)=\frac{A_1+A_2\theta+A_3\theta^2+\cdots+A_n\theta^{n-1}}{1+B_1\theta+B_2\theta^2+\cdots+B_n\theta^n}$$

则

$$\sum_{k=0}^{\infty}a_{k+1}\theta^k\cdot\sum_{s=0}^{n}B_s\theta^s=\sum_{i=1}^{n}A_t\theta^{t-1}\quad(B_0=1)$$

故

$$A_t=\sum_{k=0}^{t-1}a_{k+1}B_{t-1-k}\quad(t=1,2,\cdots,n)$$

$$0 = \sum_{s=0}^{n} B_s a_{n+t-s} \quad (t = 1,2,\cdots,n)$$

因为 $a_1,a_2,\cdots,a_n,a_{n+1},\cdots,a_{2n}$ 是已知的,故可从后 n 个方程先求出 $B_1,B_2,\cdots,B_n$,然后代入前 n 个方程求出 $A_1,A_2,\cdots,A_n$,知道了 $A_i,B_i(i = 1,2,\cdots,n)$,就能做出有理函数 $F(\theta)$,再把它展开成部分分式. 于是,得到

$$F(\theta) = \frac{p_1}{1 - q_1\theta} + \frac{p_2}{1 - q_2\theta} + \cdots + \frac{p_n}{1 - q_n\theta}$$

显然,$x_i = p_i,y_i = q_i(i = 1,2,\cdots,n)$.

这就是一般方程组的解.

对于所考虑的情况有

$$F(\theta) = \frac{2 + \theta + 3\theta^2 + 2\theta^3 + \theta^4}{1 - \theta - 5\theta^2 + \theta^3 + 3\theta^4 - \theta^5}$$

展开成部分分式后得到以下未知数的值

$$x = -\frac{3}{5},p = -1$$

$$y = \frac{18 + \sqrt{5}}{10},q = \frac{3 + \sqrt{5}}{2}$$

$$z = \frac{18 - \sqrt{5}}{10},r = \frac{3 - \sqrt{5}}{2}$$

$$u = -\frac{8 + \sqrt{5}}{2\sqrt{5}},s = \frac{\sqrt{5} - 1}{2}$$

$$v = \frac{8 - \sqrt{5}}{2\sqrt{5}},t = -\frac{\sqrt{5} + 1}{2}$$

读者可以将此方法应用到题目 2 上去.

对于我们普通人来讲,解答下面这个 6 阶的就到极限了.

题目 4 解关于 x,y,z,p,q,r 的方程组

$$\begin{cases} x + y + z = a \\ px + qy + rz = b \\ p^2x + q^2y + r^2z = c \\ p^3x + q^3y + r^3z = d \\ p^4x + q^4y + r^4z = e \\ p^5x + q^5y + r^5z = f \end{cases}$$

其中，$a=2,b=3,c=4,d=6,e=12,f=32$.

解 设数列$\{a_n\}$满足$a_{n+3}=sa_{n+2}+ta_{n+1}+ua_n$且$a_0=2$，$a_1=3,a_2=4,a_3=6,a_4=12,a_5=32$，则应有

$$\begin{cases}6=4s+3t+2u\\12=6s+4t+3u\\32=12s+6t+4u\end{cases}$$

解得$s=5,t=-6,u=2$，于是

$$a_{n+3}=5a_{n+2}-6a_{n+1}+2a_n$$

令

$$v^3=5v^2-6v+2$$

解得

$$v_1=1,v_2=2-\sqrt{2},v_3=2+\sqrt{2}$$

则由特征方程的理论知a_n的通项必能写成

$$a_n=\lambda_1v_1^n+\lambda_2v_2^n+\lambda_3v_3^n$$

于是应有

$$\begin{cases}2=\lambda_1+\lambda_2+\lambda_3\\3=\lambda_1v_1+\lambda_2v_2+\lambda_3v_3\\4=\lambda_1v_1^2+\lambda_2v_2^2+\lambda_3v_3^2\end{cases}$$

解得

$$\lambda_1=4,\lambda_2=-1-\frac{3}{2\sqrt{2}},\lambda_3=-1+\frac{3}{2\sqrt{2}}$$

于是，我们得到

$$\begin{cases}\lambda_1+\lambda_2+\lambda_3=2\\\lambda_1v_1+\lambda_2v_2+\lambda_3v_3=3\\\lambda_1v_1^2+\lambda_2v_2^2+\lambda_3v_3^2=4\\\lambda_1v_1^3+\lambda_2v_2^3+\lambda_3v_3^3=6\\\lambda_1v_1^4+\lambda_2v_2^4+\lambda_3v_3^4=12\\\lambda_1v_1^5+\lambda_2v_2^5+\lambda_3v_3^5=32\end{cases}$$

与原方程组对比，可知原方程组的解至少有如下的

$$(x,y,z,p,q,r)=(\lambda_i,\lambda_j,\lambda_k,v_i,v_j,v_k)$$

其中，i,j,k为1,2,3的任意排列，共六组，又因为原方程组是六

元六次方程组,既然有此六组解,它们就是全部解.

下面的这个小结论也是拉马努金最先得到的,后人重新给出了证明.

题目5 求证

$$\sqrt[3]{\cos\frac{2\pi}{9}}+\sqrt[3]{\cos\frac{4\pi}{9}}+\sqrt[3]{\cos\frac{8\pi}{9}}=\sqrt[3]{\frac{3}{2}(\sqrt[3]{9}-2)}$$

证 设

$$a=\sqrt[3]{\cos\frac{2\pi}{9}},b=\sqrt[3]{\cos\frac{4\pi}{9}},c=\sqrt[3]{\cos\frac{8\pi}{9}}$$

易知:当 $\theta=\frac{2}{9}\pi,\frac{4}{9}\pi$ 和 $\frac{8}{9}\pi$ 时均有

$$\cos 3\theta=-\frac{1}{2}$$

即

$$4\cos^3\theta-3\cos\theta+\frac{1}{2}=0$$

故 a^3,b^3,c^3 是方程 $4t^3-3t+\frac{1}{2}=0$ 的三个不相等实根. 由根与系数的关系得

$$\begin{cases}\sum a^3=0\\ \sum a^3b^3=-\frac{3}{4}\\ abc=-\frac{1}{2}\end{cases} \tag{1}$$

又易知

$$(\sum x)^3\equiv\sum x^3+3(\sum x)(\sum xy)-3xyz \tag{2}$$

在式(2)中令 $x=a,y=b,z=c$,并利用式(1)可得

$$t^3=3ts+\frac{3}{2}$$

其中

$$t=\sum a,s=\sum ab \tag{3}$$

在式(2)中再令 $x=ab,y=bc,z=ca$,并利用式(1)可得

$$s^3=-\frac{3}{2}st-\frac{3}{2} \tag{4}$$

由式(3)(4) 消去 s 得

$$54t^3(2t^3+3)+(2t^3-3)^3=0$$
$$\Rightarrow 8(t^3+3)^3-243=0$$

解得

$$t=\sqrt[3]{\frac{3}{2}(\sqrt[3]{9}-2)}$$

即

$$\sqrt[3]{\cos\frac{2\pi}{9}}+\sqrt[3]{\cos\frac{4\pi}{9}}+\sqrt[3]{\cos\frac{8\pi}{9}}$$
$$=\sqrt[3]{\frac{3}{2}(\sqrt[3]{9}-2)}$$

注 顺便还可以得到

$$\sqrt[3]{\cos\frac{2\pi}{9}\cos\frac{4\pi}{9}}+\sqrt[3]{\cos\frac{4\pi}{9}\cos\frac{8\pi}{9}}+\sqrt[3]{\cos\frac{8\pi}{9}\cos\frac{2\pi}{9}}=\sqrt[3]{\frac{3}{4}(1-\sqrt[3]{9})}$$

只须由式(3) +2·(4),即得

$$t^3+2s^3=-\frac{3}{2}$$
$$\Rightarrow s=\sqrt[3]{\frac{3}{4}(1-\sqrt[3]{9})}$$

中国联通研究院院长张云勇教授在2017年11月8日提出了一个类似的问题.

题目6 求证

$$\cos\frac{6\pi}{7}=\frac{-1-2\sqrt{7}\cos\left(\frac{1}{3}\arccos\left(-\frac{\sqrt{7}}{14}\right)\right)}{6}$$

$$\cos\frac{4\pi}{7}=\frac{-1+\sqrt{7}\left[\cos\left(\frac{1}{3}\arccos\left(-\frac{\sqrt{7}}{14}\right)\right)-\sqrt{3}\sin\left(\frac{1}{3}\arccos\left(-\frac{\sqrt{7}}{14}\right)\right)\right]}{6}$$

$$\cos\frac{2\pi}{7}=$$

$$\frac{-1+\sqrt{7}\left[\cos\left(\frac{1}{3}\arccos\left(-\frac{\sqrt{7}}{14}\right)\right)+\sqrt{3}\sin\left(\frac{1}{3}\arccos\left(-\frac{\sqrt{7}}{14}\right)\right)\right]}{6}$$

证法 1(张云勇)　因为

$$\cos\frac{2\pi}{7}+\cos\frac{4\pi}{7}+\cos\frac{6\pi}{7}=-\frac{1}{2}$$

$$\cos\frac{2\pi}{7}\cos\frac{4\pi}{7}+\cos\frac{2\pi}{7}\cos\frac{6\pi}{7}+\cos\frac{4\pi}{7}\cos\frac{6\pi}{7}=-\frac{1}{2}$$

$$\cos\frac{2\pi}{7}\cos\frac{4\pi}{7}\cos\frac{6\pi}{7}=\frac{1}{8}$$

所以 $\cos\frac{2\pi}{7},\cos\frac{4\pi}{7},\cos\frac{6\pi}{7}$ 为三次方程 $8x^3+4x^2-4x-1=0$ 的三个根,其中 $a=8,b=4,c=-4,d=-1$. 故由盛金公式可知 $A=b^2-3ac=112,B=bc-9ad=56,C=c^2-3bd=28$

所以

$$\Delta=B^2-4AC=56^2-4\times112\times28=-3\times56^2<0$$

所以

$$T=\frac{2Ab-3aB}{2A\sqrt{A}}=-\frac{\sqrt{7}}{14}$$

所以

$$\theta=\arccos\left(-\frac{\sqrt{7}}{14}\right)$$

所以

$$x_1=\frac{-b-2\sqrt{A}\cos\frac{\theta}{3}}{3a}=\frac{-1-2\sqrt{7}\cos\left(\frac{1}{3}\arccos\left(-\frac{\sqrt{7}}{14}\right)\right)}{6}$$

$$x_{2,3}=\frac{-b+\sqrt{A}\left(\cos\frac{\theta}{3}\pm\sqrt{3}\sin\frac{\theta}{3}\right)}{3a}$$

$$=\frac{-1+\sqrt{7}\left[\cos\left(\frac{1}{3}\arccos\left(-\frac{\sqrt{7}}{14}\right)\right)\pm\sqrt{3}\sin\left(\frac{1}{3}\arccos\left(-\frac{\sqrt{7}}{14}\right)\right)\right]}{6}$$

得证.

证法 2(邓朝发)　先记

$$A=\cos\frac{2\pi}{7}+\cos\frac{4\pi}{7}+\cos\frac{6\pi}{7}$$

$$B=\cos\frac{2\pi}{7}+\cos\frac{4\pi}{7}+\cos\frac{6\pi}{7}$$

$$C=\cos\frac{2\pi}{7}\cos\frac{4\pi}{7}+\cos\frac{6\pi}{7}\cos\frac{4\pi}{7}+\cos\frac{2\pi}{7}\cos\frac{6\pi}{7}$$

(1) 先考虑 $A=\cos\frac{2\pi}{7}+\cos\frac{4\pi}{7}+\cos\frac{6\pi}{7}$. 容易知

$$2\sin\frac{2\pi}{7}\cdot A=2\sin\frac{2\pi}{7}\left(\cos\frac{2\pi}{7}+\cos\frac{4\pi}{7}+\cos\frac{6\pi}{7}\right)$$

则

$$2\sin\frac{2\pi}{7}\cdot A=\sin\frac{4\pi}{7}+\sin\frac{6\pi}{7}-\sin\frac{2\pi}{7}+\sin\frac{8\pi}{7}-\sin\frac{4\pi}{7}$$

所以

$$A=-\frac{1}{2}$$

(2) 接着考虑 $B=\cos\frac{2\pi}{7}\cos\frac{4\pi}{7}\cos\frac{6\pi}{7}$. 不难知

$$\begin{aligned}B&=\cos\frac{2\pi}{7}\cos\frac{4\pi}{7}\cos\frac{6\pi}{7}\\&=-\cos\frac{\pi}{7}\cos\frac{2\pi}{7}\cos\frac{4\pi}{7}\\&=-\frac{2\sin\frac{\pi}{7}\cos\frac{\pi}{7}\cos\frac{2\pi}{7}\cos\frac{4\pi}{7}}{2\sin\frac{\pi}{7}}\\&=-\frac{\sin\frac{8\pi}{7}}{2^3\sin\frac{\pi}{7}}=\frac{1}{8}\end{aligned}$$

(3) 最后考虑

$$C=\cos\frac{2\pi}{7}\cos\frac{4\pi}{7}+\cos\frac{6\pi}{7}\cos\frac{4\pi}{7}+\cos\frac{2\pi}{7}\cos\frac{6\pi}{7}$$

不难发现

$$C=\frac{A^2-\cos^2\frac{2\pi}{7}-\cos^2\frac{4\pi}{7}-\cos^2\frac{6\pi}{7}}{2}$$

考虑到

$$\begin{aligned}\cos^2\frac{2\pi}{7}+\cos^2\frac{4\pi}{7}+\cos^2\frac{6\pi}{7}&=\frac{3+\cos\frac{4\pi}{7}+\cos\frac{8\pi}{7}+\cos\frac{12\pi}{7}}{2}\\&=\frac{3+\cos\frac{4\pi}{7}+\cos\frac{6\pi}{7}+\cos\frac{2\pi}{7}}{2}\\&=\frac{5}{4}\end{aligned}$$

从而 $C=-\frac{1}{2}$.

记$\left(2\cos\frac{2\pi}{7},2\cos\frac{4\pi}{7},2\cos\frac{6\pi}{7}\right)\to(x_1,x_2,x_3)$.

综上所述,可知 x_1,x_2,x_3 是一元三次方程 $x^3+x^2-2x-1=0$ 的三个不同的根.

(4) 为了最终解决上述方程,下面介绍盛金公式,此处作为一个引理:

一般地,对于一元三次方程 $ax^3+bx^2+cx+d=0$,记

$$\begin{cases}A=b^2-3ac\\B=bc-9ad\\C=c^2-3bd\end{cases}$$

则当 $\Delta=B^2-4AC<0$ 时,此方程必有三个不同的实根,且它们是

$$x_1=\frac{-b-2\sqrt{A}\cos\frac{\theta}{3}}{3a}$$

$$x_{2,3}=\frac{-b+\sqrt{A}\left(\cos\frac{\theta}{3}\pm\sqrt{3}\sin\frac{\theta}{3}\right)}{3a}$$

其中 $\theta=\arccos T,T=\frac{2Ab-3aB}{2\sqrt{A^3}}(A>0,-1<T<1)$.

按照以上公式:对于方程 $x^3+x^2-2x-1=0$,有

$$a=1,b=1,c=-2,d=-1$$

从而

$$\begin{cases}A=7\\B=7\\C=7\end{cases}$$

且

$$T=-\frac{\sqrt{7}}{14}$$

所以

$$x_1=\frac{-1-2\sqrt{7}\cos\left(\arccos\left(-\frac{\sqrt{7}}{14}\right)\right)}{3}$$

$$x_{2,3}=\frac{-1+\sqrt{7}\left[\cos\arccos\left(-\frac{\sqrt{7}}{14}\right)\pm\sqrt{3}\sin\arccos\left(-\frac{\sqrt{7}}{14}\right)\right]}{3}$$

又

$$\cos\frac{2\pi}{7}>0>\cos\frac{4\pi}{7}>\cos\frac{6\pi}{7}$$

从而

$$\cos\frac{6\pi}{7}=\frac{-1-2\sqrt{7}\cos\left(\arccos\left(-\frac{\sqrt{7}}{14}\right)\right)}{6}$$

$$\cos\frac{4\pi}{7}=\frac{-1+\sqrt{7}\left[\cos\arccos\left(-\frac{\sqrt{7}}{14}\right)-\sqrt{3}\sin\arccos\left(-\frac{\sqrt{7}}{14}\right)\right]}{6}$$

$$\cos\frac{2\pi}{7}=\frac{-1+\sqrt{7}\left[\cos\arccos\left(-\frac{\sqrt{7}}{14}\right)+\sqrt{3}\sin\arccos\left(-\frac{\sqrt{7}}{14}\right)\right]}{6}$$

证毕!

对于 $\cos\frac{2\pi}{7},\cos\frac{4\pi}{7},\cos\frac{6\pi}{7}$ 这三个值,人们又编出类似于拉马努金恒等式.

题目 7 求 $\sqrt[3]{\cos\frac{2\pi}{7}}+\sqrt[3]{\cos\frac{4\pi}{7}}+\sqrt[3]{\cos\frac{6\pi}{7}}$ 的值.

解 令$\sqrt[3]{\cos\frac{2\pi}{7}}=a,\sqrt[3]{\cos\frac{4\pi}{7}}=b,\sqrt[3]{\cos\frac{6\pi}{7}}=c$.

记$\omega=e^{\frac{2\pi i}{7}}$,则$\omega\neq 1,\omega^7=1$.

由

$$\begin{aligned}0&=\frac{1-\omega^7}{1-\omega}\\&=1+\omega+\omega^2+\omega^3+\omega^4+\omega^5+\omega^6\\&=1+2\left(\cos\frac{2\pi}{7}+\cos\frac{4\pi}{7}+\cos\frac{6\pi}{7}\right)\end{aligned}$$

可知

$$\cos\frac{2\pi}{7}+\cos\frac{4\pi}{7}+\cos\frac{6\pi}{7}=-\frac{1}{2}$$

故

$$a^3+b^3+c^3=-\frac{1}{2}$$

$$\begin{aligned}&a^3b^3+b^3c^3+c^3a^3\\&=\cos\frac{2\pi}{7}\cos\frac{4\pi}{7}+\cos\frac{4\pi}{7}\cos\frac{6\pi}{7}+\cos\frac{6\pi}{7}\cos\frac{2\pi}{7}\\&=\frac{1}{2}\left(\cos\frac{2\pi}{7}+\cos\frac{6\pi}{7}+\cos\frac{2\pi}{7}+\cos\frac{10\pi}{7}+\cos\frac{4\pi}{7}+\cos\frac{8\pi}{7}\right)\\&=-\frac{1}{2}\end{aligned}$$

$$\begin{aligned}a^3b^3c^3&=\cos\frac{2\pi}{7}\cdot\cos\frac{4\pi}{7}\cdot\cos\frac{8\pi}{7}\\&=\frac{\sin\frac{16\pi}{7}}{8\sin\frac{2\pi}{7}}=\frac{1}{8}\end{aligned}$$

可知

$$abc=\frac{1}{2}$$

令$u=a+b+c,v=ab+bc+ca$.

注意到

$$\begin{aligned}-2&=a^3+b^3+c^3-3abc\\&=(a+b+c)[(a+b+c)^2-\end{aligned}$$

$$3(ab+bc+ca)]$$
$$=u^3-3uv$$

故

$$v=\frac{u^3+2}{3u}$$

可推出

$$-\frac{5}{4}=(ab)^3+(bc)^3+(ca)^3-3ab\cdot bc\cdot ca$$
$$=(ab+bc+ca)[(ab+bc+ca)^2-3abc(a+b+c)]$$
$$=v(v^3-\frac{3}{2}u)$$

$$4v^3-6uv+5=0$$
$$4\left(\frac{u^3+2}{3u}\right)^3-6u\left(\frac{u^3+2}{3u}\right)+5=0$$
$$4(u^3+2)^3-2\times27u^3(u^3+2)+125u^3=0$$

令 $u^3=t$,则

$$4(t+2)^3-54t(t+2)+135t=0$$
$$4t^3-30t^2+75t+32=0$$
$$8t^3-60t^2+150t+64=0$$
$$(2t-5)^3=-189=-7\times3^3$$

可知

$$t=\frac{5-3\sqrt[3]{7}}{2}$$

因此

$$u=\sqrt[3]{\frac{5-3\sqrt[3]{7}}{2}}$$

另一个恒等式可以参考阳友雄写的一篇博文“印度天才数学家拉马努金(拉马努金恒等式)”.

2013 年 11 月 4 日恒大赛前发布的第一张海报主题为“11 月 9 日我们共同解答 冠军终归这里”,用两个恒等式代表恒大与首尔第二回合比分,其中代表恒大的比分叫拉马努金恒等式,代表首尔的是欧拉公式,寓意为比分是3∶0.

拉马努金恒等式是以印度数学家拉马努金命名的,这位生于19世纪的天才一生沉迷于数学研究,在椭圆函数、超几何函数、发散级数、堆垒数上都有杰出贡献.哈代认为比希尔伯特天分还高的数学家要不是身体不好英年早逝(数学家大都犯这毛病),拉马努金的成就远不止这些.拉马努金是亚洲第一个英国皇家学会外籍院士,印度第一个剑桥大学三一学院院士.

如果说《美丽心灵》中的纳什是百年一出的天才的话,那么拉马努金是千年才出一个的数学天才,他是20世纪最传奇的数学家之一,他独立发现了近3 900个数学公式和命题,虽然他几乎没受过正规的高等数学教育,却能凭直觉写出不平凡的定理和公式,且往往被证明是对的,他留给世人的笔记引发了后来的大量研究.拉马努金的数学笔记启发了好几个菲尔兹奖获得者一生的研究成就,比利时数学家德利涅于1973年证明了拉马努金1916年提出的一个猜想,便因此获得了1978年的菲尔兹奖.

拉马努金最牛的地方在于自己能从基本上无知构造了数学系统,早年被哈代忽视就是因为这位把自己的“成果”—— 早已经证明过的定理寄给他被他当成开玩笑的.数学领域最牛的不是会做题,而是会用以前没见过的方法做题.

1920年4月26日印度数学奇才拉马努金去世,享年33岁,剑桥大学的大数学家哈代(华罗庚的老师)听到这一消息时失声痛哭,他在三一学院追悼会上说“拉马努金的去世,是我生命中最不可承受之痛”.

印度人在纪念拉马努金时,把他和圣雄甘地(M. Gandhi)、诗人泰戈尔(R. Tagore)等人一道称作“印度之子”,千禧年时,《时代》周刊选出了100位20世纪最具影响力的人物,唯一入选的哲学家便是维特根斯坦(Wittgenstein),而拉马努金则被称赞为一千年来印度最伟大的数学家.

拉马努金曾说:“如果一个公式不能代表神的旨意,那么对他来说就分文不值.”像拉马努金这样的天才,也许正是上帝送给人类的礼物,生年有数,而知识无涯,真理永恒,而正因如此,才要燃烧一生去捕捉永恒的浮光掠影.

欧拉公式则是数学里最令人着迷的一个公式,它将数学里最重要的几个数联系到了一起,两个超越数:自然对数的底 e,圆周率 π,两个单位:虚数单位 i 和自然数的单位 1,以及数学里常见的 0. 数学家们评价它是“上帝创造的公式”.

下面对海报进行一点解读

$$
\begin{aligned}
3 &= \sqrt{1+2\times 4}\\
&= \sqrt{1+2\sqrt{1+3\times 5}}\\
&= \sqrt{1+2\sqrt{1+3\sqrt{1+4\times 6}}}\\
&= \sqrt{1+2\sqrt{1+3\sqrt{1+4\sqrt{1+5\times 7}}}}\\
&= \sqrt{1+2\sqrt{1+3\sqrt{1+4\sqrt{1+5\sqrt{1+6\times 8}}}}}\\
&= \cdots
\end{aligned}
$$

其本质就是反复利用平方差公式把一个数展开成一个开方

$$n = \sqrt{1+(n-1)(n+1)}$$

$$n+1 = \sqrt{1+n(n+2)}$$

$$n+2 = \sqrt{1+(n+1)(n+3)}$$

拉马努金恒等式

$$\sqrt{1+x\sqrt{1+(x+1)\sqrt{1+(x+2)\sqrt{1+(x+3)\sqrt{1+\cdots}}}}} = x+1$$

当 $x \geqslant -1$ 时,反复利用

$$(x+n) = \sqrt{1+(x+n-1)(x+n+1)}$$

可得

$$x+1 = \sqrt{1+x(x+2)}$$

$$= \sqrt{1 + x\sqrt{1 + (x+1)(x+3)}}$$

$$= \sqrt{1 + x\sqrt{1 + x(x+1)\sqrt{1 + (x+2)(x+4)}}}$$

$$= \sqrt{1 + x\sqrt{1 + x(x+1)\sqrt{1 + (x+2)\sqrt{1 + (x+3)(x+5)}}}}$$

$$= \sqrt{1 + x\sqrt{1 + (x+1)\sqrt{1 + (x+2)\sqrt{1 + (x+3)\sqrt{1 + \cdots}}}}}$$

在上式中令 $x = 2$ 即得

$$\sqrt{1 + 2\sqrt{1 + 3\sqrt{1 + 4\sqrt{1 + \cdots}}}} = 2 + 1 = 3$$

这篇网文从科普的角度看很精彩,但因其中对花絮介绍过多,反而对我们所关注的主题拉马努金恒等式却着墨不多. 幸好几乎同时在网络上还流传着一部叫《kuing网络撸题集》的东西,其中有详细介绍.

在网上搜索了一下,链接 http://zhidao.baidu.com/question/399527225.htm 里有这样的一个证明

$$3 = \sqrt{1 + 8}$$

$$= \sqrt{1 + 2\sqrt{1 + 3 \times 5}}$$

$$= \sqrt{1 + 2\sqrt{1 + 3\sqrt{1 + 4 \times 6}}}$$

$$= \sqrt{1 + 2\sqrt{1 + 3\sqrt{1 + 4\sqrt{1 + 5 \times 7}}}}$$

$$= \cdots$$

以此类推得到拉马努金恒等式.

看上去这个证明好像没什么问题而且挺有型,不过细想想,还是觉得有点…… 不知怎么说,总觉得还差点东西,主要就是最后的那个数的问题.

总之还是不太放心这个证明,决定还是动手证一下,既然也知道结果了,而且又是层层根号,不如就来个"无敌有理化"吧!

记

$$a_1 = 1$$

$$a_2=\sqrt{1+2}$$

$$a_3=\sqrt{1+2\sqrt{1+3}}$$

$$a_4=\sqrt{1+2\sqrt{1+3\sqrt{1+4}}}$$

$$\vdots$$

$$a_n=\sqrt{1+2\sqrt{1+3\sqrt{1+4\sqrt{1+\cdots+(n-2)\sqrt{1+(n-1)\sqrt{1+n}}}}}}$$

则原题就是求$\lim\limits_{n\to\infty}a_n$.

为有理化作准备,再记

$$b_1=a_n$$

$$b_2=\sqrt{1+3\sqrt{1+4\sqrt{1+\cdots+(n-2)\sqrt{1+(n-1)\sqrt{1+n}}}}}$$

$$b_3=\sqrt{1+4\sqrt{1+\cdots+(n-2)\sqrt{1+(n-1)\sqrt{1+n}}}}$$

$$\vdots$$

$$b_{n-2}=\sqrt{1+(n-1)\sqrt{1+n}}$$

$$b_{n-1}=\sqrt{1+n}$$

那么对于任意满足$1\leqslant k\leqslant n-2$的正整数$k$,有

$$\begin{aligned}b_k^2-(k+2)^2&=1+(k+1)b_{k+1}-(k+2)^2\\&=(k+1)[b_{k+1}-(k+3)]\\&=(k+1)\cdot\frac{b_{k+1}^2-(k+3)^2}{b_{k+1}+k+3}\end{aligned}$$

于是

$$\begin{aligned}a_n-3&=\frac{b_1^2-3^2}{b_1+3}\\&=2\cdot\frac{b_2^2-4^2}{(b_1+3)(b_2+4)}\\&=2\cdot3\cdot\frac{b_3^2-5^2}{(b_1+3)(b_2+4)(b_3+5)}\\&=\cdots\\&=(n-1)!\cdot\\&\quad\frac{b_{n-1}^2-(n+1)^2}{(b_1+3)(b_2+4)(b_3+5)\cdots(b_{n-1}+n+1)}\end{aligned}$$

$$=\frac{-(n+1)!}{(b_1+3)(b_2+4)(b_3+5)\cdots(b_{n-1}+n+1)}$$

由于各 b_i 都大于1,所以

$$|a_n-3|=\frac{(n+1)!}{(b_1+3)(b_2+4)(b_3+5)\cdots(b_{n-1}+n+1)}$$
$$<\frac{(n+1)!}{(1+3)(1+4)(1+5)\cdots(1+n+1)}$$
$$=\frac{6}{n+2}$$

这样,当 $n\to\infty$ 时,就自然有

$$\lim_{n\to\infty}a_n=3$$

注 中间的过程其实就是不断地有理化,将所有的根号去掉,只不过很不方便表达,所以才引入那些 b_i. 这种证法至少有一个好处就是得到了一个不等式

$$3>a_n>3-\frac{6}{n+2}$$

其实在初等数学领域叫拉马努金恒等式的式子有很多,有些可能你并不熟知,但一旦你了解了之后,对你解题来讲无疑等于掌握了一件秘密武器,比如下面这个题目:

题目8 求满足下列关系式的两两不同的自然数 p,q,r,p_1,q_1,r_1:$p^2+q^2+r^2=p_1^2+q_1^2+r_1^2$ 且 $p^4+q^4+r^4=p_1^4+q_1^4+r_1^4$(拉马努金).

解 先建立三个引理.

引理1 设多项式 x^3+px+q 的根是 x_1,x_2,x_3,对于 $n=1,2,\cdots,10$ 计算 $s_n=x_1^n+x_2^n+x_3^n$.

证 等式 $x_i^{n+3}+px_i^{n+1}+qx_i^n=0$ 表明递推关系

$$s_{n+3}+ps_{n+1}+qs_n=0$$

成立. 同样显然有 $s_0=3$ 与 $s_1=0$. 此外

$$s_{-1}=\frac{1}{x_1}+\frac{1}{x_2}+\frac{1}{x_3}=\frac{x_2x_3+x_1x_3+x_1x_2}{x_1x_2x_3}=-\frac{p}{q}$$

现在可以利用已知的值 s_{-1},s_0,s_1 与递推关系计算 s_n. 结果得到

$$s_2=-2p,s_3=-3q,s_4=2p^2$$
$$s_5=5pq,s_6=-2p^3+3q^2,s_7=-7p^2q$$
$$s_8=2p^4-8pq^2,s_9=9p^3q-3q^3,s_{10}=-2p^5+15p^2q^2$$

引理2 设

$$x_1=b+c+d,x_2=-(a+b+c),x_3=a-d$$
$$y_1=a+c+d,y_2=-(a+b+d),y_3=b-c$$

其次,设$t^3+p_1t+q_1$的根是x_1,x_2,x_3,$t^3+p_2t+q_2$的根是y_1,y_2,y_3. 证明:当且仅当$ad=bc$时,$p_1=p_2$.

证 显然有

$$\begin{aligned}p_1&=x_1x_2+(x_1+x_2)x_3=x_1x_2-x_3^2\\&=-(b+c+d)(a+b+c)-(d-a)^2\end{aligned}$$

且

$$p_2=-(a+c+d)(a+b+d)-(b-c)^2$$

因此,$p_1-p_2=3(ad-bc)$.

引理3 设

$$\begin{aligned}f_{2n}=&(b+c+d)^{2n}+(a+b+c)^{2n}+(a-d)^{2n}-\\&(a+c+d)^{2n}-(a+b+d)^{2n}-(b-c)^{2n}\end{aligned}$$

并且$ad=bc$. 证明:$f_2=f_4=0$且$64f_6f_{10}=45f_8^2$(拉马努金恒等式).

证 正如引理2的条件那样,我们确定数x_1,x_2,x_3,y_1,y_2,y_3与多项式$t^3+p_1t+q_1$及$t^3+p_2t+q_2$. 根据这个问题,因为$ad=bc$,所以$p_1=p_2$. 设$p_1=p_2=p$.

令$s_n=x_1^n+x_2^n+x_3^n,s'_n=y_1^n+y_2^n+y_3^n$. 这时$f_{2n}=s_{2n}-s'_{2n}$. 在引理1中,我们对$n\leqslant 10$的$s_n$得出表达式. 利用这些表达式,数$s_2$与$s_4$只依赖于$p$,因此$f_2=f_4=0$. 其次,$f_6=3(q_1^2-q_2^2)$,$f_8=8p(q_2^2-q_1^2)$且$f_{10}=15p^2(q_1^2-q_2^2)$. 因此

$$64f_6f_{10}=45(8p(q_1^2-q_2^2))^2=45f_8^2$$

回到题目8,利用引理3的拉马努金恒等式$f_2=f_4=0$. 设$a=1,b=2,c=3,d=6$得到所要求的数组:11,6,5与10,9,1.

对于拉马努金的其他结论大多涉及高等数学了,也举两个简单的例子:

题目9 求

$$\frac{2}{3^3-3}+2\left(\frac{2}{6^3-6}+\frac{2}{9^3-9}+\frac{2}{12^3-12}\right)+$$

$$3\left(\frac{2}{15^3-15}+\cdots+\frac{2}{39^3-39}\right)+$$

$$4\left(\frac{2}{42^3-42}+\cdots+\frac{2}{120^3-120}\right)+\cdots$$

解 本题其实是拉马努金定义的某个奇形怪状的函数的特例.

单项的裂项方法

$$\begin{aligned}\frac{2}{(3m)^3-3m}&=\frac{1}{3m-1}+\frac{1}{3m+1}-\frac{2}{3m}\\&=\frac{1}{3m-1}+\frac{1}{3m}+\frac{1}{3m+1}-\frac{1}{m}\end{aligned}$$

一个括号的整理结果

$$n\left(\frac{2}{\left(3\times\frac{3^{n-1}+1}{2}\right)^3-3\times\frac{3^{n-1}+1}{2}}+\cdots+\frac{2}{\left(3\times\frac{3^n-1}{2}\right)^3-3\times\frac{3^n-1}{2}}\right)$$

$$=\left(n\sum_{k=\frac{3^n+1}{2}}^{\frac{3^{n+1}-1}{2}}\frac{1}{k}\right)-\left(n\sum_{k=\frac{3^{n-1}+1}{2}}^{\frac{3^n-1}{2}}\frac{1}{k}\right)$$

整个算式的整理结果

$$\lim_{n\to\infty}\left[\left(n\sum_{k=\frac{3^n+1}{2}}^{\frac{3^{n+1}-1}{2}}\frac{1}{k}\right)-\left(\sum_{k=1}^{\frac{3^n-1}{2}}\frac{1}{k}\right)\right]$$

$$=\lim_{n\to\infty}\left(n\ln 3-c+\ln\frac{3^n-1}{2}\right)=\ln 2-c$$

其中 c 是欧拉常数.

题目10 求证:关于 z 的无穷级数 $\sum\limits_{n=-\infty}^{+\infty}q^{n^2}z^n$ 是如下三个无穷乘积的乘积,即

$$(1-q^2)(1-q^4)(1-q^6)(1-q^8)\cdots$$
$$(1+zq)(1+zq^3)(1+zq^5)(1+zq^7)\cdots$$
$$\left(1+\frac{q}{z}\right)\left(1+\frac{q^3}{z}\right)\left(1+\frac{q^5}{z}\right)\left(1+\frac{q^7}{z}\right)\cdots$$

其中 $|q|<1$.

证 这是雅可比三重积的一个特例,也是加法数论中的一个重要等式. 我们仍然不必关注其敛散性. 在《哈代数论》第 19 章第 5 节,欧拉用引入第二参数的方法证明了这类等式. 这个三重积等式本来就是两个参数,所以也能用类似方法处理. 此处不想引入 q 序列的通用表达符号,写出乘积前几项再来个省略号显得直观些.

设 $f(z)=\sum\limits_{n=-\infty}^{+\infty}q^{n^2}z^n$,三重积

$$g(z)=\sum_{n=-\infty}^{+\infty}a_n(q)z^n$$

由于

$$q^{(n+1)^2}z^{n+1}=q^{n^2}z^n\cdot q^{2n+1}\cdot z=q^{n^2}(zq^2)^nzq$$

有

$$f(z)=zqf(zq^2)$$

显然 $g(z)$ 也有此性质,则

$$\sum_{n=-\infty}^{+\infty}a_n(q)z^n=\sum_{n=-\infty}^{+\infty}q^{2n+1}a_n(q)z^{n+1}\Rightarrow a_{n+1}(q)=q^{2n+1}a_n(q)$$

所以 $a_0(q)f(z)=g(z)$. 为了证明 $f(z)=g(z)$,我们只须证明 $a_0(q)=1$.

将 $z=-q,-qe^{\frac{2\pi i}{3}},-qe^{\frac{4\pi i}{3}}$ 代入 $a_0(q)f(z)=g(z)$,得到

$$a_0(q)\sum_{n=-\infty}^{+\infty}(-1)^nq^{n^2+n}=0$$

$$a_0(q)\sum_{n=-\infty}^{+\infty}(-1)^nq^{n^2+n}e^{\frac{2n\pi i}{3}}$$
$$=(1-e^{\frac{4\pi i}{3}})(1-q^6)(1-q^{12})(1-q^{18})\cdots$$

$$a_0(q)\sum_{n=-\infty}^{+\infty}(-1)^nq^{n^2+n}e^{\frac{4n\pi i}{3}}$$
$$=(1-e^{\frac{2\pi i}{3}})(1-q^6)(1-q^{12})(1-q^{18})\cdots$$

关于拉马努金恒等式 Michael D. Hirschhorn 曾写过一篇评论,题为“拉马努金的‘最漂亮的恒等式’”.

在拉马努金提出的大约4 000个恒等式中,哈代选出一个,称其为拉马努金最漂亮的恒等式. 下面将展示并证明这个恒等式.

遵从欧拉,我们把一个正整数 n 的分拆定义为 n 表示为正整数之和的形式,这些正整数的次序在和式中是不重要的. 4 的分拆即为 $4 = 3 + 1 = 2 + 2 = 2 + 1 + 1 = 1 + 1 + 1 + 1$. n 的分拆的数目表示为 $p(n)$,这样,$p(4) = 5$. 为方便起见,我们定义 $p(0) = 1$.

欧拉证明了:分拆母函数

$$P(q) = \sum_{n\geqslant 0} p(n)q^n = 1 + q + 2q^2 + 3q^3 + 5q^4 + \cdots$$

满足

$$p(q) = \frac{1}{(q;q)_\infty}$$

其中

$$(a;q)_\infty = \prod_{n\geqslant 0}(1 - aq^n)$$

他亦证明了

$$(q;q)_\infty = 1 - q - q^2 + q^5 + q^7 - q^{12} - q^{15} + \cdots$$

右边级数中,交错地具有系数 -1 和 $+1$ 的项都成对出现. 这些项的幂,1,2,5,7,12,15,…,通称为五边形数,并且欧拉的上述展开式被称为五边形数定理. 生成五边形数的最简单方法如下.

考虑三角形数 $1, 1+2, 1+2+3$,继续下去,即有

$$1, 3, 6, 10, 15, 21, 28, 36, 45, 55, 66, 78, \cdots$$

其中每3个相邻的数中,都有两个数可以被3整除. 如果用3除这些被3整除的数,我们就得到了五边形数!

1881年富兰克林(F. Franklin)对欧拉五边形数定理给出了一个漂亮的组合证明,哈代和赖特(Wright)重新得到了这个证明.

欧拉五边形数定理是雅可比三重积恒等式

$$(a^{-1}q;q^3)_\infty(aq^2;q^3)_\infty(q^3;q^3)_\infty$$
$$= 1 - a^{-1}q - aq^2 + a^{-2}q^5 + a^2q^7 - a^{-3}q^{12} - a^3q^{15} + \cdots$$

当 $a = 1$ 时的特殊形式. 后文的补充中给出了三重积恒等式的一个证明. 此外,这里所提到的也是重要的,即拉马努金发现了三重积恒等式的一个奇妙而强有力的推广.

言归正传:我们有"分拆母函数是级数 $1 - q - q^2 + q^5 + q^7 - \cdots$ 的倒数",这蕴含着

$$p(0) = 1$$
$$p(1) - p(0) = 0$$
$$p(2) - p(1) - p(0) = 0$$
$$p(3) - p(2) - p(1) = 0$$

并且,更一般地,对 $n > 0$,有

$$p(n) - p(n-1) - p(n-2) + p(n-5) + p(n-7) - \cdots = 0$$

这里,我们认出了正负号与数字 1,2,5,7,… 的模式. 对每一个 n,等式左侧的和都只有有限项,因为所有自变量为负的项都为 0.

哈代和拉马努金在剑桥的同事麦克马洪(P. MacMahon)利用上述递推关系计算了 $n \leqslant 200$ 时的 $p(n)$,幸运地列出了以五个为一组的 $p(n)$ 的值

1	7	42	176	627	1 958	…
1	11	56	231	792	2 436	…
2	15	77	297	1 002	3 010	…
3	22	101	385	1 255	3 718	…
5	30	135	490	1 575	4 565	…

拉马努金注意到每组底部的数均可被 5 整除,即 $5 \mid p(5n+4)$. 他还注意到 $7 \mid p(7n+5)$, $11 \mid p(11n+6)$,并且,基于麦克马洪的列表所提供的很少量证据,拉马努金提出了一个十分普遍的猜想,这个猜想是基本正确的;1967 年阿特金(Oliver Atkin)完成了证明.

拉马努金所做的远多于证明了 $5 \mid p(5n+4)$. 我们可以写出 $p(5n+4)$ 的母函数

$$\sum_{n\geqslant 0} p(5n+4)q^n = 5 + 30q + 135q^2 + 490q^3 + 1\,575q^4 + 4\,565q^5 + \cdots$$

拉马努金断言,此级数可以写成一个纯粹的乘积

$$\sum_{n\geqslant 0} p(5n+4)q^n = 5\frac{(q^5;q^5)_\infty^5}{(q;q)_\infty^6} \tag{1}$$

哈代评价式(1):“很难再找到比‘罗杰斯(Rogers) - 拉马努金’恒等式更漂亮的公式了,但在这之中拉马努金的地位逊于罗杰斯;如果要我从拉马努金的全部成果中选出一个公式,我会同意麦克马洪的选择而选(1).”因而,把式(1)叫作“拉马努金最漂亮的恒等式”.

简单地说,式(1)说明,如果 $\frac{1}{(q;q)_\infty} = \sum p(n)q^n$,那么 $\sum p(5n+4)q^n = \frac{(q^5;q^5)_\infty^5}{(q;q)_\infty^6}$. 注意,此公式不要求对 $p(n)$ 做出组合解释,这个表述可被视为纯代数的.

我们的目的是对精彩的恒等式(1)概述一个证明.

我们用 $\omega(\omega\neq 1)$ 表示1的一个5次根,则我们可以写为

$$\frac{1}{(q;q)_\infty} = \frac{(\omega q;\omega q)_\infty(\omega^2 q;\omega^2 q)_\infty(\omega^3 q;\omega^3 q)_\infty(\omega^4 q;\omega^4 q)_\infty}{(q;q)_\infty(\omega q;\omega q)_\infty(\omega^2 q;\omega^2 q)_\infty(\omega^3 q;\omega^3 q)_\infty(\omega^4 q;\omega^4 q)_\infty} \tag{2}$$

式(2)右端的分母为

$$\prod_{n\geqslant 1}(1-q^n)(1-\omega^n q^n)(1-\omega^{2n}q^{2n})(1-\omega^{3n}q^{3n})(1-\omega^{4n}q^{4n})$$

$$= \prod_{5|n}(1-q^n)^5 \cdot \prod_{5\nmid n}(1-q^n)(1-\omega q^n)$$

$$(1-\omega^2 q^n)(1-\omega^3 q^n)(1-\omega^4 q^n)$$

$$= \prod_{n\geqslant 1}(1-q^{5n})^5 \cdot \prod_{5\nmid n}(1-q^{5n})$$

$$= \prod_{n\geqslant 1}(1-q^{5n})^5 \cdot \frac{\prod_{n\geqslant 1}(1-q^{5n})}{\prod_{5\nmid n}(1-q^{5n})}$$

$$= \frac{(q^5;q^5)_\infty^6}{(q^{25};q^{25})_\infty}$$

而式(2) 变为

$$\frac{1}{(q;q)_\infty} = \frac{(\omega q;\omega q)_\infty(\omega^2 q;\omega^2 q)_\infty(\omega^3 q;\omega^3 q)_\infty(\omega^4 q;\omega^4 q)_\infty}{\frac{(q^5;q^5)_\infty^6}{(q^{25};q^{25})_\infty}} \tag{3}$$

现在我们来处理式(3) 右端的分子. 五边形数模 5 同余于 0,1,或者 2,因而我们可以写为

$$(q;q)_\infty = (1+q^5-q^{15}-q^{35}-q^{40}-q^{70}\cdots) - q(1-q^{25}-q^{50}+q^{125}\cdots) - q^2(1-q^5+q^{10}-q^{20}-q^{55}+q^{75}\cdots)$$

拉马努金只是叙述了“可以证明”

$$(q;q)_\infty = \frac{(q^{10};q^{25})_\infty(q^{15};q^{25})_\infty(q^{25};q^{25})_\infty}{(q^5;q^{25})_\infty(q^{20};q^{25})_\infty} - q(q^{25};q^{25})_\infty - q^2\frac{(q^5;q^{25})_\infty(q^{20};q^{25})_\infty(q^{25};q^{25})_\infty}{(q^{10};q^{25})_\infty(q^{15};q^{25})_\infty} \tag{4}$$

哈代将此看作拉马努金对式(1) 证明的一个漏洞,并指出“拉马努金从未给出完整的证明”.

下面是式(4) 的一个简单证明. 三重积恒等式可以写成

$$(a^{-1};q)_\infty(aq;q)_\infty(q;q)_\infty = \sum_{n=-\infty}^{\infty}(-1)^n a^n q^{\frac{n^2+n}{2}}$$

或者

$$(1-a^{-1})(a^{-1}q;q)_\infty(aq;q)_\infty(q;q)_\infty =$$
$$\sum_{n\geq 0}(-1)^n(a^n-a^{-n-1})q^{\frac{n^2+n}{2}}$$

如果我们假设 $a\neq 1$,并对上述等式除以 $1-a^{-1}$,就得到

$$\begin{aligned}&(a^{-1}q;q)_\infty(aq;q)_\infty(q;q)_\infty\\ &=\sum_{n\geq 0}(-1)^n\left(\frac{a^n-a^{-n-1}}{1-a^{-1}}\right)q^{\frac{n^2+n}{2}}\\ &=\sum_{n\geq 0}(-1)^n\left(\frac{a^{n+\frac{1}{2}}-a^{-n-\frac{1}{2}}}{a^{\frac{1}{2}}-a^{-\frac{1}{2}}}\right)q^{\frac{n^2+n}{2}}\end{aligned}$$

如果我们现在令 $a=\mathrm{e}^{2\mathrm{i}\theta}$,那么得到

$$\prod_{n\geq 1}(1-2\cos 2\theta q^n+q^{2n})(1-q^n) =$$
$$\sum_{n\geq 0}(-1)^n\frac{\sin(2n+1)\theta}{\sin\theta}q^{\frac{n^2+n}{2}}$$

特别地,若 $\theta=\frac{2\pi}{5}$,则

$$\begin{aligned}&\prod_{n\geq 1}(1+\alpha q^n+q^{2n})(1-q^n)\\ &=(q^{10};q^{25})_\infty(q^{15};q^{25})_\infty(q^{25};q^{25})_\infty-\\ &\beta q(q^5;q^{25})_\infty(q^{20};q^{25})_\infty(q^{25};q^{25})_\infty\end{aligned}\tag{5}$$

而当 $\theta=\frac{\pi}{5}$ 时,有

$$\begin{aligned}&\prod_{n\geq 1}(1+\beta q^n+q^{2n})(1-q^n)\\ &=(q^{10};q^{25})_\infty(q^{15};q^{25})_\infty(q^{25};q^{25})_\infty-\\ &\alpha q(q^5;q^{25})_\infty(q^{20};q^{25})_\infty(q^{25};q^{25})_\infty\end{aligned}\tag{6}$$

其中 $\alpha=\frac{1+\sqrt{5}}{2}$,$\beta=\frac{1-\sqrt{5}}{2}$,并且我们已经用三重积恒等式对出现的级数求和.

当我们作替换 $\theta=\frac{2\pi}{5}$ 时,经过上述解释知:由三重积恒等式,和式中 $n\equiv 0(\mathrm{mod}\ 5)$ 或 $n\equiv -1(\mathrm{mod}\ 5)$ 的项为

$$\sum_{m\geqslant 0}(-1)^{5m}\frac{\sin(10m+1)\frac{2\pi}{5}}{\sin\frac{2\pi}{5}}q^{\frac{25m^2+5m}{2}}+$$

$$\sum_{m\geqslant 1}(-1)^{5m-1}\frac{\sin(10m-1)\frac{2\pi}{5}}{\sin\frac{2\pi}{5}}q^{\frac{(5m-1)^2+(5m-1)}{2}}$$

$$=\sum_{m\geqslant 0}(-1)^m q^{\frac{25m^2+5m}{2}}+\sum_{m\geqslant 1}(-1)^m q^{\frac{25m^2-5m}{2}}$$

$$=\sum_{m=-\infty}^{\infty}(-1)^m q^{\frac{25m^2+5m}{2}}$$

$$=(q^{10};q^{25})_\infty(q^{15};q^{25})_\infty(q^{25};q^{25})_\infty$$

用相同的方法，我们可以对相应于 $n\equiv 1(\bmod 5)$ 与 $n\equiv -2(\bmod 5)$ 的项求和，而相应于 $n\equiv 2(\bmod 5)$ 的项为 0. 这样，我们就得到式(5). 我们可以类似地处理式(6).

若将式(5)与(6)相乘，我们得到

$$\begin{aligned}&(q;q)_\infty(q^5;q^5)_\infty=\\&(q^{10};q^{25})_\infty^2(q^{15};q^{25})_\infty^2(q^{25};q^{25})_\infty^2-\\&q(q^5;q^5)_\infty(q^{25};q^{25})_\infty-\\&q^2(q^5;q^{25})_\infty^2(q^{20};q^{25})_\infty^2(q^{25};q^{25})_\infty^2\end{aligned}$$

并且，如果我们现在除以 $(q^5;q^5)_\infty$，那么就得到拉马努金的结果(4).

现在我们来完成式(1)的证明. 如果我们记

$$a=\frac{(q^{10};q^{25})_\infty(q^{15};q^{25})_\infty}{(q^5;q^{25})_\infty(q^{20};q^{25})_\infty}$$

以及

$$b=\frac{(q^5;q^{25})_\infty(q^{20};q^{25})}{(q^{10};q^{25})_\infty(q^{15};q^{25})_\infty}=a^{-1}$$

那么式(4)变为

$$(q;q)_\infty=(q^{25};q^{25})_\infty(a-q-q^2b)$$

而式(3)右端的分子为

$$(\omega q;\omega q)_\infty(\omega^2q;\omega^2q)_\infty(\omega^3q;\omega^3q)_\infty(\omega^4q;\omega^4q)_\infty$$

$$
\begin{aligned}
&= (q^{25};q^{25})_\infty^4 (a-\omega q-\omega^2 q^2 b)(a-\omega^2 q-\omega^4 q^2 b)\cdot \\
&\quad (a-\omega^3 q-\omega^6 q^2 b)(a-\omega^4 q-\omega^8 q^2 b) \\
&= (q^{25};q^{25})_\infty^4 \cdot \{[a^4-q^5(2ab^2+b)]+ \\
&\quad q[a^3+q^5(ab^3+b^2)]+ \\
&\quad q^2[(a^3b+a^2)-q^5b^3]+q^3[(2a^2b+a)+q^5b^4]+ \\
&\quad q^4(a^2b^2+3ab+1)\} \\
&= (q^{25};q^{25})_\infty^4 \cdot [(a^4-3q^5b)+q(a^3+2q^5b^2)+ \\
&\quad q^2(2a^2-q^5b^3)+q^3(3a+q^5b^4)+5q^4]
\end{aligned}
$$

所以式(3)变为

$$
\begin{aligned}
\sum_{n\geqslant 0} p(n)q^n = \frac{(q^{25};q^{25})_\infty^5}{(q^5;q^5)_\infty^6}\cdot [&(a^4-3q^5b)+ \\
&q(a^3+2q^5b^2)+ \\
&q^2(2a^2-q^5b^3)+ \\
&q^3(3a+q^5b^4)+5q^4]
\end{aligned}
$$

如果我们取出那些幂为4(mod 5)的项,我们就得到

$$\sum_{n\geqslant 0} p(5n+4)q^{5n+4} = 5q^4\frac{(q^{25};q^{25})_\infty^5}{(q^5;q^5)_\infty^6}$$

或者

$$\sum_{n\geqslant 0} p(5n+4)q^n = 5\frac{(q^5;q^5)_\infty^5}{(q;q)_\infty^6}$$

这就是式(1).

补充(三重积恒等式) 我们有

$$(-aq;q^2)_\infty = (1+aq)(-aq^3;q^2)_\infty$$

如果我们记

$$(-aq;q^2)_\infty = \sum_{k\geqslant 0} a^k c_k(q)$$

那么 $c_0(q)=1$,且

$$\sum_{k\geqslant 0} a^k c_k(q) = (1+aq)\sum_{k\geqslant 0} a^k q^{2k} c_k(q)$$

由此即得,对 $k\geqslant 1$,有

$$c_k(q) = q^{2k}c_k(q) + q^{2k-1}c_{k-1}(q)$$

或

$$c_k(q) = \frac{q^{2k-1}}{1-q^{2k}}c_{k-1}(q)$$

因此,若我们记

$$(a;q)_k = (1-a)(1-aq)\cdots(1-aq^{k-1})$$

当 $k \geqslant 1$ 时

$$(a;q)_0 = 1$$

则

$$c_k(q) = \frac{q^{k^2}}{(q^2;q^2)_k}$$

以及

$$(-aq;q^2)_\infty = \sum_{k \geqslant 0} \frac{a^k q^{k^2}}{(q^2;q^2)_k}$$

这是欧拉的一个恒等式.

现在,证明

$$(-a^{-1}q;q^2)_n(-aq;q^2)_\infty = \sum_{k=-n}^{\infty} \frac{a^k q^{k^2}}{(q^2;q^2)_{k+n}}$$

就是一个简单的归纳法了.如果我们现在令 $n \to \infty$,那么得到

$$(-a^{-1}q;q^2)_\infty(-aq;q^2)_\infty = \sum_{k=-\infty}^{\infty} \frac{a^k q^{k^2}}{(q^2;q^2)_\infty}$$

或

$$(-a^{-1}q;q^2)_\infty(-aq;q^2)_\infty(q^2;q^2)_\infty = \sum_{k=-\infty}^{\infty} a^k q^{k^2}$$

此即三重积恒等式.注意,三重积分别在替换

$$(a,q) \to (-aq^{\frac{1}{2}},q^{\frac{3}{2}})$$

和

$$(a,q) \to (-aq^{\frac{1}{2}},q^{\frac{1}{2}})$$

下可写为等价形式

$$(a^{-1}q;q^3)_\infty(aq^2;q^3)_\infty(q^3;q^3)_\infty = \sum_{k=-\infty}^{\infty} (-1)^k a^k q^{\frac{3k^2+k}{2}}$$

和

$$(a^{-1};q)_\infty(aq;q)_\infty(q;q)_\infty = \sum_{k=-\infty}^{\infty} (-1)^k a^k q^{\frac{k^2+k}{2}}$$

在本书之前还有一个《斯里尼瓦瑟 · 拉马努金论文集》由 G. H. Hardy, P. V. Seshu Aiyar 主编,1927 年剑桥大学出版社出版,共 391 页.

李特伍德(Littlewood) 曾写过一个书评:

> 拉马努金没有受过大学教育,在无助的条件下在印度做研究,一直做到他二十七岁的时候. 他在十六岁时偶然得到一本卡尔(Carr) 的 *Synopsis of Pure Mathematics*(《纯粹数学概要》),它的不朽,相信作者自己几乎做梦也不曾想到过,就是这本书突然唤醒了他的全部活力. 要想对这本书做出经得起掂量的判断,研究其内容是不可或缺的. 该书对积分学的纯形式方面做了非常完整的叙述, 例如, 包括了帕塞瓦(Parseval) 公式、傅立叶累次积分和另外一些"反演公式",还有一系列只有专家才能认得的公式,这些公式一般都描述成"若$\alpha\beta = \pi^2$,则$f(\alpha) = f(\beta)$" 这样的形式. 其中还有一节讲把幂级数转换成连分数的. 拉马努金还以某种方式获得了有关椭圆函数理论的形式方面相当完整的知识(不是在卡尔的书中). 内容不清楚,但是,这个内容和那些能在,比如克里斯托尔(Chrystal) 的《代数学》中找到的东西合在一起看来就是他在分析和数论方面的全部装备. 至少可以肯定的是,他对当前使用发散级数的工作方法一无所知,不知道二次剩余,也不知道在素数分布方面的工作(他可能知道欧拉公式$\prod(1-p^{-s})^{-1} = \sum n^{-s}$,但不知道有关$\zeta$函数的任何叙述). 尤其是,他对柯西定理和复变函数论完全无知. (这可能似乎很难与他在椭圆函数方面有完备的知识这一点统一起来. 解释这一点的充分的,而且也是必要的理由可能就是,他读过格林希尔(Greenhill) 的那本古怪而又很独特的《椭圆函数》教科书.)

他在印度时期发表的著作不能代表他最好的思想,这些思想他很可能没能向编辑们解释清楚而无法使他们满意. 然而在1914年初,一封由拉马努金写给哈代的信确切无误地证明了他的能力,并因此被带到了三一学院,他在这里健康地工作了三年(然而有一些独特的工作是在他生病的两年里做的).

我不打算在这里来详细地讨论那些完全是属于拉马努金个人的工作. 如果暂且不论他与哈代合作的一篇著名的文章,那么他那些肯定对数学有实质意义的原创性的贡献,我认为,相对于公众对他的生活和数学生涯的传奇,对他的不寻常的心理,尤其是对这样一个人如果在更幸运的环境下将会成为一个怎样伟大的数学家的迷人问题等所感到的兴趣而言,肯定是第二位的. 当然,我这样说的时候我用的是尽可能最高的标准,没有别的更适合表达我的意思.

拉马努金的伟大天赋是在"形式计算"上,他经营的是"公式". 为了讲清楚这是什么意思,下面来举两个例子(第二个是随便举的,第一个则是极其漂亮的一个例子)

$$p(4)+p(9)x+p(14)x^2+\cdots=5\frac{\{(1-x^5)(1-x^{10})(1-x^{15})\cdots\}^5}{\{(1-x)(1-x^2)(1-x^3)\cdots\}^6}$$

其中 $p(n)$ 是 n 的分拆的个数

$$\int_0^\infty\frac{\cos\pi x}{\{\Gamma(\alpha+x)\Gamma(\alpha-x)\}^2}\mathrm{d}x=\frac{1}{4\Gamma(2\alpha-1)\{\Gamma(\alpha)\}^2}\quad\left(\alpha>\frac{1}{2}\right)$$

但是公式全盛之日已经过去了. 如果我们还要采取最高的观点来评价,那么看来无人能够发现彻底崭新的类型,尽管拉马努金在他对分拆数的级数所做的研究中非常接近了它. 再举一些在柯西定理和椭圆函数论范围内的例子也无足挂齿,并且,如果不那么严格讲,某种普遍的理论主导了所有其余的领域. 要是在一百多年以前他的影响力也许会扩展到一个广阔的范围. 大量的发现改变了一般的数学氛围,并且有深远的影响,而我们不会倾向把重新发现看得太重,不论这些发现看来是多么独立地做出的. 对此我们要给予多大的宽容? 要是在100或50年以前拉马努金会成为一个多伟大的数学家? 如果他能在恰当的时候与欧拉接触又会发生什么事? 缺乏教育会起多大的作用? 这到底是不是公式,还是他只是沿着卡尔书本的方向来发展? —— 毕竟他后来很好地学会了去做新的东西,而且对一个印度人来说是在他的成熟年龄的时候. 这就是拉马努金向我们提出的问题,现在(有了《斯里尼瓦瑟·拉马努金论文集》)人们就有了材料来对这些问题做出判断了. 在《斯里尼瓦瑟·拉马努金论文集》中能得到的最有价值的证据就是那些书信以及那些未加证明直接提出来的结果表;实际上它们表明,他所作笔记能给我们带来有关真正拉马努金的实质的一个更加确切的画像,我们非常期待进一步出版这些笔记的计划能最终得以实现.

卡尔的书十分清楚地为拉马努金指明了一般的方向,又同时给了他后来所做的许多最精巧的研究的胚芽. 但是即使从这些部分的衍生结果人们就能深刻地感受到他那异乎寻常的广博、丰富多彩和强大的能力. 除了经典数论以外,几乎没有一个存在公式的领域他没有去充实过,也没有一个这样的领域他没有揭开过意想不到的可能前景. 他所获得的结果的美丽和独一无二,完全不可思议. 它们是不是奇妙无比,比我们专门为奇妙而挑选出来的东西还要更奇妙? 它的寓意似乎是说,我们的期望总是不够高;总而言之,读者总是会不断地感受到惊喜的震撼. 如果他随便拿一个没有证明的结果坐下来研究,并且最终能够给出证明,他就会发现,在其最底层某一"点"有一个奇怪的或者说意料不到的纠结. 沃森(Watson)教授和普里斯(Preece)先生已经开始了研究所有这些未被证明的命题的宏伟工作,他们所获得的一些证明已经发表在《伦敦数学会杂志》上,这些证明强有力地鼓励了认为对拉马努金的笔记做全面的分析肯定是很有价值的这样的观点.

然而,毋庸置疑的是,他的那些显示出最惊人的原创性和有着最深刻的洞察力的结果是有关素数分布的结果.这里的问题原来根本不是要求公式的,它们所关切的这样一类问题的近似式,比如像素数的个数的近似公式问题,或者将小于某一大数 x 可以表示成两个平方和的整数个数的近似公式;此外,确定误差的阶也是这个理论的一个主要部分.这个课题有着巧妙的函数论的一面;拉马努金在这里要遭受挫折是不可避免的,而他的方法肯定会把他引入歧途;他预见了近似公式,但是对误差阶的预测就大错了.这些问题耗尽了分析的最后的资源,要花一百年以上的时间来解决,而且在1890年以前根本还没有解决;拉马努金不可能取得完全的成功.他所成就的就是觉悟到对这些问题的研究至少可以从形式方面起步,并且达到这样一点,使得其主要结论成为是可信的.他所获得的公式价值一点也不在于其表面,他的成就,作为一个整体来看,是极为非凡的.

如果说卡尔的书给了他方向,那么至少对他的方法则毫无影响,它们的最重要的部分完全是原创的.他以类比的方式发挥他的直观,有时是以很遥远的东西作类比,从一些特定的数值例子经由经验归纳可以将类比延伸到一个遥远到令人惊讶的领域.由于不知道柯西定理,他自然很多时候都是用变换和反转二重积分的顺序来处理.这些都是他的最重要的武器,看来还是一种高度巧妙的、用发散级数和积分来做变换的技术.(尽管这种方法当然是已经知道了的,但他的发现看来肯定是独立的.)他并没有对他的运算作严密的逻辑验证.他对严密性不感兴趣,这种东西在超出本科阶段的分析中并不是头等重要的东西,只要真正想做,任何一个有资格的专业人士都能提供.证明的确切含义今天已为人们如此熟知,根本不在话下了,而他却可能一无所知.如果在某个地方出现了一段推理,证据和直观完全混合在一起就会使他确信结论的正确性,他也就不再往前看了.只要稍稍看一看他的特质就可以断定,他绝未曾与柯西定理失之交臂.如果用柯西定理,他能更快更方便地得到他的某些结果,但是他自己的方法也能使他所研究的领域同样广泛,也能使他可靠地理解所探索的领域.

最后,要来谈一谈他与哈代合作的一篇论分拆的文章(《斯里尼瓦瑟·拉马努金论文集》第 276 ~ 309 页).n 的分拆数 $p(n)$ 随 n 很快地增长,比如

$$p(200) = 397\ 299\ 909\ 388$$

两位作者证明,$p(n)$ 是最接近下式的整数

$$\frac{1}{2\sqrt{2}}\sum_{q=1}^{v}\sqrt{q}A_q(n)\psi_q(n) \qquad (1)$$

其中 $A_q(n) = \sum \omega_{p,q}\mathrm{e}^{\frac{-2np\pi\mathrm{i}}{q}}$,求和是对小于 q、且不能除尽 q 的 p 来作的,$\omega_{p,q}$ 是 1 的某个 $24q$ 次根,v 是 $\sqrt{n}$ 的阶,还有

$$\psi_q(n) = \frac{d}{dn}\left(\exp\left\{\frac{C\sqrt{n-\frac{1}{24}}}{q}\right\}\right) \qquad \left(C = \pi\sqrt{\frac{2}{3}}\right)$$

对 $n = 100$,我们可以取 $v = 4$.对 $n = 200$,可以取 $v = 5$;级数(1)的前五项就预测了 $p(200)$ 的正确值.我们可以总是取 $v = \alpha\sqrt{n}$(或者干脆取其整数部分),其中 α 为任意常数,而且要假设 n 超过一个只依赖于 α 的值 $n_0(\alpha)$.

读者用不着被告知就知道这是一个非常惊人的定理,而且他还会确信无疑得出这个结果的方法包含了一个新的重要的原理,并且已经发现它在其他领域非常有用.这个定理的故事是一个传奇.(为了做到公正,我不得不稍稍违反一点有关合作的规则.因此我

要讲一下经过哈代教授确认并允许袒露的一些事实.）式(1) 中的第一项是 $p(n)$ 的一个很好的近似，这是拉马努金在印度时就做出过的猜测之一，确立这一点不太难. 在这个阶段，$n-\frac{1}{24}$ 是由单纯的 n 来代表的 —— 这个差别不大. 真正的研究就是从这点来下手的. 进展中的下一步，这还不是很大的一步，就是将式(1) 当成一个"渐近"级数来处理，从它里面取出一个数目确定的项数（比如 $v=4$），其误差就是下一项的量级. 但是就是从这里到最终拉马努金都坚持认为还有比这已经确立了的结果更多的正确的东西："必定还有一个误差为 $O(1)$ 的公式."他的最重要的贡献就在这里. 它既是绝对重要的，也是极为非凡的. 于是对它做了一个严格的数值检测，由此引导出了有关 $p(100)$ 和 $p(200)$ 的惊人的结果. 于是就把 v 看成是 n 的一个函数，这可是一大步，它牵涉新的而又深刻的函数论方法，这显然不是拉马努金自己能够发现得到的. 完整的定理就是这样冒出来的. 但是最后困难的解决，如果没有来自拉马努金的另一个贡献，就有可能无法完成，这一回可是绝对独特的. 似乎它的解析难度还不够大，这个定理还被包围在几乎是难以攻克的纯粹形式一类的防线的后面. 函数 $\psi_q(n)$ 是一种不可分割的单元，在许多等价的渐近形式中准确地选到正确的那个是关键. 除非在一开始就做到了这一点，而且 $-\frac{1}{24}$（更不用说 $\frac{d}{dn}$）是形式直觉天才的非凡一笔，否则这完整的结果绝不可能进入我们的眼帘. 实际上这已经触摸到了真正的神秘. 只要我们知道有一个误差为 $O(1)$ 的公式存在，我们就可能被迫一步一步慢慢地达到 $\psi_q(n)$ 的正确形式. 但是为什么拉马努金能如此肯定地认为有这样一个形式存在呢？理论上的眼光，这可以作为一种解释，这几乎难以达到可信的级别. 可是仍然难以看出是获得了哪些数值的例子才可能启发他想到这样强的结果.除非是 $\psi_q(n)$ 的形式已经知道了,否则,数值的证据不会给出任何建议.我们至少就难逃做这样的结论:这个正确形式的发现来自灵光一闪.为这个定理我们要感谢两个天赋十分不同的人之间的非常幸运的合作,他们每一个人都在其中做出了各自最好的、最独特的和最幸运的工作.拉马努金的天份是值得受到这样一个机会的眷顾的.

《斯里尼瓦瑟·拉马努金论文集》包含由 P.V. Seshu Aiyar 所写的传记和由哈代教授所写的讣告.它们生动地描绘了拉马努金的有趣而又有吸引力的个性.数学编辑们做了最值得称道的工作.它一点也不事张扬,读者在恰当的时候会得到他所想知道的东西,比他可能想到的更多的思想和传记性的研究也都融入了其中.

在国内人们喜欢将华罗庚与拉马努金相提并论.

“华罗庚是20世纪最富传奇性的数学家之一.将他与另一位自学成才的印度天才数学家拉马努金相比较,正如P.贝特曼(P.Bateman)所说,“两人主要都是自学成才的,都得益于在哈代领导之下,在英国从事过一段时间的研究工作……他们之间又有截然不同之处.首先,拉马努金并没有全部完成由一个自学天才到一个成熟的、训练有素的数学家的转变,他在某种程度上保留了数学的原始性,甚至保留了一定程度的猜谜性质.然而华罗庚在其早期数学生涯中,就已是居主流地位的数学家了.其次,拉马努金与哈代的接触更直接,更有决定性意义……虽然华罗庚在英国工作时得益甚大,但他与哈代在数学方面的接触显然不是这样特别集中的”.

本文集的主编伯恩特(Berndt)教授早就是数论界的名人了,他是 *International Journal of Number Theory* 的主编,他已发表了174篇学术论文以及9本书,还编辑了11本书.

提起华罗庚,伯恩特教授说当年 Springer 出版社派专人来找 H.哈伯斯坦(H.Halberstam)教授讨论《华罗庚论文选集》

出版事宜时,哈伯斯坦提到伯恩特在研究拉马努金(印度传奇数学家,被哈代发现并邀请到剑桥,但33岁就英年早逝,留下了数本谜一样的数学笔记本,包含大量新奇的公式却无证明)遗留的笔记本;Springer遂对此表现出极大的兴趣,动员伯恩特教授在Springer出版其关于拉马努金笔记本的系列书籍.拉马努金今天名扬天下,无疑哈代当年发现他并在其去世后极力宣扬他功不可没,近十年来拉马努金的影响如日中天,伯恩特出版《拉马努金笔记》更是将拉马努金的声望推向高潮.

据伯恩特自己讲[①]:

> 关于拉马努金的方法有种种猜测.对于拉马努金数学的许多部分,的确很难猜出他是怎么想的.而对于另外一些部分,虽然我们也许不知道准确的细节,但还是可以把握住拉马努金许多论证的本质.需要强调的是,无疑拉马努金也是和其他数学家一样思考的,只不过他比我们大多数人更具洞察力.虽然拉马努金还有我们中的一些人,可以将意想不到的发现归结于神奇的灵感,比如说是来自于直觉,娜玛卡尔(Namagiri)女神的启示或者其他神秘的方式,但这都无助于我们理解拉马努金的发现.
>
> 因为拉马努金的笔记本只是自己用的,所以我们可以想见其中会包含一些错误.当然,确有一些偶然的笔误.然而,令人惊奇的是,里面很少有严重的错误.因为拉马努金只受过一点点正规训练,所以他的证明在很多情况下肯定是不严格的.尽管如此,拉马努金还是敏锐地意识到,什么时候他的不严格思考会产生正确的结果,以及什么时候不能.拉马努金的大多数错误来自于他关于解析数论的结论,在这里他的不严格方法使他误入歧途.特别地,拉马努金以为他

① 摘自《中国数学会通讯》,2011年第3期,拉马努金的笔记本,贾朝华译.

的逼近和渐近展开要比事实上的精确很多. 这些不足在 *Ramanujan's Notebooks: Part IV* 中详细谈到. 对于第一次阅读笔记本的人,要给一点提醒,因为容易断定其中很多公式是不对的. 拉马努金常常是以非常规的方式来记录这些结果,但经过适当的说明之后,我们会发现拉马努金几乎总是对的.

虽然拉马努金在数学界主要是以数论学家闻名,但在笔记本中只有一小部分题材用于数论. 其中大部分内容属于经典分析,许多结果属于分析与数论的交叉领域,例如,几百条关于 θ 函数和模方程的定理. 打开笔记本,人们的目光很可能会落在某个无穷级数上. 无穷级数肯定是拉马努金的最爱,也许只有欧拉才具有拉马努金那样处理无穷级数的才华.

接下来,我们简短地讲述一些拉马努金在他的笔记本中研究过的课题. 当然,这里无法完整地描述拉马努金对于这些领域的重要贡献,甚至有些课题根本没有提及. 有兴趣的读者,可进一步参阅我们的专著 *Ramanujan's Notebooks: Part I ~ Part V*,那里面有详尽的历史和丰富的参考文献目录.

1. 初等数学

拉马努金的很多发现是只要学过高中代数的人就能懂的,在第二本和第三本笔记里有许多很好的题材. 熟悉出租车牌号 1729 的故事的人,会容易联想到拉马努金喜欢发现关于等幂和的公式. 例如,如果 $a+b+c=0$,那么

$$2(ab+ac+bc)^4$$
$$=a^4(b-c)^4+b^4(c-a)^4+c^4(a-b)^4$$

事实上,拉马努金还记录了关于 $2(ab+bc+ac)^{2n}(n=1,2,3,4)$ 的类似公式,并且写下"等等",这表明他是知道发现这类公式的一般过程的.

拉马努金最著名的公式之一是下面的多项式恒等式. 令

$$\begin{aligned}&F_{2m}(a,b,c,d)\\&=(a+b+c)^{2m}+(b+c+d)^{2m}-(c+d+a)^{2m}-\\&\quad(d+a+b)^{2m}+(a-d)^{2m}-(b-c)^{2m}\end{aligned}$$

则

$$64F_6(a,b,c,d)F_{10}(a,b,c,d)=45F_8^2(a,b,c,d)$$

这个公式的最初证明是由巴尔加瓦(Bhargava)和笔者给出的.

你是否知道

$$2\sin\left(\frac{\pi}{18}\right)=\sqrt{2-\sqrt{2+\sqrt{2+\sqrt{2-\cdots}}}}$$

这里符号序列 $-,+,+,\cdots$ 以3为周期,或者知道

$$(\cos 40^\circ)^{\frac{1}{3}}+(\cos 80^\circ)^{\frac{1}{3}}-(\cos 20^\circ)^{\frac{1}{3}}=\sqrt[3]{\frac{3}{2}(\sqrt[3]{9}-2)}$$

拉马努金喜欢叙述这类有趣的公式,而在大多数情形里,它们只是拉马努金建立的一般性定理的特例.

2. 数论

我们只引用笔记本中的一个数论定理.

定理1 令 a,b,A 和 B 为正整数,它们满足条件

$$(a,b)=1=(A,B)\quad (ab\neq \text{平方数})$$

假设每个满足 $p\equiv B(\bmod A)$ 且 $(p,2ab)=1$ 的素数 p 可以表示为 ax^2-by^2(这里 x,y 为整数),则每个满足 $q\equiv -B(\bmod A)$ 且 $(q,2ab)=1$ 的素数 q 可以表示为 bX^2-aY^2(这里 X,Y 为整数).

拉马努金关于 θ 函数和模方程的许多定理在数论中有应用. 我们还注意到,哈代 - 拉马努金“圆法”在笔记本中也能找到先兆. 拉马努金试图(不严格地)利用生成函数若干奇异点的作用来获得一个渐近公式,而如何利用函数在奇异点附近的性质正是“圆法”的关键所在.

3. 无穷级数

我们先来看格罗斯沃尔德(Grosswald)在20世纪70年代证明的一个公式. 令 $\zeta(s)$ 表示黎曼(Riemann)ζ 函数,n 为任意非零整数.

如果 $\alpha,\beta>0,\alpha\beta=\pi^2$,那么

$$\alpha^{-n}\left(\frac{1}{2}\zeta(2n+1)+\sum_{k=1}^{\infty}\frac{k^{-2n-1}}{e^{2\alpha k}-1}\right)$$
$$=(-\beta)^{-n}\left(\frac{1}{2}\zeta(2n+1)+\sum_{k=1}^{\infty}\frac{k^{-2n-1}}{e^{2\beta k}-1}\right)-$$
$$2^{2n}\sum_{k=0}^{n+1}(-1)^k\frac{B_{2k}}{(2k)!}\cdot\frac{B_{2n+2-2k}}{(2n+2-2k)!}\alpha^{n+1-k}\beta^k \tag{1}$$

其中 B_j 表示第 j 个伯努利(Bernoulli)数.

令人感到不可思议的是,拉马努金在他的笔记本中叙述了一个比式(1)更一般的结果. 如果令 n 为奇的正整数,并取 $\alpha=\beta=\pi$,那么式(1)简化为

$$\zeta(2n+1)=$$
$$2^{2n}\pi^{2n+1}\sum_{k=0}^{n+1}(-1)^{k+1}\frac{B_{2k}}{(2k)!}\frac{B_{2n+2-2k}}{(2n+2-2k)!}-$$
$$2\sum_{k=1}^{\infty}\frac{k^{-2n-1}}{e^{2\pi k}-1}$$

这个公式是由勒赫(Lerch)于1901年首次发现的. 这里 $\zeta(2n+1)$ 等于一个有理数乘上 π^{2n+1} 再减去一个迅速收敛的级数,也就是说 $\frac{\zeta(2n+1)}{\pi^{2n+1}}$ “几乎是”有理的.

黎曼关于 $\zeta(s)$ 函数方程的证明之一用到了 θ 函数的转换公式,这个转换公式容易通过泊松求和公式来达到,拉马努金也发现了这一点. 值得注意的是,拉马努金进一步发现了一个转换公式:

令 $n,\alpha,\beta>0,\alpha\beta=2\pi$,则

$$\alpha\sum_{k=0}^{\infty}e^{-ne^{k\alpha}}=\alpha\left(\frac{1}{2}+\sum_{k=1}^{\infty}\frac{(-1)^{k-1}n^k}{k!\ (e^{k\alpha}-1)}\right)-$$

$$\gamma - \log n + 2\sum_{k=1}^{\infty}\varphi(k\beta)$$

这里 γ 表示欧拉常数,而

$$\varphi(\beta) = \frac{1}{\beta}\operatorname{Im}(n^{-i\beta}\Gamma(i\beta + 1))$$

这也可以通过泊松求和公式来证明,但证明过程要比 θ 函数转换公式精细复杂得多.

我们再给出一个例子. 设 $n,\alpha,\beta > 0,\alpha\beta = 2\pi$,对于适当的一类函数 φ,令

$$\psi(n) = \int_0^{\infty}\varphi(x)\cos(nx)\mathrm{d}x$$

拉马努金在笔记本中宣称,有

$$\frac{\alpha}{2}\sum_{n=1}^{\infty}\frac{\mu(n)\psi\left(\frac{\alpha}{n}\right)}{n} = \sum_{n=1}^{\infty}\frac{\mu(n)\psi\left(\frac{\beta}{n}\right)}{n}$$

其中 $\mu(n)$ 为麦比乌斯函数. 这个公式是关于泊松求和公式的“麦比乌斯类似”,但它是错的! 我们可以通过加上一个关于复零点的级数将它修正.

在以上 3 个例子里,读者可以注意到,它们关于 α 和 β 有一种对称性. 实际上,拉马努金得到了很多这样的公式. 他对于无穷级数有数以百计的精彩发现,其中包括计算出了很多无穷级数的精确值,得到了很多漂亮的部分分式展开式,发现了若干与阿贝尔 - 普拉纳(Abel-Plana) 求和公式相似的公式.

4. 积分

虽然拉马努金在无穷级数上下的工夫比在积分上多得多,但是笔记本中也有一些积分冠以他的名字,或者在目前的研究中仍有价值. 我们来看一个例子. 对于 $n > 0$,令 $v = u^n - u^{n-1}$,我们定义

$$\varphi(n) = \int_0^1 \frac{\log u}{v}\mathrm{d}v$$

则有

$$\varphi(n) + \varphi\left(\frac{1}{n}\right) = \frac{\pi^2}{6} \tag{2}$$

这个公式被笔者和 R. J. 埃凡思(R. J. Evans) 证明与推广. 式(2) 与二重对数 $\mathrm{Li}_2(s)$ 的互反定理有关系,这里 s 为复数

$$\mathrm{Li}_2(s) = -\int_0^s \frac{\log(1-u)}{u}\mathrm{d}u \tag{3}$$

其中 $\log w$ 取主值. 拉马努金研究过二重对数、三重对数和一些类似于二重对数的函数.

拉马努金最喜欢和最有影响的积分定理之一是他的“主定理”,这个定理有很多应用. “主定理” 是说

$$\int_0^\infty x^{n-1}\sum_{k=0}^\infty \frac{\varphi(k)(-x)^k}{k!}\mathrm{d}x = \Gamma(n)\varphi(-n)$$

当然,这里要加一定的有效性条件.

5. 渐近展开和逼近

虽然拉马努金在数论中的渐近公式是众所周知的,特别是他关于分拆函数 $p(n)$ 的渐近级数(出现在他与哈代的合作论文中),但他在分析中的渐近方法和定理却未被认识. 原因很清楚,就是因为他的漂亮的渐近公式,无论是一般的还是具体的,都在他的笔记本中隐藏了很多年. 我们来看两个具体例子.

首先,令 $a,p>0$. 当 $p\to\infty$ 时,有

$$\sum_{n=0}^\infty \frac{(a+n)^{n-1}}{(2p+a+n)^{n+1}} \sim \frac{1}{2ap} - \mathrm{e}^{-2p}\sum_{n=0}^\infty \frac{(-1)^n P_{2n}(p)}{(a+p)^{2n+1}}$$

这里 $P_{2n}(p)(n\geqslant 0)$ 是 p 的 $n-1$ 次多项式. 特别地

$$P_0(p) = \frac{1}{2p}$$

$$P_2(p) = \frac{1}{6}$$

$$P_4(p) = \frac{1}{30} + \frac{p}{6}$$

$$P_6(p) = \frac{1}{42} + \frac{p}{6} + \frac{5p^2}{18}$$

其次,当 $t\to 0^+$ 时,有

$$2\sum_{n=0}^\infty (-1)^n\left(\frac{1-t}{1+t}\right)^{n(n+1)} \sim 1 + t + t^2 + 2t^3 + 5t^4 + 17t^5 + \cdots$$

6. Γ 函数与相关函数

虽然拉马努金对于 Γ 函数理论本身并无贡献，但在他的工作中函数随处可见. 他的含有 Γ 函数的积分在关于正交多项式的最新研究中发挥着重要作用，他的关于 Γ 函数和 B 函数的 q - 类似出现在 R. A. 阿斯基(R. A. Askey)、威尔逊(J. Wilson) 等许多人关于 q - 正交多项式的工作中. 在他的笔记中，拉马努金研究了若干关于 Γ 函数的迷人的类似性质，推导了与 Γ 函数相似的一些性质，诸如高斯乘积公式，斯特林公式和库默尔公式.

7. 超几何函数

我们先前提到过，拉马努金不仅重新发现了关于超几何级数大部分主要的经典定理，而且还发现了许多新的结果. 首先，他发现了超几何级数许多优美的乘积公式；其次，他还发现了超几何级数某种部分和的一些漂亮公式；最后，也许是最重要的，拉马努金发现了超几何函数的各种渐近展开. 我们给出一个例子.

定理 2 令 $a = c + d$，而 $c, d > 0$. 再令

$$ {}_2\mathrm{F}_1(u_1, u_2; w; x) = \sum_{n=0}^{\infty} \frac{(u_1)_n (u_2)_n}{(w)_n} \cdot \frac{x^n}{n!} \quad (4) $$

其中 $(u)_n = u(u+1)\cdots(u+n-1)$，则当 a, c 和 $d \to \infty$ 时，有

$$ {}_2\mathrm{F}_1\left(a, 1; c; \frac{c}{a}\right) \sim c\left(\frac{a^a \Gamma(c)\Gamma(d)}{2\Gamma(u) c^c d^d} + B_1 \frac{a}{cd} + B_2\left(\frac{a}{cd}\right)^2 + B_3\left(\frac{a}{cd}\right)^3 + \cdots\right) $$

这里 $B_k (k \geqslant 1)$ 是可以有效计算的多项式，其自变量为 $x = \dfrac{d}{a}$，次数为 $2k - 1$. 此外

$$ B_1 = \frac{2}{3}(x+1) $$

$$ B_2 = -\frac{4}{135}(x+1)(x-2)\left(x - \frac{1}{2}\right) $$

$$B_3 = \frac{8}{2\ 835}(x+1)(x-2)\left(x-\frac{1}{2}\right)(x^2-x+1)$$

$$B_4 = \frac{16}{8\ 505}(x+1)(x-2)\left(x-\frac{1}{2}\right)(x^2-x+1)^2$$

8. q - 级数

令

$$(a;q)_n = \prod_{k=0}^{n-1}(1-aq^k) \quad (n \geqslant 0)$$

$$(a;q)_\infty = \lim_{n\to\infty}(a;q)_n \quad (|q|<1)$$

拉马努金在印度时就发现了罗杰斯 - 拉马努金恒等式. 他到达英国后才证明了这些恒等式, 而在此之前他得到了关于其中第 1 个恒等式

$$\sum_{n=0}^{\infty}\frac{q^{n^2}}{(q;q)_n} = \frac{1}{(q;q^5)_\infty(q^4;q^5)_\infty} \tag{5}$$

有效性的一些依据. 例如, 当 $q\to 1^-$ 时, 式(5) 两端都渐近地等于

$$\exp\left(\frac{\pi^2}{15(1-q)}\right)$$

在第三本笔记和"遗失的笔记本" 里, 拉马努金对于比式(5) 中更一般的 q - 级数给出了渐近公式.

定理 3 令 $a>0$, $|q|<1$, b 为正整数, c 为整数, 用 z 记 $az^{2b}+z=1$ 的正根, 则当 $q_1\to 1^-$ 时, 有

$$\sum_{n=0}^{\infty}\frac{a^n q^{bn^2+cn}}{(q;q)_n} \sim \exp\left(-\frac{1}{\log q}(\mathrm{Li}_2(az^{2b})+b\log^2 z)+\right.$$
$$\left. c\log z - \frac{1}{2}\log(z+2b(1-z))\right)$$

其中 $\mathrm{Li}_2(s)$ 如式(3) 中定义.

除了罗杰斯 - 拉马努金恒等式之外, 拉马努金的 ${}_1\psi_1$ 求和无疑也是他在 q - 级数理论中最著名的结果.

9. 连分数

罗杰斯 - 拉马努金连分数是指形如

$$\cfrac{q^{\frac{1}{5}}}{1+\cfrac{q}{1+\cfrac{q^2}{1+\cfrac{q^3}{1+\cdots}}}}$$

的分数,我们将它简记为

$$R(q) = \frac{q^{\frac{1}{5}}}{1+}\frac{q}{1+}\frac{q^2}{1+}\frac{q^3}{1+\cdots} \tag{6}$$

拉马努金证明了

$$R(q) = q^{\frac{1}{5}}\frac{(q;q^5)_\infty(q^4;q^5)_\infty}{(q^2;q^5)_\infty(q^3;q^5)_\infty} \quad (|q|<1)$$

这是他仅有的发表出来的关于连分数的结果. 然而在他的笔记本中,关于连分数却有大约200个结果之多. 在我们看来,在数学的历史上,对于确定各种函数的连分数以及找出连分数的精确表达形式,没有人拥有像拉马努金那样的技巧.

在给哈代的前两封信中,拉马努金告知了 $R(e^{-2\pi})$,$R(-e^{-\pi})$ 和 $R(e^{-\frac{2\pi}{\sqrt{5}}})$ 的值. 其他一些值可在他的第一本笔记和"遗失的笔记本"里找到.

例如,拉马努金给出

$$R(e^{-8\pi}) = \sqrt{c^2+1}-c$$

其中

$$2c = 1+\frac{a+b}{a-b}\sqrt{5}, a = 3+\sqrt{2}-\sqrt{5}, b = (20)^{\frac{1}{4}}$$

拉马努金还发现了 Γ 函数乘积的连分数表示,我们引用其中之一.

定理4 设 x,m 和 n 为复数. 如果 m 和 n 中有一个为整数,或者 $\mathrm{Re}(x)>0$,那么有

$$\left\{\Gamma\left(\frac{1}{2}(x+m+n+1)\right)\Gamma\left(\frac{1}{2}(x-m-n+1)\right)-\right.$$

$$\left.\Gamma\left(\frac{1}{2}(x+m-n+1)\right)\Gamma\left(\frac{1}{2}(x-m+n+1)\right)\right\}\div$$

$$\left\{\Gamma\left(\frac{1}{2}(x+m+n+1)\right)\Gamma\left(\frac{1}{2}(x-m-n+1)\right)+\right.$$

$$\Gamma\left(\frac{1}{2}(x+m-n+1)\right)\Gamma\left(\frac{1}{2}(x-m+n+1)\right)\Bigg\}$$
$$=\frac{mn}{x+}\frac{(m^2-1^2)(n^2-1^2)}{3x+}\frac{(m^2-2^2)(n^2-2^2)}{5x+\cdots}$$

许多有趣的连分数都是这些函数乘积的连分数的极限情形. 例如,L. W. 布龙克尔(L. W. Brouncker)关于 π 的连分数

$$\pi=\frac{4}{1+}\frac{1^2}{2+}\frac{3^2}{2+}\frac{5^2}{2+\cdots}$$

以及R. 阿佩里(R. Apéry)在关于 $\zeta(3)$ 无理性的著名工作中所用到的连分数

$$\zeta(3)=1+\frac{1}{2\cdot 2+1+}\frac{1^3}{6\cdot 2+1+}\frac{1^3}{}\frac{2^3}{10\cdot 2+}\frac{2^3}{\cdots}$$

10. 函数与模方程

拉马努金关于 θ 函数理论的研究看来没有受到任何其他作者的影响. 他的一般 θ 函数

$$f(a,b)=\sum_{n=-\infty}^{\infty}a^{\frac{n(n+1)}{2}}b^{\frac{n(n-1)}{2}}\quad(|ab|<1)\quad(7)$$

是一般经典 θ 函数的另一种表示. 对于拉马努金来讲,这种表示更有用,由它可直接得出对称性

$$f(a,b)=f(b,a)$$

拉马努金关于式(7)的 3 个最重要的特例分别为

$$\varphi(q)=f(q,q)=\sum_{n=-\infty}^{\infty}q^{n^2}$$
$$\psi(q)=\frac{1}{2}f(1,q)=\sum_{n=0}^{\infty}q^{\frac{n(n+1)}{2}}$$
$$f(-q)=f(-q,-q^2)=\sum_{n=-\infty}^{\infty}(-1)^nq^{\frac{3n(n-1)}{2}}$$
$$=(q;q)_\infty=q^{-\frac{1}{24}}\eta(z)$$

其中 $q=\exp(2\pi iz)$,$\mathrm{Im}(z)>0$,$\eta(z)$ 表示戴德金 η 函数.

拉马努金推导出大量的 θ 函数恒等式,其中许多是经典的,但也有不少是原创的. 例如,对于 $|q|<1$,有

$$\frac{\psi^3(q)}{\psi(q^3)} = 1 + 3\sum_{n=0}^{\infty}\left(\frac{q^{6n+1}}{1-q^{6n+1}} - \frac{q^{6n+5}}{1-q^{6n+5}}\right)$$

拉马努金的最漂亮和有用的 θ 函数恒等式，当属他关于戴德金 η 函数的 23 个恒等式. 我们仅举一例，令

$$P = \frac{f^2(-q)}{q^{\frac{1}{6}}f^2(-q^3)}$$

$$Q = \frac{f^2(-q^2)}{q^{\frac{1}{3}}f^2(-q^6)}$$

则有

$$PQ + \frac{9}{PQ} = \left(\frac{Q}{P}\right)^3 + \left(\frac{P}{Q}\right)^3$$

积分

$$K = K(k) = \int_0^{\frac{\pi}{2}} \frac{\mathrm{d}\phi}{\sqrt{1-k^2\sin^2\phi}} \tag{8}$$

称为第一类完全椭圆积分，其中 $k(0 < k < 1)$ 称为模. 容易证明

$$K(k) = \frac{\pi}{2}\,{}_2\mathrm{F}_1\left(\frac{1}{2},\frac{1}{2};1;k^2\right) \tag{9}$$

这里

$${}_2\mathrm{F}_1(u_1,u_2;w;x) = \sum_{n=0}^{\infty}\frac{(u_1)_n(u_2)_n}{(w)_n}\cdot\frac{x^n}{n!}$$

其中 $(u)_n = u(u+1)\cdots(u+n-1)$.

椭圆函数理论中经典而且最重要的定理之一是“反演公式”，即下面的式(11). 像通常在椭圆函数理论中那样，令

$$q = \exp\left(-\pi\frac{K'}{K}\right) = \exp\left(-\pi\frac{{}_2F_1\left(\frac{1}{2},\frac{1}{2};1;1-k^2\right)}{{}_2F_1\left(\frac{1}{2},\frac{1}{2};1;k^2\right)}\right) \tag{10}$$

$$k' = \sqrt{1-k^2}$$

其中 K 由式(8)定义,$K' = K(k')$,而

$$k' = \sqrt{1 - k^2}$$

称为补模. 于是,有

$$\varphi^2(q) = {}_2F_1\left(\frac{1}{2},\frac{1}{2};1;k^2\right) \tag{11}$$

式(11)两端的值记作 z.

拉马努金给出了式(11)的一个证明. 式(11)以及 θ 函数的若干初等恒等式可用来计算函数的值,这些值用参数 q,k 和 z 表示. 在第二本笔记中,拉马努金为 θ 函数的值提供了一个"目录". 例如

$$\varphi(-q^2) = \sqrt{z}(1 - k^2)^{\frac{1}{8}}$$

$$\psi(q^2) = \frac{1}{2}\sqrt{z}\left(\frac{k^2}{q}\right)^{\frac{1}{4}}$$

这个"目录"是拉马努金模方程的基础.

我们来给出模方程的定义. 设 K,K',L 和 L' 分别为对应于模 k,k',l 和 l' 的第一类完全椭圆积分. 假设对于某个正整数 n,有

$$\frac{L'}{L} = n\frac{K'}{K} \tag{12}$$

那么,n 次模方程就是蕴含在式(12)中的模 k 和 l 的一种关系. 由式(10),令

$$q' = \exp\left(-\frac{\pi L'}{L}\right)$$

则式(12)等价于

$$q^n = q'$$

众所周知,k 和 l 可以用 θ 函数表示,因此,n 次模方程也可以看作 θ 函数某些值之间的恒等式,这些值取自变量 q 和 q^n.

从某种意义上说,模方程理论是从高斯变换和兰登提出二次模方程开始的. 但通常认为,这个学科的历史始于1825年勒让德的三次模方程. 在接下来的一百年里,更多的模方程由 E. Fielder, R. Fricke, A. G. Greenhill, C. Guetzlaff, M. Hanna, C. G. J. Jacobi, F.

Klein, R. Russell, L. Schlafli, H. Schroter, H. Weber 等人得到. 然而, 拉马努金在他的笔记本中所记录的模方程, 也许比那些前辈们加起来所得到的还要多.

我们来看模方程的几个例子. 设

$$\alpha = k^2, \beta = l^2$$

勒让德的三次模方程(拉马努金也发现了)是说

$$(\alpha\beta)^{\frac{1}{4}} + \{(1-\alpha)(1-\beta)\}^{\frac{1}{4}} = 1$$

关于 $\alpha\beta$ 和 $(1-\alpha)(1-\beta)$ 的模方程称为无理模方程. 这种方程通常是最简单并且是非常有用的.

另一种有用的模方程是施勒夫利(Schlafli)模方程. 令

$$P = \{16\alpha\beta(1-\alpha)(1-\beta)\}^{\frac{1}{8}}$$

$$Q = \left(\frac{\beta(1-\beta)}{\alpha(1-\alpha)}\right)^{\frac{1}{4}}$$

则有

$$Q + \frac{1}{Q} + 2\sqrt{2}\left(P - \frac{1}{P}\right) = 0$$

这是一个三次模方程, 由施勒夫利于 1870 年首先得到, 后由拉马努金重新发现. 这种方程对于类不变量的计算是非常重要的.

第三个例子是 17 次模方程

$$\frac{\varphi^2(q)}{\varphi^2(q^{17})} = \left(\frac{\beta}{\alpha}\right)^{\frac{1}{4}} + \left(\frac{1-\beta}{1-\alpha}\right)^{\frac{1}{4}} + \left(\frac{\beta(1-\beta)}{\alpha(1-\alpha)}\right)^{\frac{1}{4}} - 2\left(\frac{\beta(1-\beta)}{\alpha(1-\alpha)}\right)^{\frac{1}{8}}\left(1 + \left(\frac{\beta}{\alpha}\right)^{\frac{1}{8}} + \left(\frac{1-\beta}{1-\alpha}\right)^{\frac{1}{8}}\right)$$

这是拉马努金发现的.

一般地, 一个模方程可以表示为一个 θ 函数的恒等式, 然后再去证明这个 θ 函数的恒等式. 虽然我们不知道拉马努金的方法, 但他明显是利用 θ 函数基本的初等性质来做的. 对于拉马努金的很多模方程, 我们还不会用拉马努金也许已经知道的工具去做, 因而不得不求助于模形式理论. 虽然模形式是非常强有力的工具,但这样做在方法论上不太让人满意.

本书既适合阅读,也适合收藏.藏书也是一种雅好,“藏物源自惜物情,惜物出于慈悲心.”收藏家说:“收藏是与古人对话,是探究历史、追问曩昔的最具说服力的实物证据.收藏家要有‘爱’的意识.收就是购,藏就是不卖.收藏能打动自己的藏品,以藏品为引索,去感受不曾谋面的世间过往,使之成为行笔成文的素材,让历史的画面再现于读者.”

刘培杰
2019年3月23日
于哈工大

初级统计学——循序渐进的方法(第10版)(英文)

艾伦·G.布鲁曼　著

编辑手记

不管我们愿意不愿意、做没做好准备,那种充满神圣感、英雄辈出的火红年代终已成为历史.一个充满商业气息、平民热衷于小日子的"平庸时代"来临了.以往以哲学与数学为王的精英式教育模式也无可奈何地转型为以社交礼仪和商业统计的世俗化的大众模式.以往的统计学特别是初级统计学在学问人眼中是等而下之的,是上不了台面的,以至于中国之大我们很难说出一名统计学的明星教师,唯一的例外是王小波.他曾留学美国,回国后在中国人民大学教统计学,但他扬名天下却靠的是文学,以至很少有人知道他曾是个统计学教师.

作为一个现代人,你一定要懂得一些统计学,否则你的知识结构是不完整的,你的认识一定会出偏差的,进而你的行动一定会是失败的.为了说明对统计数据的解读与你的认知的关系,我们先引两篇微信公众号中的文章.

第一篇是:

用数据撕开假象:
整个舆论都在制造一种中国很富有的假象

很多人从出生开始就待在自己挖的一个洞穴里,我们所看见的世界只不过是被阳光抛到洞穴墙壁上的影像,而我们这些洞穴的居民却把它当作是真实的世界,因为我们没有见到过其他的东西.而真实的世界却是在洞穴之外,在有太阳的地方.

“煎饼大妈月入3万”“实习生月入5万”“月薪1万是讨饭”“年薪10万的”…… 网络中总是充斥着这样的新闻.

整个舆论都在制造一种中国很富有的假象,这不过是媒体贩卖焦虑、收割流量的套路罢了.

如果用数据拨开浮云,你会发现真实的中国并没有像媒体描绘的那般富有.

事实是中国并没有你想象的那么富有.根据国家统计局在2019年1月8日发布的《中华人民共和国2018年国民经济和社会发展统计公报》显示:2018年全国居民人均可支配收入28 228元;城镇居民人均可支配收入39 251元,人均月可支配收入3 270元;农村居民人均可支配收入14 617元,人均月可支配收入1 218.5元.

如表1,如果将全国居民人数五等分,那么我们可以更直观地看到收入水平的分布情况.全国人口中收入最高的20% 的人平均可支配收入为64 934元,也就是说如果你每月可支配收入达到5 411元,你就打败了80% 的中国人.

表1　中国居民人均可支配收入分组

组别	占比	人均可支配收入/元	
		年度	月度
高收入组	20%	64 934	5 411
中等偏上收入组	20%	34 547	2 879
中等收入组	20%	22 495	1 875
中等偏下收入组	20%	13 843	1 154
低收入组	20%	5 958	497

当然你可能会认为中国幅员辽阔，区域发展差距大，那些贫困的地方拉低了整体收入水平. 那我们就把眼光聚焦到发达地区，拿上海举例，作为全国的金融贸易中心，去年上海人均收入是全国最高的. 根据统计局数据显示，2018 年上海全市居民人均可支配收入 58 988 元，其中工资性收入 34 365 元，算下来上海人均可支配收入竟然不到 5 000 元／月，工资性收入竟然不到3 000 元／月.

这些数据是不是与你的认知存在很大偏差，在很多人的心目中生活在上海的都是光鲜亮丽的都市白领，出入高端写字楼，月入过万都是标配.

在五等分中，“低收入组”的年人均可支配收入只有 5 958 元，平均下来，每月收入不到 500 元. 5 958 元还真谈不上贫困. 中国的贫困标准是每人每年2 300 元，以这个标准计算，2017 年年末，农村贫困人口为 3 046 万人(图 1).

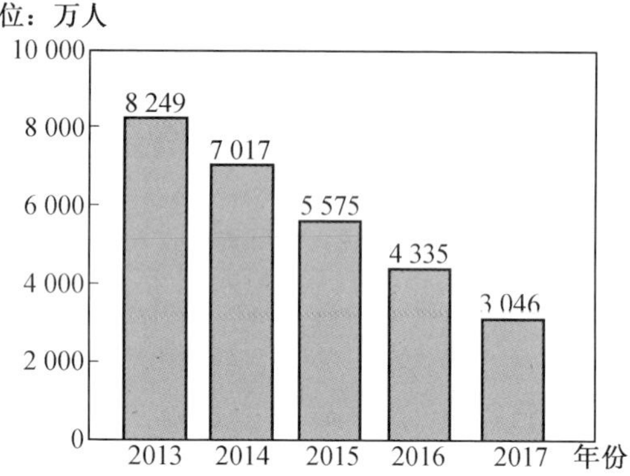

图 1　2013—2017 年年末全国农村贫困人口

当你花几千块钱买一部手机的时候，可能不会想到，这可能是 3 000 万人每人全年的收入.

孔子说：“有国有家者，不患寡而患不均.”

第二篇是：

低学历者发财的概率有多大？结果很吃惊！

先看表2和表3.

表2 Mean Earnings by Highest Degree Earned，$：2009

Education level	Mean Earnings
Doctorate	103 000
Professional	128 000
Master's	74 000
Bachelor's	57 000
Associate's	40 000
Some college, no degree	32 000
High school graduate only	31 000
Not a high school graduate	20 000
All	42 000

表2是美国社会收入和最高学历的关系，表3是美国社会失业率和受教育程度的关系，数据来自SAUS和BLS.

最高学历群体比高中学历群体的平均收入高整整六倍，且每个教育阶层都显示出明显的级差，这个差距称不称得上天壤云泥？

在社会统计领域，有无数权威统计资料证明受教育水平和收入水平、健康水平、预期寿命、心理健康水平、道德水平、社会责任感水平等几乎所有的人类社会指标都呈无可争议的正相关.

表3 **Unemployment Rates by Educational Attainment**

Year	Less than High School	College and above
2001	7.2	2.3
2002	8.4	2.9
2003	8.8	3.1
2004	8.5	2.7
2005	7.6	2.3
2006	6.8	2.0
2007	7.1	2.0
2008	9.0	2.6
2009	14.7	4.6
2010	14.9	4.7
2011	14.3	4.3

可是为什么这年头网上越来越多人,大肆地鼓吹读书无用论和反智主义?

图2为网民受教育程度分布.曾有调查显示,过半网络话语权是掌握在相对低教育程度群体手中,他们出于自身利益与社会认同感,或会极力贬低教育的价值.

比如此前70%的网友要求高考取消数学,是因为数学没用,还是因为数学考试的存在不符合他们的利益?一目了然.

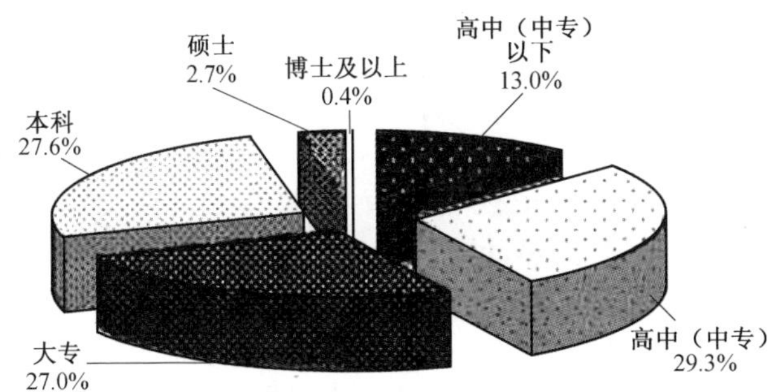

图2　网民受教育程度分布

图3是2011年中国的平均收入和受教育水平的关系.

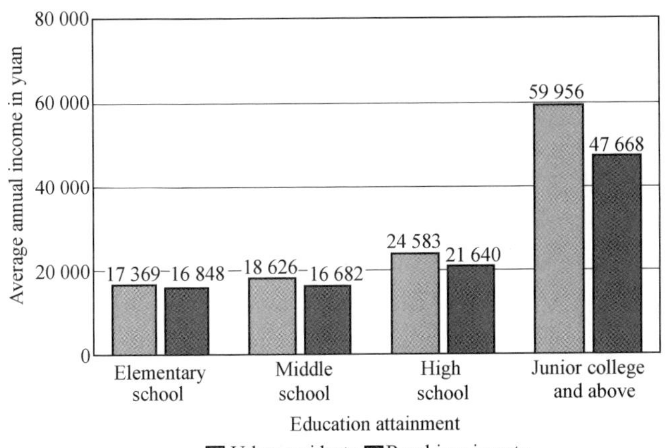

Source: Survey and Research Center for China Household Finance

图3　Average annual income in China in 2011, by education and residency (in yuan)

从图3中明显可知,大专以上文化程度的劳动者平均收入比起高中文化程度的劳动者有一个质的飞跃(超过2.5倍的差距).

关于收入和绝对财富的关系.

收入和绝对财富的关系绝对是正相关,还不是线性正相关而是J型曲线,绝对财富随着收入增长呈指数增长,因为消费增长的速度并没有收入增长的快.

从第二次世界大战以后,全世界范围内的投资回报率都比 GDP 增长率高 2 ~ 4 个百分点,经济学上马太效应可以很好地解释这一现象.

再来一张图说明吧(图 4).

Who Wants to Be a Millionaire?

Share of famillies headed by someone over age 40 with a net worth above one million dollars, by highest level of educational attainment

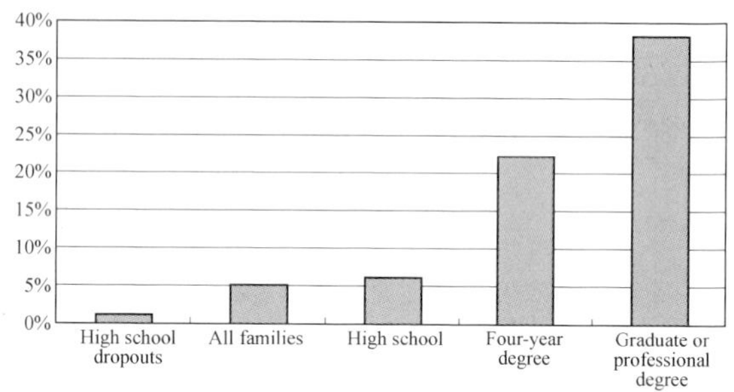

Source: Federal Reserve Bank of St. Louis. WSJ. com

图 4

美国联邦储备系统 St. Louis 分部的统计数据,说明了家庭中受教育程度最高者(需大于40岁)的受教育程度与家庭净财富超过 100 万美元的比例的关系. 可见绝对财富的级差比收入级差触目惊心多了. 硕士学历以上家庭比高中学历家庭的百万富翁比例高 30 倍!

30 倍! 够吓人吧! —— 感谢父母送我读书!

本书是为了配合哈尔滨工业大学争创"双一流"工程而原版引进的一部国外优秀教材.

本书是为学习基础代数的学生编写的,帮助他们更好地开始统计学课程. 根据本书作者介绍的采用非理论的方法,没有正式的证明和直观的概念解释,而是通过丰富的例子来让学生明白相关问题.这些例子的范围非常广泛,包括商业、体育、健康、建筑、教育、娱乐、政治科学、心理学、历史、刑事司法、环境交通、物理科学、人口统计学、饮食习惯、旅游和休闲等方面的问题,一定能激发不同背景的学生的兴趣.

本书是第十版,有很多的改变,但学习体系保持不变,为学生提供了一个可以学习和应用概念的实用框架.一些保留的特点如下:

1. 每一章的主要章节末尾都有 1 800 多个练习题.

2. 第9章、第12章和第13章里面的假设检验的总结向学生展示了不同类型的假设和测试.

3. 数据库列出了100个人的各种特性(教育水平、胆固醇水平、性别等),以及使用真实数据的几个附加数据集,并在本书的各种练习中被引用.

4. 每章的总结、要点和重要的公式会帮助学生概括每章的主题,提供给学生一个用于小测试和考试的良好资源.

5. 每章结尾都有用于复习的练习题.

6. 被称为数据分析的特殊部分要求学生使用数据执行各种统计测试或程序,然后总结结果.数据包含在附录 B 的数据库中,可以从书中的网站 www. mhhe. com/bluman 上下载.

7. 在每章末尾有多项选择题、判断题和简答题,测试学生的知识掌握程度和对本章内容的理解程度.

8. 附录为学生提供了广泛的参考图表、词汇表以及所有测验问题的答案.其他在线附录包括代数评论、报告撰写大纲、贝叶斯定理以及使用标准正态分布的替代方法,可以在网站 www. mhhe. com/bluman 上找到.

9. "应用概念"的功能包含在所有部分中,使学生有机会思考新概念,并将其应用于与报纸、杂志、广播和电视新闻节目类似的示例和场景中.

本书的目录如下:

第一章　概率和统计的本质
第二章　概率分布和图表
第三章　数据描述
第四章　概率和计算规则

第五章　离散概率分布
第六章　正态分布
第七章　置信区间和样本大小
第八章　假设检验
第九章　测试两种均值、两种比例和两种方差之间的差异
第十章　关联与回归
第十一章　其他χ方测试
第十二章　方差分析
第十三章　非参数统计
第十四章　取样和模拟

本书特别符合我国目前高等教育的实际情况，因为我们有两大需求：一是通识教育；二是大数据时代的到来.

在古希腊出现了最早的所谓通识教育，指公民所应当具备的知识与能力，同时参与到公共生活，普通公民需要掌握哲学、逻辑学、语言、演讲术、音乐、天文、数学，等等. 而现代社会继承了这种通识教育的精神，参加过通识教育的公民在大学毕业后，除了具备自己的专业技能外，还具备完整的智慧能力.

统计学究其本质就是对数据的处理，使学生在传统思维之外还具有一种新时代所特需的数据思维.

数据思维有利于培养一个公民在社会上用来表达自我所必备的技能.

数据驱动的思维方式，不应该仅限于计算科学家，更应该作为一项全人类应该掌握和应用的基本技能，因此每一个人都应该热衷于数据思维的学习和应用. 相对于将大数据看作是工具或是技术，它更可以被抽象地当作关于现实的新型的观点或观察方式，从而利用它来重新理解世界以及世界的发展方向.

数据科学是重新思考世界的一种思维方式.

举一个例子，比如汽车的使用. 在现实广告商的引导下，人们只能感性地认识到汽车是一个生活必需品. 然而当拿出它的利用率只有 4% 这个数据时，你才能够直观地感受到它的“不必需”. 可以理解的是，其实汽车买来大部分被停在地下车库，而人们完全可以通过租车或共享汽车来完成这方面的需求，从

而达到可持续发展的目的.

除此之外,还有教育资源的浪费.如何优化学习,使所有学生得到公平的教育,这一直是教育工作者所研究的问题.然而,如果我们通过收集数据并进行分析,然后互相对比得到最优的教学方式和教学模式,那么学习的效率就会大大提高.对于每一节课堂的每一个孩子,如果能够实现大数据的分析,我们就可以克服这一方面的数据资源的浪费.

在《大数据时代:生活、工作与思维的大变革》中,维克托·尔耶·舍恩伯格明确指出:大数据时代最大的转变就是,将对因果关系的研究转向对相关关系的研究.换言之,人们并不需要知道"为什么",只须知道"是什么".这其实是向人类的认知和与世界交流的方式提出了全新的挑战.

数据思维相比于科学思维形成的更早,它向来都是人类的一种思考模式.可以这样说,数据思维在经过一定的锻炼和演化后形成了科学思维,并出现了统计学这样的应用学科.

大数据背后的数据科学还是一个新的学科,是基于计算机科学、统计学、信息系统等学科对大数据世界的本质规律进行探索与认识的理论,甚至还发展出新的理论,其研究数据是从产生与感知到分析与利用整个生命周期的本质规律而得到的,是一门新兴的学科.

再举一个例子:

2019年2月25日的期权市场注定会被写入历史,圈外人会被一天上涨192倍的"50ETF购2月2800合约"刷屏,惊叹于金融市场的造富神话.圈内人会关注到这次波动率灾难造成的大批卖方爆仓,再一次感叹风控在期权交易中的重要性.

从统计学的角度得出的结论是纯粹的历史数据统计结论,不能过度依赖.这一点许多交易大师都强调过,典型的案例是拥有豪华阵容的长期资本公司的崛起和陨落.但实际交易过程中,投资者还是会由于一开始大概率会持续赚钱而逐渐加大仓位,当超出历史数据统计结论的黑天鹅事件来临时遭受重大损失,轻则回吐大部分利润,重则爆仓.

历史数据的统计结论的确提供了一定程度上的确定性,可以作为交易逻辑的一部分.但只要在逻辑层面有存在黑天鹅事件的可能,就不能完全依赖于这个结论加杠杆重仓,毕竟长远看,历史数据都是会被不断刷新和突破的.

作为一个盈利稳定的长期交易策略,虽然每月和每年的收益率不一定非常高,但在复利效应下,经过五年以上,净值翻倍或者翻二到三倍是大概率事件,这时候如果由于黑天鹅事件导致净值大幅回撤,相对于初始本金而言,损失是会非常巨大的,因此纯粹的历史数据统计结论不能过度依赖.

我们工作室近期还将引进大批国外优秀教材,敬请期待!

刘培杰

2019 年 4 月 20 日

于哈工大

工程师与科学家统计学(第4版)(英文)

威廉·耐威迪　著

编辑手记

本书是一本写给未来工程师和科学家的概率与统计学教材.

斯坦福大学机械工程博士豪尔赫·陈,写了一本很有影响的文章,其中有这样一句,“一想到还有95% 的问题留给人类,我就放心了”.

我们之所以不知道如何精确地估计产生生命的条件,是因为我们只有一个数据样本:我们自己.如果你只见过一次闪电,你要怎样估测它的发生概率呢?

正如T.C.Fry所说:数学简化了思维过程并使之更可靠.这是它对工业的主要帮助.

人类从古代农耕社会进入近代工业社会,一个显著的改变就是数学的大量使用.

著名史学家黄仁宇在《万历十五年》中总结出朝代更迭、王朝崩溃的主要原因是缺少数字化的管理技术.而现代国家的标志则是数学的广泛应用.

数学不是自然科学或社会科学,它的对象及研究目标不像这些学科那样明确和集中.从古到今,数学中所包含的对象、学科及分支变化多端.在中世纪,除了算术和几何之外,天文及乐理也是数学的分支.到17世纪,木工、石工、建筑、火器、占星术等都是数学的内容;从那时起,静力学、水力学、光学、地图绘制法等,仍然被看成大数学的一部分,尽管它们早已成为独立学科.数学内容的庞杂也可以说是数学的一大特征.

除此之外,许多基础的数学学科,它们的内容也发生了很大的改变,甚至面目全非了.经典代数学主要研究代数方程的求解,而经过几次变化,现代代数学主要研究代数结构.这样一来,数学的统一尽管多次被提起,但是总难以概括全部数学.因此,时至今日,数学仍然是既具有多样性对象,也具有多种目标的学科,尽管它们之间有着千丝万缕的联系.

大部分最早的数学问题属于解决"如何"(how)的技术问题,它们大都来源于实践.最初的问题包括计数、计算、测量、作图等方面.后来逐步形成特殊的或一般的数学问题.在解决这些问题的过程中,形成了算法以及操作步骤的概念.在计算过程中,形成了算术,特别是解数值代数方程的算法.到近代,这推动了符号代数学、求解代数方程的技术以及把这些技术推广到无穷算法、代替综合方法的代数方法的发展,从而形成了无穷小演算及解析几何学.其后,各个数学分支也提出了相应的算法问题,例如拓扑学中计算同调群、同伦群等.从这个意义上讲,数学在本来意义上是一种计算技术,或更广一点讲,是操作技术.而研究这种技术的目标就是发明算法或解题的步骤,以求得问题的解决.应该说,这是一种富有创造性的研究工作.以计算为例,由精确计算到近似解析计算到数值计算到计算机软件,一直是数学研究的重要内容.除计算之外,还有测量、绘图、统计、运筹等操作以及相应的或衍生的各种问题,例如古典几何中的许多几何作图问题,特别是用圆规、直尺作图的几何三大问题,以及更一般的作图方法.为了解决这些问题,还要发明许多技术,如各种投影技术等,它们至少在过去都属于大数学.在数学分析的范围内,级数求和、渐近展开、积分变换等都是高级的计算技术.

本书的主要内容是概率论与数理统计.早期这两个分支多半是相伴而行,但现在由于统计学的广泛应用大有分家之势.而许多大学里数学专业和统计专业是并列的.曾盛传一个概率与统计不团结的轶事,斯坦福大学教授钟开莱和 Erhan Cinlar 教授曾共同创办了一系列讨论概率论难题的讲习班,定期在不同的大学举行.有一期讲习班设在钟开莱任教的斯坦福,时间定在周二下午,Cinlar 就跟钟开莱说:“周二下午斯坦福还有一个统计学大会,很多统计学家肯定两个会议都想参加,你不如换个时间.”

然而,钟开莱毫不掩饰地笑出了声,“我就是特意安排这个时间的!这样所有的统计学家就来不了我的讲习班了.我最讨厌统计学家.”

钟开莱一生写了十余部著作,其清晰的逻辑和严谨的叙述,使他的概率论教材成为享誉世界的经典.全世界大部分相关专业的大学生都用过他的书,影响了几代概率论学生.

可能还有许多人对钟先生不了解.经过半个世纪的耕耘,钟开莱被誉为“美国概率学界学术教父”.如今美国研究概率论的教授,不是他的学生,就是他学生的学生.

而普林斯顿大学 Cinlar 教授也是一位名人.他的最著名的一句名言是:“死亡不就是一个随机分布吗?”

本书的中文书名可译为《工程师与科学家统计学》,据作者介绍,其编写想法源于科罗拉多矿业学院统计学院和工程学院关于工程师入门统计课程的讨论.他们的工程系教师认为学生需要大量报道误差的传播技能,并提高强调模型拟合的技能.统计学系认为,学生需要更多地了解一些重要的实际统计问题,例如模型假设的检查和模拟的使用.

本书作者的观点是,工程和科学专业的入门统计学教材应该在一定程度上提供所有与这些主题相关的内容.此外,该教材应该足够灵活,允许对覆盖范围做出各种选择,也正是因为这个原因使得设计一门成功的入门统计学课程的方法有很多种.最后,该教材应该提供在现实环境中呈现重要思想的例子.由此,本书具有以下特点:

1.在概率的表达上是灵活的,使教师在选择话题的深度和广度上有很大的自由.

2.包含了许多以真实的、当代的数据集为特色的例子,既能激励学生,又能展示它们与工业和科学研究的联系.

3.包含了许多计算机输出的例子和适合用计算机软件解决的练习题.

4. 对误差传播作了广泛的论述.

5. 对模拟方法和引导程序进行了深入介绍,包括验证正态性假设、计算概率、估计偏差、计算置信区间和测试假设的应用程序.

6. 与大多数介绍性文章相比,本书提供了更广泛的线性模型诊断程序. 这包括检查残差图、变量变换和多变量模型中变量选择的原则.

7. 涵盖了标准的介绍性主题,包括描述性统计、概率、置信区间、假设检验、线性回归、阶乘实验和统计质量控制.

本书的大部分内容对那些有一个学期微积分学习基础的人来说在数学上是容易理解的. 不过书中有些内容需要偏导数的误差的多元传播和多次积分的联合概率分布的相关知识.

在过去的 40 年中,快速且价格低廉的计算的发展彻底改变了统计实践;实际上,这是统计方法越来越深入科学工作的主要原因之一. 今天的科学家和工程师不仅必须擅长计算机软件包的应用,还必须具备从计算机输出中得出结论并用语言陈述这些结论的技巧. 因此,本书包含了涉及解释和生成计算机输出的练习和示例,尤其是在线性模型和因子实验的章节中. 许多统计软件包可供教师在课程中使用,这本书可以帮助教师有效地使用任何软件包.

通过让刚入门的学生使用模拟方法,计算机和统计软件的现代可用性也产生了重要的教育效益. 模拟使统计学的基本原理变得生动起来. 这里介绍的模拟材料旨在强化一些基本的统计思想,并向学生介绍这个强大工具的一些用途.

本书为第 4 版,加强了第 3 版的优势,一些改变如下:

1. 书中包含了大量的练习题,其中有很多涉及了最近出现的真实数据.

2. 第 5 章增加了一节关于总体方差的置信区间.

3. 第 6 章包含了测试总体方差的一些材料.

4. 拟合优度测试的材料被扩展了.

5. 书中许多地方的说明也被改善了.

本书目录为:

本书是为哈尔滨工业大学争创“双一流”活动而引进的．希望会对哈尔滨工业大学这所工程师的摇篮的实至名归有所贡献．

刘培杰
2019 年 3 月 19 日
于哈工大

大学代数与三角学(上)(英文)

朱莉·米勒
堂娜·基尔肯 著

编辑手记

似乎整个社会形成了一个共识:我们的教育出了问题,特别是高等教育.

人类学家 A. L. Kroeber 曾问过这样一个问题:为什么天才成群地来?19 世纪 90 年代的中国,似乎就印证了"天才成群地来"这句话.在这成群而来的学术人物中,有的是单打独斗,靠着自身的研究对学术界产生了广泛的影响,也有的除了个人学术外,还留下了制度性的遗业,至今仍在学术界中发挥其影响力,前者可以华罗庚、陈省身为代表,后者可以苏步青、陈建功为例.

但后来便有了钱学森之问:"中国为什么培养不出大师了?"制度的选择与安排牵涉政治,不便多谈,单从具体操作层面看,缺乏优秀的教材是一个原因,另外教材编写门槛过低且低水平重复也是一个原因.

本书是为"双一流"建设而引进的一本国外原版优秀教材.它相当于大学预科的程度,可供来自不同群体的学生选修这门课程,本书作者朱莉·米勒(Julie Miller)和堂娜·基尔肯(Donna Gerken)使用简单易懂的语言编写了这份讲稿,通过他们亲切和引人入胜的写作手法,学生可以轻松地理解书中材料.

相比我国现在流行的一些大学教材,它显得通俗易懂,不像我们的一些数学书那样"高冷",拒人于千里之外.杨振宁先生曾在一次演讲中不无幽默的指出:有同学说知道我讲过一句话,近代数学书有两种,一种看了一页就看不下去,一种看了第一句话就看不下去.确实我是讲过这句话,因为我有亲身的经历.数学的书到了20世纪中叶以后越来越精简,越来越把赤裸裸的逻辑放在最外边,所以,虽然它的逻辑系统是对的,可是你看的时候却不知道它要向什么方向走,所以是非常难看的.(摘自《杨振宁的科学世界:数学与物理的交融》,季理真、林开亮主编,高等教育出版社,2018.)

本书内容十分丰富且讲解非常到位,不像我们的许多国内教材,本子薄、内容少、题目很简单,但考试却反之.这样就给教辅材料和课外培训机构留下了巨大的中间地带,于是导致教辅市场鱼龙混杂,泥沙俱下,一片混乱.而课外培训机构则更是乱象丛生,几成公害.那我们能否学习一下国外,做到,课本,课本,一课之本.

本书中的例子是越来越详细的,并附有正确解释每个步骤的详细注释.每个例子后面会有一个相似的技巧练习,引导学生实践他们刚刚学习的内容.

对于指导教师来说,书中每个例子旁边会提供若干可供练习的参考.这些练习在练习集中用蓝色圆圈突出显示,并反映相关例子.随着教师对时间需求的增加,这已经成为一个很受欢迎的功能,帮助教师撰写他们的讲座、充实他们的演示材料.如果教师展示了所有的重点练习,那么该部分教材内容的每个教授目标都将被覆盖.

著名数学家 T. J. Fletcher 曾指出:数学教学也需要更好地与工业研究中的现代应用相结合,实际上这些应用应该常常用来作为讲授这门课的媒介.如果以为这些应用仅仅是辅助性解释,是肉已烧好后加上的酱油,那是误解了它们在教学中的作用.但是要点不在于这些题材中的可应用性,而是从学生那里唤起他们对数学的响应.

本书中有很大一块是讲数学的建模与应用.激励学生最重要的工具之一就是让数学在他们的生活中变得有意义.本书中充满了丰富的应用和众多数学建模的机会,可供那些希望将这些功能融入课程的教师使用.而且还特别强调了在物理学中的应用.关于数学与物理的关系,杨振宁先生曾举过一个很好的例子:Hermann Weyl 是 20 世纪一位著名的数学家,他在数学上有多方面重要的贡献,他对哲学有非常大的兴趣,在物理学里也有很重要的贡献.他在物理学里的贡献是从他的数学与哲学观点出发的,与一般的物理学家从物理的现象出发是不一样的.广义相对论发表以后,Albert Einstein 说:我们现在对引力场有了一个几何的理解,我们知道另外还有一个场,这个场是电磁场,所以应该把电磁场也几何化,而且把电磁场跟引力场合起来,变成一个统一的几何化的统一场论.两年以后(1918年),Hermann Weyl 响应了 Albert Einstein 的这个号召,写了一篇文章,引进了一个概念.这个概念是说:根据 Albert Einstein 的广义相对论,一个向量在时空之间走一个圈,回到原来的地方,由于时空不是平面的,而是曲面的,那么这个向量用平行移动走了一圈以后回来,不一定是在原来的方向.这是一个奇妙的、几何的和物理的观念.Hermann Weyl 在 1918 年就想到:一个向量经过平行移动,回来了以后,它的方向可以跟原来的方向不一样.那么,为什么它的长度不可以也同样发生改变,等到它回来的时候,与原来的长度不一样了呢?这是 Hermann Weyl 的基本想法.所以 Hermann Weyl 就引进了一个概念,叫作"伸缩因子".他说:假如你让一把尺子在四维时空里走一圈,回到原来的地方,在走的时候,就跟平行移动的概念类似,这把尺子长短随时在变,等到它回到原来位置的时候,尺子的长度就可能与原来不一样了,可能拉长了,这个拉长的因子就叫作伸缩因子(stretch factor),那么它的数学表示就是这样的一个指数的因子,……(摘自《杨振宁的科学世界:数学与物理的交融》,季理真、林开亮主编,高等教育出版社,2018.)

本书的另一大特点是图形计算器覆盖,本书介绍了素材,说明了如何使用图形工具以图形方式查看概念.计算器材料的目标不是取代代数分析,而是用视觉方法增强理解.图形计算器示例放置在独立的框中,并且可以由不利用计算器的教师选择性地跳过.类似地,图形计算器练习可以在练习集的末尾找到,也可以很容易地跳过.

著名数学家 J. W. Tukey 指出,我们正处于这样一个转折点:符号计算可以给出级数展开的五项、十项或五十项,甚至二百项;若用手算,一项还相对地容易,算两项就勉强了.这是一个主要的转变并将在数学与科学的几乎所有关系上产生重大的影响.

学习数学的不二法门是做练习,做大量的习题,但选择什么样的习题供初学者练习是有讲究的.本书每个部分末尾的练习题都经过了评分、变形和精心组织,以最大限度地提高学生的学习效果.

本书还有两类练习:

一类可以称为问题识别练习.问题识别练习出现在书中每一章的关键位置.这些练习为学生提供了综合多个概念的机会,并决定将哪种解决问题的技巧应用于给定的题目.

另一类是所谓微积分的练习.代数的微积分练习具体针对学生在微积分中使用的技能,如极限的简化,以及求导后的简化.微积分的方程和不等式是另一个练习集,它提供了在微积分中见到的样本方程和不等式,这些技能包括找到使表达式为零或无定义的值,从而找到微积分中的关键数字.

编写教科书看似简单.许多中学老师诟病我们的某些版本的数学教材虽然有院士挂帅,也有些所谓课程专家参与,但使用者的体验并不好,效果也是不甚理想.原因可能是多方面的,但用户至上理念的缺失是关键,而本书则做得相当好.

在整本书中,用流形的工具来突出重要的思想,包括:

1. 对概念或过程提供额外见解的提示框;
2. 避免常见错误框;
3. 提供有趣的、与数学史事实相关的兴趣点框;
4. 协助课程准备的教师笔记.

笔者有多年的数学教学实践,初中生、高中生、大学生都教过,从一个数学教师的视角审视本书可以说它是优秀的."他山之石,可以攻玉",你以为如何?

刘培杰

2019 年 3 月 11 日

于哈工大

培养数学能力的途径(第2版)(英文)

大卫·索贝奇
布莱恩·默瑟　著

编辑手记

N. A. Court 曾指出:

> 数学不但给了人类以利用自然的技术工具,提供了一个伟大的,无与伦比的智慧美与享受的宝库,而且它还使人类对其自身及其命运充满信心,给人类以希望,鼓励其进一步斗争,争取更好的、更高尚的和更加美的生活.

说得直白一点,数学不仅仅是我们战胜自然,改造自然的工具与手段,还是我们现代人的核心素养与文化.

在来自作者的一封信中,作者写道:

当我们开始编写本书的第1版时,数学素养并不是一个特别明确的主题.在规划阶段,我们尽最大的努力将我们自己的课堂体验与全国各地教师搜集的信息结合起来,我们对这本书感到非常自豪,但在过去的四年中,我们已经学到了更多、更发达的领域的新知识,这就诞生了本书的第2版.

对于那些刚接触数学素养的人来说,让我们首先解决什么是数学素养.在我们看来,我们作为大学数学系教师花了太多年时间来教授发展课程,好像学生们都在学习微积分,但是大部分学生都没有,所以我们的方法是基于回答这个问题的:非

STEM(STEM 是科学(Science)、技术(Technology)、工程(Engineering)和数学(Mathematics)的首字母缩写.这个项目的发起人是美国国家科学基金会教育和人力资源分会的前主席,朱迪思·A.朗姆雷.目的是将技术和工程学并入常规课程,创造一种"元学科",并以此对数学、科学等学科的教学进行彻底革新.)学生学习什么才真正有用?我们要超越"因为重要,所以重要"的心态,并考虑对于一群没有很好地适应传统代数学习的学生来说,什么才是为他们服务的主题和活动?

要做到这一点,不是为了减少学生的课程,而是为了将课程传递给更多的学生.这是为非 STEM 学生提供一个替代但具有挑战性的途径,这将使他们进入他们所需的大学学分数学课程,而不会陷入传统数学轨道中出现的陷阱.更重要的是,这种方法所关注的是背景和批判性思维,以及向这些学生展示为什么他们多年来努力学习的数学与他们的生活息息相关.

我们的方法很大一部分是在研究了雇主到底想从大学毕业生身上得到什么之后发展起来的.能够在团队中高效工作,能够无须手工解决问题,能够有效地使用技术,还是始终处于最重要的位置?我们将这些作为数学素养之路的基石.当然,我们希望我们的学生受到更好的教育,但我们也希望他们能够获得有收益的就业机会.

我们在研究这个方法的过程中发现,当非 STEM 学生停止尝试记忆和模仿,而开始真正思考和学习时,他们的体验更加丰富.通过使用工作簿格式,专注于主动学习,结合技术,并从应用的角度处理每一个单独的主题,我们已经能够构建一门课程(和一本书),从学生那里得到了我们最喜欢的反应:"这不像是一门数学课程,而像在使用数学……"是的,我们就是这样做的.

以上就是我们建立这门课程的初衷,并且永远不会改变.基于太多和蔼可亲的老师的反馈,我们为第二版提出了三个主要目标.首先是重新设计课程的顺序,以便数学运算更符合逻辑,并包括市场要求的其他主题.其次,我们的目的是更加强调代数不一定是一个抽象的、令人恐惧的话题,而且必须有成效地进行学习.第三个目标是添加新功能和练习,使本书及其在线补充更加灵活和全面,以便教师可以轻松地根据自己的需求和理念调整本书的基本思想. 我们当然不希望每个人,甚至任何人所讲内容都涵盖书中的每一课. 我们认为我们对数学素养有很多了解,但您仍然是最适合您学生的最重要的专家. 将本书视为建议的课程,完全可以根据您的需求进行定制. 无论您选择涵盖哪些课程, 我们的整个课程都将为您提供全面支持.

如果你仔细观察,你会发现许多典型的构成代数课程核心的主题. 我们喜欢将它想象为把孩子们不想吃的药物混合成一碗奶油. 即通过使每一件事都与背景相关,并将重要的学习技能和通常属于文科数学领域的各种主题自由地混合在一起,使学生的代数学习变得更有意义,当你的学生开始思考并且真正理解数学课程的可能性,真正看到数学如何应用时,他们已经开始进入学习的佳境了.

为了方便读者选购,我们将本书目录翻译如下:

2 – 8 满足期望

3. 线性思维

3 – 1 每小时 88 米

3 – 2 花言巧语

3 – 3 所有事情都是公平的

3 – 4 不是所有的量都是一样的

3 – 5 你的问题是什么

3 – 6 巨无霸汇率

3 – 7 酒精的影响

3 – 8 聚会策划

3 – 9 伟大的科技之战

3 – 10 万事俱备

4. 生活在一个非线性的世界里

4 – 1 哦,是吗? 证明它!

4 – 2 通往成功的路线图

4 – 3 你的行为是错误的

4 – 4 我的背包在哪里?

4 – 5 坐下来,看着你的钱增长

4 – 6 跟着弹跳的高尔夫球

4 – 7 愤怒的鸭子

4 – 8 想着你的业务

4 – 9 以 F 开头的单词

4 – 10 向前 …… 向前 …… 消失了!

4 – 11 血本无归

前些年,由于中国加入 WTO,融入了世界大市场,所以出于竞争的需要,对效率要求更多. 按亚当 · 斯密的理论,分工会达到效率的提升. 于是在教育中文理分科便成为一种合理的选择,一晃几十年过去了,效率确实提高了,GDP 跃居世界第二,但同时恶果也伴随而来,所以文理融合的呼声又开始变得强烈.

对于知识大融通的时代,科幻作家郝景芳在接受《经济观察报》采访时有这样一段对话:

问:传统的知识学科分类会分得很细,但现在社会发展或技术发展,对于知识的融合要求似乎会更高一些,可能会出现很多——各个学科门类知识都知道一些、甚至是文理兼备的人.你觉得这是一个大的趋势吗?或者是我们知识的分类模式已经改变了,不再按原有的简单的基础学科门类分类?

答:我们这个时代给文理兼顾的人提供了机会,以至于能够把多方面的才能综合显示出来.

以前也仍然有很多文理兼顾的人——比如一个工程师,业余就特别喜欢写诗、画画,一辈子写了好多诗集,虽然根本没法出版——因为在以前的时代,每个人都是螺丝钉,就必须干好自己这门技术,其他的再好也没用,都是不务正业.任何文理兼通的人都是不被鼓励的,要是文理兼通就意味着在本职工作以外还有一些闲杂事等,那肯定是不好的.但是在今天,文理兼通的人就有可能是做技术的,但还能研究艺术,有能力做出一个H5,又美又高科技的东西.

其实是文理兼通的人有了一些可以发挥的余地,不再被社会排斥.所以,文理兼通的人原来就有很多,但是原来没有任何发挥空间,未来发挥空间会越来越大,会有越来越多跨界的机会.

在这股浪潮之中,出版应该起到自己的作用.据专家考证,从历史上看:由于图书的出现,知识文化生产的活跃促进了教育的发展,在以教育为核心的循环中,书屋、书吏和泥版书三位一体,两河流域出现了人类最早的"出版社"兼"学校"的雏形.

第一,泥版书的制作者(职业出版人)和教授者(教师)的一体化.两河流域的"书吏"集泥版书创作者(职业出版人)与泥版书传授者(教师)两种角色为一体.首先,他们充当国王的"秘书"或"史官",编写国家的书籍和记录两河流域发生的重要历史事件,并制成泥版书,这些泥版书正是学生在学校学习所用的"教科书";其次,他们也是泥版书的教育传授者,拥有类似于教师的职责,传授知识、检查作业、考试评价等.

第二,“出版社”“学校”和书屋的统一.泥版书屋即储存泥版书的地方,也往往是泥版书制作生产的地方,其所在的位置也就是文化传承的核心,更是两河流域时期“学校”选址的重要考量.考古学家在两河流域地区发现的泥版书屋即“出版社”也即“学校”的遗址中,第一类是靠近王宫的书屋,类似于今天英国皇家学院的贵族院校;第二类是位于神庙书屋附近,有类似于古代的寺院书院或西方的教会学校;第三类是位于书吏居住的地区,也就是在教师家居周围,这是一些平民学校,或者是私塾类型的学校.由于泥版书不便携带和移动,制作泥版书(“出版社”)、储存泥版书(“泥版书屋”)与教授泥版书(“学校”)往往具有三位一体的高度一致性.

第三,泥版书与教育的统一.泥版书的广泛使用让两河流域拥有最早最先进的科学并得以传播和演进,由此演化出最早最先进的教育体系.两河流域的数学、文学、天文、地理等方面的科学成就诸多.如六十进位制的发明和应用,平方面积的测量,立方体容积的测算,勾股定理和圆周率 π(当时已经精确到3.15)的发现;“为我们所熟悉的关于分钟、小时、星期(周)、月的这些概念,早在古代的两河流域就已经有了.”在如此丰富的知识基础上,两河流域开办学校,设置课程,传授语言文字、文学艺术、数学计算、天文地理等先进科学知识,可以说出版为两河流域的教育奠定了坚实的基础.

本书既可以当作教材使用,也可以当作大众读物来阅读,它一定会赢得广大中产阶级的喜爱.因为他们酷爱“学习”,有人曾经批判性地将这样的文化消费态度视为“中产阶层的文化苦旅”:物质主义导致文化疲惫,权威主义导致文化卑微,解码不易导致文化焦虑,脱域机制导致文化震惊.

于是中产阶层在阅读消费上便发展出了这样一种妥协的艺术:通过“大师”的解读来看懂经典名作,通过极尽逼真的印刷工艺来欣赏世界名画,没有游历四方的物质基础就把外面的世界“搬回家”,无法接触商界精英便解读他们的思维方式——图书成为社会较高阶层文化消费的替代品与简化载体,阅读消费成为中产阶层模仿“位高者”的捷径与妥协选择.

本书是为配合哈尔滨工业大学百年校庆和“双一流”建设

活动而引发的,目前在社会层面,大众对于大学与大学教育诟病很多.一是大学耗费了纳税人的巨额税款.并没有贡献出人们所期待的思想、观念、成果,二是行政化倾向愈演愈烈,在此背景下大学出版社应该有所作为.

钟叔河在《青灯集》(湖北人民出版社,2008)中指出:“大学(学者)和社会联系的一个重要方面,就是出版.孔夫子讲学,讲稿书之竹帛,允许传抄,读者不限于门人弟子,影响才能大.陈独秀、胡适、周作人诸人在北大,上课听讲演的毕竟是少数,他们的文字和思想,主要都经由出版物传播,‘五四’新文化运动就是这样搞起来的.在我的书架上,还有一册‘北京大学丛书之三’的《欧洲文学史》,版权页贴有著者的印证‘启明检印’,系‘中华民国七年十月初版十五年八月七版’,不算畅销,也算常销了.”

这样的书,可以说是大学的一张名片,永远也不会过时报废的名片.至今还有人要看它,有人要重印,便是证明”.

我们数学工作室地处边陲,力量微薄,但我们对数学有宗教般的热爱,对数学类图书的出版有近乎病态的执着,我们坚守自己的阵地,发出自己的声音,借用法国诗人缪赛的名句“我的杯很小,但我用我的杯喝水”.

刘培杰

2019 年 6 月 12 日

于哈工大

工程师与科学家微分方程用书（英文）

尤努斯·A. 切盖尔
威廉·J. 帕尔姆三世　著

编辑手记

这是一本国外工科大学的微分方程教科书，目标读者是未来的工程师们.

B. Noble 曾指出：

> 工程师决定物理问题是什么，什么因素是重要的，什么因素可以忽略以及他想得到什么答案，工程师和数学家共同专注于对问题做出理想的数学阐述，然后数学家使用其熟练的技巧计算纯粹的数学问题. 最后工程师必须研究数学结果并决定这些结果是否适合于他的目的.

正如本书作者在本书前言中所说：

在世界各地的大多数物理科学和工程学分支中，微分方程一直是核心课程的重要组成部分. 科学家和工程师经常研究发生变化的系统，微分方程使科学家和工程师能够研究系统中关键变量的变化，并对潜在的物理现象有更深的理解. 本书旨在作为科学和工程学专业学生学习微分方程的第一门课程的教科书. 本书是第一作者多年来为里诺内华达大学工程专业学生讲授微分方程时编写的课堂讲稿，以及第二作者在罗德岛大学任教期间编写的计算机作业和工程实例的成果. 本书涵盖了常微分方程的标准主题,其中包含了来自工程学和科学的大量应用.

本书旨在友好地介绍科学和工程学背景下的微分方程,更多地关注直觉而不是严谨性,重点放在概念论证上,以便对主题事物形成直观的理解. 本书力求简单易懂,并鼓励创造性思维. 作者认为,诸如针对普通人的租赁协议等法律文件应该用简单的英语写成,而不是用超出大多数人掌握的精确法律语言编写,还需要律师翻译. 同样地,编写一本微分方程教科书应易于学生阅读和理解. 教师不需要教科书,学生才需要. 我们通常的经验是,学生只有在试图找到与题目相似的例子时,才会翻阅数学课本. 人们常说,数学概念必须用简单的语言来解释才能产生持久的印象. 我们应告诉我们的学生解微分方程基本上是利用积分,积分基本上是求和,而不是为了精确和严谨而使用一些抽象的语言.

本教材介绍的内容一般学生都能轻松理解. 它面对学生说话,而不是超越他们说话. 事实上,本书是具有自学价值的. 这样教师就可以更有效地利用课堂时间. 本书主题的顺序是这样的:它们按照逻辑顺序很好地排列,并且每个主题都为后续的主题提供了支撑. 作者的每次尝试都是为了使学生更好地理解这个"可读" 的数学文本. 本书的整体目标是为读者提供一个具有介绍性的微分方程教科书,学生由于兴趣和热情而阅读,而不是作为解决问题的参考指南来使用.

为了方便国内读者阅读,我们这里提供一个中文的目录:

二、一阶微分方程
1. 一阶微分方程综述
2. 线性一阶方程
3. 线性一阶方程应用
4. 非线性一阶微分方程
5. 可分一阶方程
6. 正合一阶微分方程
7. 图表分析方法
8. 解一阶方程的系统方法
9. 一阶方程的计算机方法
10. 总结

三、二阶线性微分方程
1. 二阶线性微分方程介绍
2. 线性无关和函数的朗斯基行列式
3. 齐次方程理论
4. 降阶法
5. 带常系数的微分方程
6. 线性非齐次方程理论
7. 非齐次方程：待定系数法
8. 非齐次方程：参数变分法
9. 欧拉方程
10. 带常系数的二阶线性方程的应用

四、高阶线性微分方程
1. 高阶线性方程简介
2. 带常系数的齐次方程
3. 非齐次线性方程组：未定系数法
4. 非齐次线性方程组：参数变换法

五、线性微分方程：变量系数
1. 幂级数复习
2. 幂级数解介绍
3. 普通点对奇点
4. 关于一个普通点的幂级数解
5. 勒让德方程和勒让德多项式

6. 贝塞尔方程和贝塞尔函数

六、线性微分方程组:标量方法

1. 微分方程组的起源

2. 消除法

3. 特征值法

七、线性微分方程组:矩阵方法

1. 矩阵形式的模型

2. 特征值和特征向量

3. 线性非齐次方程组

4. 范式和跃迁矩阵

八、拉普拉斯变换

1. 拉普拉斯变换的存在性

2. 拉普拉斯变换的基本性能

3. 阶梯函数、周期函数和脉冲函数的拉普拉斯变换

4. 卷积定理

5. 用拉普拉斯变换解微分方程

6. 用拉普拉斯变换解线性微分方程组

九、微分方程的数值解

1. 数值积分

2. 微分方程的数值解

3. 改进的欧拉方法

4. 泰勒级数法

5. 龙格 - 库塔方法

近代数学源于西方在近期"民粹"思潮有所抬头的大环境下,重提学习西方,走向世界是有意义的.

钟叔河在《青灯集》(湖北人民出版社,2008)中写道:"现在再来讲讲我的看法.我觉得历史上的统治者,明朝的皇帝也好,清朝的太后也好,都是反对走向世界的.他们认为统治者的麻烦,是外部世界带来的.中国社会本是一个超稳定的系统,内在的要求变革的动力很弱,中国文化的本质也是内向的,自我感觉太良好,我自己什么都好,我不需要外面什么东西.所以只能'用夏变夷',用我们华夏文明去改变外国的落后,不能'用夷变夏'.自己的东西都是尽善尽美的,这是中国的意识形态.

当然中国的文化也有优越性,我并不蔑视我们的文化.中国人作为一个古老的民族,他的文化有强大的向心力,正因为如此,要走向世界非常艰难.

中国去了解西方,比起西方来了解中国,大概要迟一千年.中国人真正走出去看一下,是鸦片战争后几十年的事.古代西方有四大东方游记,后来利玛窦他们又带来了图书,带来了西方的文化,虽然披了件宗教的外衣.而中国走向世界的记载却既迟又少,特别零碎,像郭嵩焘那样的凤毛麟角.很多都是骂外国人的,有些承认外国人有些技巧,但'精神文明'是不行的.但即使是这样的东西,也有很重要的价值,它们反映了中国走向世界的艰难."

今天,在一片大国崛起的欢呼声中我们要冷静地看待中美在数学上的差距.

普林斯顿高等研究院曾发布过一篇"美国数学是如何崛起的?"的文章,讲述了美国数学是怎样由弱变强的:

1976年,美国立国两百年之际,美国数学会在年会上邀请多位学者专家,畅谈美国的数学发展史,事后将讲稿集成《美国数学两百年纪念》(*The Bicentennial Tribute to American Mathematics*)一书.我们从这本书中可以看出美国如何从数学的蛮荒地,演变成今日数学的超级强国.

从17世纪开始,欧洲有大批的移民来到美洲.虽然同时期的欧洲开始了科学革命,数学急速发展起来,美洲的移民却胼手胝足,为其生活奋斗,科学及数学的园地自然就像其土地一样,还是一片蛮荒.这种情形一直到18世纪末几乎都没有什么改变,1803年哈佛大学的入学考试只考最基本的算术就是一个明证.

19世纪的前半叶,在美国流行着两种想法,自然神学(Natural Theology)及培根哲学(Baconian Philosophy),使得科学,虽然不一定是数学,有所进展.自然神学认为人可经由发现自然的规律而沐浴于神的荣耀,确认神的存在.这种想法是清教徒世界观的一部分,当然大大影响了17,18世纪新大陆的学校,也鼓励了19世纪的美国人从事科学工作.

培根哲学则强调三件事:收集资料;不可能有一以贯之的

大道理;科学以改善人类福祉为目标.在一片开疆拓土声中,这两种想法使他们发展了天文学、动植物学及地质学,以标定并了解日益扩张的新大陆.

虽然牛顿的传统使得英国在科学革命的初期占有非凡的地位,然而由于英国坚持牛顿笨拙的微积分符号,自外于欧洲大陆的科学发展,18 世纪的数学重心就移往欧洲大陆.虽然自然神学与培根哲学这两种想法都鼓励科学的研究,也不排斥数学,但其想法及大部分移民的来源地英国,却无法提供数学教育的典范.

在这样的情况下,唯一对数学发展有所刺激的是测量及天文.美国是新的地方,需要测量来标定海岸线及内陆各地,需要航海图及航海知识使船舰方便来往.这些工作的科学基础在于天文学及相关的数学.美国独立之后的第一位数学家 Bowditch(1773—1838),自己学会了一些数学,写了一本《美洲实用航海》(*American Practical Navigator*).后来他将法国数学家 Laplace(1749—1827)的巨作《天体力学》(*Mécanique Céleste*)译成英文并做评注.从航海到天文学,许多人就是这样由数学的应用朝理论的方向前进了一步.

"美国海岸测量处"(United States Coast Survey),这个政府机关也在需求的情况下成立.第三任总统 Jefferson(1801 ~ 1809 年在任)请了瑞士的 Hassler 来做处长.Hassler 强调测量需要有深厚的科学与数学的训练,其后的继任者都能保持这个传统.因此这个机构非但精确地测量了美国的大西洋海岸、墨西哥湾、湾内的水流、海岸的深度等,而且也让有数学能力的人能从事与数学有关的工作.

另一重要机构是 1849 年成立的"航海历书处"(Nautical Almanac),它需要更多的天文知识,更多的数学计算,也培育了更多的数学人才.此外,19 世纪的美国逐渐走向工业化,具有数学能力的工业人才逐渐受到重视,其需求量也逐渐增加.工业界与政府也都转而关注高等学校中的数学教育.

17,18 世纪的美国教育是深受英国影响的.英国人办教育的目的是要培养绅士与教士.他们当然需要数学,但那是为了心智及逻辑的训练,所以层次不高.1820 年以前,在大学所教的数学只有算术、简单的代数、没有证明的欧氏几何学,还有一点点的测量、三角及锥线. 而且纵使是较高等的数学,其教法不外就是要学生强记,1830 年时,耶鲁大学学生还因不满数学的教法而发生暴动 —— 称为“锥线暴动”. 在南北战争之前,很少有学校教微积分,几乎没有学校要求该科为必修. 大学的数学只有通识教育的一部分,学生根本没有专攻的可能.

1812 年英美发生战争,双方交恶. 美国的教育逐渐摆脱英国的模式,各大学各自寻求更富变化的课程,以符合美国立国的民主精神. 他们转而引进法国的数学课程与课本,因为 1789 年之后,法国人在高等教育上做了重大的改革,数学教育尤其受到重视. 在诸大学中哈佛及耶鲁不用说,西点军校提倡数学教育及模仿法国军事学校与工艺大学(Cole Polytechnique) 的课程也非常成功,使得它的毕业生有的成为出色的测量人员、工程人员,有的则到各处新成立的大学推广新的数学课程. 这时期的教育改革虽然没有产生一流的数学家,但产生了一些能培养更下一代数学家的数学教师.

到了 19 世纪中叶,工业界及政府有了足够的财力,也认识到科学教育的重要,纷纷资助各大学充实科学课程与设备,或成立新的、以农工为主的大学,为美国的科学与数学的发展奠定了良好的基础.

Peirce (Benjamin,1809—1880) 是此转型期的代表人物. 他年轻时帮助 Bowditch 校正《天体力学》英译中的评注,使他得以学到法国的数学与物理. 1833 年升任哈佛大学教授,成为该校数学教育改革的推动者之一. 1847 年纺织业巨子 A. Lawrence 捐款给哈佛大学,成立 Lawrence 科学院,由 Peirce 担任物理学数学的教授. Peirce 曾是“美国海岸测量处” 的处长,也参与“航海历书处” 的研究. 他还教出一批未来的学者:数学家、天文学家、两位哈佛及一位麻省理工学院的校长,更培育了两个出名的儿子:一位是哈佛大学数学教授(James Mills),另一位是著名的哲学家及逻辑学家(Charles Sanders). 1870 年,Peirce 还出版了《线性结合代数》(*Linear Associative Algebra*);这是第一部美国产有水准的纯数学著作,它在1881 年开始受到欧洲数学家的重视.

Peirce 受到的是本土教育,学到的是法国的数学与物理,从事过应用数学的工作,着手过数学教育的改革,培养出优秀的学生,最后使自己进入了世界数学的舞台. 他的一生正代表 19 世纪美国的数学发展.

从纯数学的观点来看,Peirce 还不是世界级的人物. 比 Peirce 稍后,19 世纪美国所产生的世界级数学家是 Gibbs(1839—1903). 他的父亲是耶鲁大学的哲学教授,他本身也从耶鲁大学得到工程学位,然后前往德国转习数学与物理,回美国后在耶鲁大学教书与研究. 1881 年他在耶鲁大学开始讲授向量分析,是公认的向量分析的开山祖师.

1880 年美国开始进入高水准的数学研究,还可以从下面几件事看出来. 1876 年,铁路大亨 Johns Hopkins 创立了以其名为校名,以研究为主导的大学,并从英国请来了世界级的数学家 Sylvester(1814—1897). 在 1877 年到 1883 年的停留期间, Sylvester 不但教出许多好学生,而且同美国的数学界,共同创办了登载原创性论文的《美国数学杂志》(*American Journal of Mathematics*). 以前也有人试过发行研究性质的数学刊物,但都因素质不良,稿件不全而熬不下去. 这份新的刊物,一方面由于 Sylvester 的魅力,另一方面也因美国数学界已经有此需要,逐渐茁壮成长,一直到现在都还举足轻重. 另一份刊物《数学年报》(*Annals of Mathematics*) 也在 1884 年由弗吉尼亚大学出版. 这份刊物几经演变,现由普林斯顿大学出版,是世界数学界顶尖的杂志.

1888 年以哥伦比亚大学为中心的纽约数学会成立,扩展迅速,到 1894 年就变成美国数学会(AMS) 这样一个全国性的组织. 学会发行会刊 *Bulletin*(1894)、学术杂志(1900),举办各种学术活动,出版数学书籍,为美国数学研究的提升注入了组织的力量. 学会成立之初的几任会长,不是应用数学家就是学术行政人员. 进入 20 世纪后,绝大多数的会长都是学有专精的数学家. 这也证明美国在进入 20 世纪时,其数学研究环境的建立已大致完成.

1892 年,石油大王洛克菲勒捐助的芝加哥大学成立,也是美国数学史上的一件大事. 第一任数学系主任 RH

Moore(1862—1932)是耶鲁大学的毕业生,他和那一代的许多美国数学家一样,游学过德国,深受当时数学界中心哥廷根大学的世纪级数学家 Klein(1849—1925)的影响.1893 年芝加哥举行世界博览会,芝加哥大学趁机发起国际数学会,从欧洲六国请来数学家与会. Klein 也应邀参加,并在会后在西北大学做了一连串的学术演讲. 国际数学会与 Klein 的演讲轰动了整个美国的数学界,芝加哥大学很快就变成美国的数学重镇. Moore 本身的研究非常出色,但更重要的是他教出了许多更出色的学生,其中最有名的是 Dickson(1874—1954,研究数论与群论),Veblen(1880—1960,研究几何学)及 GD Birkhoff(1884—1944,研究分析学). 日后他们分别在芝加哥大学、普林斯顿大学及哈佛大学带动研究,使这三个地方成为 20 世纪上半叶美国的数学重镇,而他们本身的研究也是世界级的. 美国的数学水准就在他们这一代与欧洲先进国家并驾齐驱,他们的学生也不必再到欧洲游学了.

1930 年一个全新构想的研究机构成立,这是由新泽西州 Newark 地区百货公司巨子 Bamberger 捐赠成立的,位于普林斯顿大学附近的高级研究所(The Institute for Advanced Study). 最先设立的是数学院,既没有大学部也没有研究所的学生,教授聘请的是世界级的学者,另外每年从世界各地招讲学者来共同讨论与研究. 最早的数学院教授有 Veblen,Morse (1892—1977),Einstein (1879—1955),von Neumann(1903—1957)及 Weyl (1885—1955). 除 Veblen 及 GD Birkhoff 的学生 Morse 外,其他三人都是从欧洲来的,也都是世纪级的学者,都是为了躲避纳粹而来的. 纳粹更使许多著名的欧洲数学家纷纷跑到美国的各大学寻求庇护所.

第二次世界大战结束之后,美国社会认识到数学对战争胜利和社会进步的作用,数学家移民仍在继续. 他们来自世界各地,不仅限于欧洲. 其中包括:

中国:陈省身、周炜良、王浩(1921—1995).

日本:广中平祐、角谷静夫(1911—1996)、小平邦彦、铃木通夫(1926—).

印度:哈里希 - 钱德拉.

其他各国:莫泽、席费尔、塞尔伯格.

至于长时间在美国访问的著名数学家就更多了,如阿蒂亚、格罗滕迪克、塞尔、托姆等.

更年轻的一代,则有中国香港的丘成桐等.苏联解体前后,大批苏联的数学家,特别是其中的犹太裔数学家,纷纷辗转来美国定居,形成又一个数学家移民高潮.

本身的数学研究已成气候,再加上这一批生力军,美国就在第二次世界大战前后,一跃而成为世界数学的超级强国,并且持续保持国际上的数学研究领跑地位.

本书在中国首次出版之际,恰逢一年一度的高考刚刚落幕,我们不妨借此看看号称世界最强的工科大学——斯坦福大学的入学数学试题.

第一届

1. 一次网球比赛有 $2n$ 个参赛者,在比赛的第一轮,每个参赛者只赛一场,因此第一轮共有 n 场比赛,每场比赛有一对选手参加. 证明:第一轮的选手对有 $1\times3\times5\times7\times9\times\cdots\times(2n-1)$ 种不同的安排方式.

2. 在一个(不一定是正的)四面体中,某两条对棱有相同的长度 a,且相互垂直,并且它们都垂直于联结它们中点的线段,此线段的长度为 b. 用 a 和 b 表示此四面体的体积,并证明你的结论.

3. 考察下面四个命题,这些命题未必是正确的.

(1) 如果圆的内接多边形是等边的,那么它也是等角的;

(2) 如果圆的内接多边形是等角的,那么它也是等边的;

(3) 如果圆的外切多边形是等边的,那么它也是等角的;

(4) 如果圆的外切多边形是等角的,那么它也是等边的.

(A) 这四个命题中哪些是对的,哪些是错的? 对每种情形证明你的判断.

(B) 如果替代一般的多边形,我们只考虑四边形,那么四个命题中哪些是对的,哪些是错的? 如果我们只考虑五边形呢?

在回答(B)时,你可以形成猜想,然后尽你所能去证明它们,并明确地区分哪些被证明了,而哪些未被证明.

第二届

1. 为了给一本厚书编页码,印刷机用了1 890个数码,这本书共有多少页?

2. 在祖父的许多单据中有一张单据如下:

72只火鸡　　\$　　-67.9-

后面的数显然是这些火鸡的总价值,其中第一个和最后一个数字在这里用"-"来表示,因为它们已褪色而不可辨认了.这两个褪了色的数字是什么?一只火鸡的价格是多少?

3. 确定m,使得x的方程$x^4-(3m+2)x^2+m^2=0$有4个实根,并且它们组成算术级数.

4. 令α,β和γ表示一个三角形的三个角.证明

$$\sin\alpha+\sin\beta+\sin\gamma=4\cos\frac{\alpha}{2}\cos\frac{\beta}{2}\cos\frac{\gamma}{2}$$

$$\sin 2\alpha+\sin 2\beta+\sin 2\gamma=4\sin\alpha\sin\beta\sin\gamma$$

$$\sin 4\alpha+\sin 4\beta+\sin 4\gamma=-4\sin 2\alpha\sin 2\beta\sin 2\gamma$$

第三届

1. 等虑等式表

$$1=1$$

$$2+3+4=1+8$$

$$5+6+7+8+9=8+27$$

$$10+11+12+13+14+15+16=27+64$$

猜测由这些例子所提示的一般规律,用适当的数学式子表示此规律,并证明它.

2. 三个数成算术级数,另三个数成几何级数.把这两个级数的相应项分别相加,得到85,76和84;把算术级数的三项相加,得到126.求这两个级数的所有项.

3. 从一山峰你看到地面上的两点A和B.指向这两点的视线形成角γ,第一条视线对于水平面的倾角是α,第二条视线对于水平面的倾角是β.已知点A和B位于同一水平平面上,它们

之间的距离是 c.

用角度 α,β,γ 和距离 c 来表示山峰相对于 A 和 B 所在的公共的水平平面的高度 x.

4. 第一个球面的半径为 r_1,一个正四面体外切于此球面. 此四面体又内接于半径为 r_2 的第二个球面. 一个立方体外切于第二个球面. 此立方体又内接于半径为 r_3 的第三个球面.

求比率 $r_1:r_2:r_3$(根据开普勒的猜想,这应是火星、木星和土星离太阳平均距离的比率,但事实上它不同于此实际比率).

第四届

1. 证明:数列 11,111,1 111,11 111,… 中的任何一项都不是整数的平方.

2. 一个三角形的三边之长分别为 l,m 和 n. 数 l,m 和 n 是正整数,且 $l\leqslant m\leqslant n$.

(A) 取 $n=9$,求出满足上述条件的不同的三角形的数目.

(B) 对于 n 的不同的值找出一个一般规律.

3. (A) 证明下述定理:等边三角形内的一点到其三边的距离分别为 x,y,z;h 是此三角形的高,那么

$$x+y+z=h$$

(B) 明确地叙述并证明立体几何中与正四面体的一内点到其四个面的距离有关的定理.

(C) 推广这两个定理,使得它们可以分别适用于平面或空间中的任何点(不仅适用于三角形或四面体内部的点). 给出明确的叙述;如果你有时间,还应给出证明.

第五届

1. 观察等式表

$$1=1$$
$$1-4=-(1+2)$$
$$1-4+9=1+2+3$$
$$1-4+9-16=-(1+2+3+4)$$

猜测由这些例子所提示的一般规律,用适当的数学式子表示此规律,并证明它.

2. 给定一正方形,求下述点的轨迹:在角度 90°,45° 下,从这些点可以看到此正方形.(令 P 是正方形所在平面中正方形外的一点,包含正方形的,以 P 为顶点的最小的角是"这样的角,在此角度下,从点 P 可以看到正方形".)明确地画出这两个轨迹的草图,给出它们的完全的描述,并给予证明.

3. 如果一个立体围绕联结其表面上两点的直线旋转某个大于 0° 且小于 360° 的角度后与原来的立体本身重合,那么这条直线就称为此立体的"轴".

一个正六面体有 13 个不同的轴,它们可以分成三个不同的类.明确地描述这些轴的位置,求与每个轴相关的旋转角度.假设立方体的边为单位长度,计算这 13 个轴的长度的算术平均值.不要用数学表,并计算到两位小数.

第六届

1. 一个直角三角形的周长是60 英寸(1 英寸 = 2.54 厘米),垂直于斜边的高是 12 英寸,求三角形的各边长度.

2. 一个四边形被它的两条对角线分成四个三角形,如果这些三角形中的两个有公共顶点但无公共边,我们就说这两个三角形是"相对的".证明下面这些命题:

(A) 两个相对的三角形面积的乘积等于另两个相对的三角形面积的乘积.

(B) 当且仅当四边形有两个面积相等的相对的三角形时为梯形.

(C) 当且仅当四边形分成的四个三角形面积相等时为平行四边形.

3. 我们考虑一个截头正圆锥,平行于此截体上、下底面,且离它们有相等距离的平面与截体交于"中位圆",截体与一圆柱体有相同的高度,截体的中位圆是此圆柱体的底面.它们之中哪一个有较大的体积,是截体,还是圆柱体?证明你的结论!(一个可能的证明是利用代数:把两者的体积用适当的数据表示,并把两者之差变形,使得其符号一目了然.)

第七届

1. 证明下述命题:如果一个三角形的一条边小于其他两边的(算术)平均,那么其对角小于另两角的(算术)平均.

2. 考虑一个有正方形底面的截头正棱锥.把此截体与一平面之交称为“中截面”,此平面平行于截体的底面和顶面,并离它们有相等的距离.把一边等于底面的边,另一边等于顶面的边的矩形称为“中间矩形”.

你的四个朋友一致认为,截体的体积等于其高乘以某个面积.但关于此面积,他们意见分歧,并提出四种不同的看法:

(1) 中截面;

(2) 底面和顶面的平均;

(3) 底面、顶面和中截面的平均;

(4) 底面、顶面和中间矩形的平均.

令 h 是截体的高,a 是其底面的边,b 是其顶面的边.用数学式子来表示这四种解答,判断其对错,并证明你的结论.

3. 证明:方程 $x^2+y^2+z^2=2xyz$ 的唯一整数解是 $x=y=z=0$.

第八届

1. 鲍勃有10个口袋和44个银元.他想把银元放进口袋,使得每个口袋里银元数各不相同.

(A) 他能做到吗?

(B) 推广此问题,考虑 p 个口袋和 n 个银元的情形.当 $n=\dfrac{(p+1)(p-2)}{2}$ 时,此问题是最能引起兴趣的,为什么?

2. 观察到 $n=1,2,3$ 时表达式 $\dfrac{1}{2!}+\dfrac{2}{3!}+\dfrac{3}{4!}+\cdots+\dfrac{n}{(n+1)!}$ 的值分别是 $\dfrac{1}{2},\dfrac{5}{6},\dfrac{23}{24}$;猜测其一般规律(如果必要,可观察更多的值),并证明你的猜测.

3. 求满足四个方程的联立组

$$x+7y+3v+5u=16$$

$$8x + 4y + 6v + 2u = -16$$
$$2x + 6y + 4v + 8u = 16$$
$$5x + 3y + 7v + u = -16$$

的 x,y,z 和 v.(这显得长而乏味,找一捷径.)

4. 四个点 G,H,V 和 U 依次是一个四边形的四个顶点. 一个测量者想求出长度 $UV = x$. 他已经知道长度 $GH = l$, 并测量了四个角 $\angle GUH = \alpha$, $\angle HUV = \beta$, $\angle UVG = \gamma$, $\angle GVH = \delta$.

(A) 用 $\alpha,\beta,\gamma,\delta$ 和 l 表示 x.

(B) 找出验证上述表示正确性的方法.

(C) 如果你有一个完成(A)的明确的计划,请用一个短句来描述.

第九届

1. 观察等式表

$$1 = 1$$
$$3 + 5 = 8$$
$$7 + 9 + 11 = 27$$
$$13 + 15 + 17 + 19 = 64$$
$$21 + 23 + 25 + 27 + 29 = 125$$

猜测由这些例子所提示的一般规律,用适当的数学式子表示此规律,并证明它.

2. 一个正六边形的边长是 n(n 是一个整数),对于它的各边作一些等距平行线,把六边形分成 T 个边长为 1 的等边三角形. 令 V 表示出现在这个分割中的顶点的数目,L 表示长度为 1 的边界线段的数目.(一条边界线段属于一个或两个三角形,一个顶点属于两个或多个三角形.)

在最简单的 $n = 1$ 的情形,$T = 6$,$V = 7$,$L = 12$. 考虑一般的情形,用 n 来表示 T,V 和 L.(猜测即可,证明更好.)

3. 证明:不可能找到(实或复)数 a,b,c,A,B 和 C,使得方程

$$x^2 + y^2 + z^2 = (ax + by + cz)(Ax + By + Cz)$$

对于独立变量 x,y,z 恒成立.

第十届

1. 鲍勃想要一片水平的土地,它有四条边界线,两条边界线是南北向的,另两条是东西向的,每条边界线长为 100 英尺(1 英尺 = 0.304 8 米),鲍勃能在美国买到这样一片土地吗?陈述你的理由!

2. (A) 求三个数 p,q 和 r,使得对变量 x,方程 $x^4+4x^3-2x^2-12x+9=(px^2+qx+r)^2$ 恒成立.

(B) 这个问题要求一个给定的四次多项式"完全地"开出其平方根. 在上述情形这也许是可能的,但在一般情形是不可能的,为什么不可能?

3. 鲍勃、彼得和保罗一起旅行,彼得和保罗善于徒步旅行,每小时行走 p 英里(1 英里 = 1.609 344 公里). 鲍勃不善行走,但他驾驶一辆只能乘坐两人而不能乘坐三人的小汽车,小汽车每小时行驶 c 英里. 这三个朋友采取下述方式:他们同时出发,保罗和鲍勃乘车,彼得步行. 过了一会,鲍勃让保罗步行,而鲍勃则折回去接彼得,然后鲍勃和彼得乘车赶上保罗. 此时他们再作交换:保罗乘车而彼得步行,就像开始时那样,如果需要的话,这一过程可以重复多次.

(A) 这些伙伴每小时前进多少英里?

(B) 在旅途中汽车只乘坐一人的时间与总旅行时间之比是多少?

(C) 考察两个极端情形 $p=0$ 和 $p=c$.

4. 一个棱锥的相对于底面的顶点称为主顶点.

(A) 如果主顶点离底面的所有顶点的距离相等,我们就说这个棱锥是"等腰"的. 采用此定义,请证明:一个等腰棱锥的底面内接于一个圆,此圆的圆心是棱锥的高线的垂足.

(B) 如果一个棱锥的主顶点离底面的各边有相同的(垂直)距离,那么我们说它是"等腰"的. 采用这个定义(它不同于上面的定义),请证明:一个等腰棱锥的底面外切于一个圆,此圆的圆心是棱锥的高线的垂足.

第十一届

1. 给定一个正六边形和它所在平面上的一点,通过这个给定点画一条直线,它把六边形分成面积相等的两部分.

2. 我说,你可以用恰好 50 种不同的方式来给出 50 美分.(“方式”依赖于你有多少个各类硬币:仙,镍克,黛木,括特,半元.)那么,你可以用多少种方式来给出 25 美分?我关于 50 美分的说法是否正确?尽可能清楚地为你的结论阐明理由.

3. 以一个给定三角形 $\triangle$ 的三边为底边,分别在 $\triangle$ 的外部作顶角为 $120°$ 的三个等腰三角形,这样就构作了一个六边形.证明:此六边形的三个顶点,它们不是给定的三角形 $\triangle$ 的顶点,而是一个等边三角形的顶点.(只须把被认为是等边三角形的一条边 s 用 $\triangle$ 的三条边 a,b,c 表示出来即可,如果 s 的这个表达式关于 a,b,c 是对称的.)

4. 10 人围一圆桌而坐,根据下述规则,他们一共分得 10 美元:每人得到的钱数是其两个邻座所得到的和的一半.是否只有一种方式来分配这些钱.证明你的结论.

第十二届

1. 鲍勃收藏的邮票分放在三本集邮册中.第一本中的邮票占总数的 $\frac{2}{10}$,第二本占几个 $\frac{1}{7}$,第三本中共有 303 张邮票,鲍勃共有多少邮票?(所述的条件足以确定所求数吗?)

2. 如果由一个四面体的一个顶点引出的四面体的三条棱相互垂直,我们称这个顶点是三直角的.给出四面体的三直角顶点所在的三个面的面积 A,B 和 C,求相对于三直角顶点的第四个面的面积 D.(你认为平面几何中的什么问题与其类似?)

3. 用三条直线把一个给定的三角形分成七块,其中四块是三角形(其余三块是五边形).四个三角形之一由三条分割直线围成,其余三个三角形由所给定的三角形的某一边和两条分割直线围成.

(A) 选取三条分割直线,使得所得的四个三角形是全等的.明确地描述你的选择,并画出清楚的图.

(B) 在你所选取的分割中,一个三角形的面积与所给定的三角形面积之比是多少?

(先考察有特定形状的给定的三角形也许是有益的,对于这种形状的三角形,特别容易得到解答.)

第十三届

1. 船长多少岁,他有几个孩子,他的船多长?

已知这三个要求的数(都是整数)之积为32 118. 船的长度用英尺给出,船长的儿子和女儿都不止一个,他的年龄数大于他的孩子的数目,但他不到100岁.(对你的结论给出理由)

2. 求满足四个方程的方程组

$$x+y+u=4$$

$$y+u+v=-5$$

$$u+v+x=0$$

$$v+x+y=-8$$

的 x,y,u 和 v.(这显得长而乏味,找一捷径.)

3. "在任何三角形中,三条 …… 之和大于其半周长." 依次用:

(1) 高线;

(2) 中线;

(3) 角平分线.

代替上面叙述中的"……",你就得到三个不同的论断. 考察每一论断:是对的还是错的? 证明你的结论!

4. 我们注意到,对于 $n=1,2,3,4$,$1!\times 1+2!\times 2+3!\times 3+\cdots+n!\times n$ 的值分别是1,5,23和119. 猜测其一般规律(如果必要可观察更多的值),并证明你的猜测.

第十四届

1. 阿尔和比尔分别住在同一条街的两个尽头. 阿尔要送一个包裹到比尔家,比尔也要送一个包裹到阿尔家. 他们同时出发,两人各以不变的速度行走,当把包裹送到目的地后都随即返回各自的家. 他们第一次相遇在离阿尔家 a 码(1码 = 0.914 4米)处,第二次相遇在离比尔家 b 码处.

(A) 这条街道有多长?

(B) 如果 $a = 300, b = 400$,谁走得快些?

2. 按规则的方式把硬币(相同的圆)布满一个很大很大的桌子(无限平面),我们考察两种方式.

在第一种方式中,每个硬币和四个硬币相切,并且所有联结相切的两个硬币圆心的直线段把平面分成无穷个相等的正方形.

在第二种方式中,每个硬币和六个硬币相切,并且所有联结相切的两个硬币圆心的直线段把平面分成无穷个相等的等边三角形.

在每种方式中,求硬币(圆)覆盖的部分占整个平面的百分比.

3. 证明:如果 n 是一个大于 1 的整数,那么 $n^{n-1} - 1$ 可被 $(n-1)^2$ 整除.

4. 以三角形的三条边为边,分别在三角形之外作三个正方形. 这三个正方形的六个顶点 —— 它们不是给定的三角形的顶点 —— 构成一个六边形. 自然,这个六边形有三条边等于原三角形的三条边. 证明:六边形的另三条边分别是原三角形三条中线的两倍.

第十五届

1. 在中学对面的商店里有一种标价 50 美分的圆珠笔,但买的人很少. 然而当商店降价时,所有的存货一售而空,共得 \$31.39. 降价后的价格是多少?(所给的条件是否足以确定所求数?)

2. 点 P 位于一个矩形的内部,它离矩形的一个顶点的距离是 5 码,离与第一个顶点相对的顶点的距离是 14 码,离第三个顶点是 10 码. 点 P 离第四个顶点的距离是多少?

3. 证明恒等式 $\cos\frac{\alpha}{2}\cos\frac{\alpha}{4}\cos\frac{\alpha}{8} = \frac{\sin\alpha}{8\sin\frac{\alpha}{8}}$,并推广之.

4. 十二个全等的等边三角形中的八个是一个正八面体的面,其余四个是一个正四面体的面. 求八面体的体积与四面体的体积之比.

第十六届

1. 对于未知数 x,y 和 z,解下述三个方程的方程组

$$5\,732x+2\,134y+2\,134z=7\,866$$
$$2\,134x+5\,732y+2\,134z=670$$
$$2\,134x+2\,134y+5\,732z=114$$

2. 有一天非常热,四对夫妇共饮了 44 瓶可口可乐,女士安喝了 2 瓶,贝蒂喝了 3 瓶,卡罗尔喝了 4 瓶,多萝西喝了 5 瓶. 布朗先生与他的妻子喝得一样多,但是其他三位男士都比他们各自的妻子喝得多:格林先生是其妻的两倍,怀特先生是其妻的三倍,史密斯先生是其妻的四倍. 请说出四位女士的姓.(证明你的结论)

3. 对于未知数 x,y 和 z,解下述三个方程的方程组(a,b,c 是给定的)

$$x^2y^2+x^2z^2=axyz$$
$$y^2z^2+y^2x^2=bxyz$$
$$z^2x^2+z^2y^2=cxyz$$

4. 一个棱锥称为"正的",如果它的底面是一个正多边形,并且它的高线的垂足是底面的中心. 某个正棱锥的底面是一个六边形,六边形的面积是棱锥的总表面积 S 的$\frac{1}{4}$,棱锥的高是 h. 请用 h 表示 S.

第十七届

1. 解方程组

$$2x^2-4xy+3y^2=36$$
$$3x^2-4xy+2y^2=36$$

(容易猜到一个解,但是要求你找出所有的解. 解这个问题不需要解析几何知识,但是对于理解其结果也许有所帮助,为什么?)

2. 四个数 a,b,c 和 d 都是正的,并且都小于1. 证明:四个乘积 $4a(1-b),4b(1-c),4c(1-d),4d(1-a)$ 不能都大于1.

3. 在一个直角三角形的每条边上分别向外作一个正方形(正如图角毕达哥拉斯定理时通常所做的那样)联结三角形的直角处的顶点和斜边上的正方形的中心,并联结在另两边上的两个正方形的中心. 证明:如此得到的两条线段:(A) 相互垂直;(B) 等长.

4. 一个四面体的五条棱有相同的长度 a,第六条棱的长度为 b.

(A) 用 a 和 b 表示此四面体的接球面的半径.

(B) 你如何利用结果(A) 来确定(一个透镜的) 球表面的半径?

第十八届

1. 在一个直角三角形中,c 为斜边长度,a 和 b 是另两条边的长度,d 是其内切圆的直径. 证明:$a+b=c+d$.

2. 证明:对于 $n=1,2,3,\cdots$,表达式 $n^2(n^2-1)(n^2-4)$ 被 300 整除.

3. 对于未知数 x,y 和 z,解下述三个方程的方程组

$$x^2+5y^2+6z^2+8(yz+zx+xy)=36$$
$$6x^2+y^2+5z^2+8(yz+zx+xy)=36$$
$$5x^2+6y^2+z^2+8(yz+zx+xy)=36$$

给出所有的解.(容易找到一个解)

4. 一个正棱柱的底面是一个正六边形,棱柱的高等于底面的内切圆的直径,棱柱的体积等于一个正八面体的体积,求这两个立体的表面积之比.

注意,这两个立体有相同的面数,其中之一是正多面体,另一个不是正多面体,还有别的需要注意的地方吗?

第十九届

1. 一块蛋糕形如正棱柱,其底面是正方形;在其顶面上和边(即四个侧面) 上涂有糖霜. 棱柱的高是其底面的边长的$\frac{5}{16}$. 把蛋糕切成 9 块,使得每一块有相同重量的蛋糕和相同重量的糖霜. 9 块蛋糕之一必然是一个具有正方形底面的正棱柱,糖霜

仅在其顶面:计算它的高与它的底面的边长之比,并给出所有9小块的明确的描述以及一个可以接受的草图.

2. 证明:数列49,4 489,444 889,44 448 889,… 中的每个数都是完全平方数.

3. 如果一个三角形的面积是有理的(即,用一个有理数来度量),那么有四种可以想到的情形:此三角形有三条或两条有理边,或者只有一条,或者没有有理边. 用(比较简单的)例子表明,所有四种情形确实都是可能的.

4. 41个学生参加了三门课程——代数,生物和化学的考试. 下述表格展示了多少学生在各单科中及各单科的各种组合中不及格的情况:

课程	A	B	C	AB	AC	BC	ABC
不及格人数	12	5	8	2	6	3	1

(例如,五个学生生物不及格,在这五个学生中,有三个学生化学也不及格,这三个学生中只有一人所有三门课程都不及格).

有多少个学生三门课程都及格了?(你能想到适当的图表来澄清基本思想吗?)

5. 令 a,b,c 表示一个三角形的三边的长度,d 表示长为 c 的边所对的角的平分线(终止于 c 边)的长度.

(A) 用 a,b,c 表示 d.

(B) 尽你所能,用多种方式(通过特殊情形,极限情形,等等)验证所得到的表达式.

第二十届

1. "你有多少个孩了?他们多大了"客人——一个数学老师问道:

"我有三个男孩,"史密斯先生说:"他们年龄的乘积是72,他们年龄之和是我家的门牌号."

客人到门口看了一下,回来说:"这问题的解是不确定的."

"是的,是不确定的,"史密斯先生说,"但是我希望有一天我的最大的孩子将在斯坦福竞赛中获胜."

请说出各个孩子的年龄,并叙述你的理由.

2. 给定一个直角三角形的斜边长 c 和面积 A. 以三角形的

每一边为边分别向外作一正方形,并考虑包含这三个正方形的最小凸图形(由围住它们的一条绷紧的橡皮带所形成):它是一个六边形(不是正六边形,它和每个正方形有一条公共边,其余三边之一显然长度为 c).

求这个六边形的面积.

3. 令数 x,y 和 1 表示一个三角形三条边的长度,并假设 $x \leqslant y \leqslant 1$.

令具有直角坐标 x 和 y 的点 (x,y) 代表平面上的三角形. 明确地描述并清楚地勾画出平面上的点集,这点集在上面所解释的方式下代表:

(A) 所有三角形;

(B) 所有等腰三角形;

(C) 所有直角三角形;

(D) 所有锐角三角形;

(E) 所有钝角三角形.

找出那些特殊的三角形的代表点.

4. 求多项式 $x + x^9 + x^{25} + x^{49} + x^{81}$ 除以多项式 $x^3 - x$ 所得的余式.

本书是为配合哈尔滨工业大学创“双一流”的工程而出版的,但决策是笔者主观下的,具体效果有待评论.

行文至此,掉个书袋:

米元章初见徽宗,命书《周官》篇于御屏,书毕,掷笔于地,大言曰:“一洗二王恶札,照耀皇宋万古.”徽宗潜立于屏风后,闻之,不觉步出纵观. 自吹无妨,凡事须待后人评价,文学批评比文学创作易,因难有标准.

俗语说:文无第一,武无第二,出版更是如此.

刘培杰

2019 年 6 月 12 日

于哈工大

贸易与经济中的应用统计学(第6版)(英文)

大卫·P. 多恩
罗莉·E. 苏华德　著

编辑手记

本书是一本引进版的应用统计学教程.

印度裔的著名美国统计学家 C. R. 劳曾说过:"在抽象的意义下,一切科学都是数学;在理性的世界里,所有的判断都是统计学." 这对统计学是一个极高的评价. 在纯数学领域是存在鄙视链的: 代数几何 → 数论 → 函数论 → …… → 计算数学 → …… →统计学,再加上"应用"二字就更处于鄙视链的末端了. 但是在现实生活领域,统计学的地位却很高,因为它直观且应用广泛,简单易懂,特别体现在贸易与经济中.

著名数学家 A. Battersby 指出:

> 认真的经理人员遇到进退两难的处境:一方面他对他理解数学语言的能力缺乏信心,另一方面他可能在其周围发现了从这种语言中不断长大的金融利益数组. 这种结果是一种迷惑,在极端情况下是一种下意识的内疚. 某些数学家的傲慢态度对这种情况是无助的,他们把不熟悉他们语言的任何人视为低能,并且还费尽苦心地把自己的观点隐瞒起来.

在管理领域也是如此.

数学家 A. Battersby 还指出:

> 没有数学语言的帮助，具有复杂组织的商业就会延缓发展，甚至停止发展. 在管理科学中也同在其他科学中一样，数学成为进步的条件.

关于统计学是什么，是如何发展起来的，浙江大学数学学院的蔡天新教授在 2019 年 2 月 7 日的《南方周末》上发表了一篇长文，该文另载于其《数学的故事》一书，其中介绍了一些统计学的历史及现状，据他的考证统计学是由城邦政情演化而来的. 他介绍道：

> 统计学是通过收集、整理、分析、描述数据等手段，以达到推断所测对象的性质、本质乃至未来的一门学科，需要用到许多数学知识. 统计起源于何时何地，已经很难说清了. 有的说是古埃及，有的说是古巴比伦，也有人认为是公元前 2 000 年左右的夏朝，那时统治者为了征兵和征税进行了人口统计.
>
> 到了周朝(前 1046— 前 256)，又设立了“司书”一职，类似于今天的国家统计局局长. 而西方最早的统计记载是《圣经 · 旧约》，该书引用了犹太人的人口统计结果，是公元前 13 世纪犹太人首领摩西对以色列军队进行的调查.
>
> 一般来说，小范围的人口统计，哪怕包括人数、年龄、收入、性别、身高、体重等多项指标，统计仍派不上大用场. 随着统计人数的增加，如一座城市的市民、一个省的妇女，以及统计指标的增多，如健康、家庭经济和寿命情况，等等，统计就慢慢体现出规律和价值了.
>
> 公元前 4 世纪，全才的亚里士多德撰写了“城邦政情”(Matters of state)，共包含150 余种纪要，内容涉及希腊各城邦的历史、行政、科学、艺术、人口、资源和财富等社会、经济情况及其比较.
>
> “城邦政情”式的统计研究延续了两千多年，直至 17 世纪中叶，才逐渐被“政治算术”这个颇有意味的名词替代，并且很快演化为“统计学”(statistics).

最初,它只是以德文的形式“statistika”(1749),依然保留了城邦(state)的词根,本意是记述国家和社会状况的数量关系. 值得一提的是,英语中统计学家和统计员是同一个单词,正如数学家和数学工作者是同一个单词.

后来,欧洲各国相继把它译成本国文字,法语为statistique,意大利语为statistica,然后是英语,日语最初为“政表”“政算”“国势”“形势”,1880年才确定为“统计”. 1903年,横山雅南的著作《统计讲义录》被译成中文出版,“统计”这个词也从日本传到中国,这与“数学”一词的来历一样,它们在日语里原本也是汉字.

蔡天新教授是一位数论学家,他在新华林问题的研究被英国数学家、菲尔兹奖得主赞为“真正原创性的贡献”,他定义的一类丢番图方程被德国数学家、哥廷根大学教授称为“阴阳方程”. 他的科普著作《数学传奇》获得了国家科学技术进步奖二等奖,《数学简史》获得了吴大猷原创著作佳作奖. 同时他还是一位遍游世界的诗人,曾30多次受邀出席五大洲国际诗歌节,获得过贝鲁特的纳吉 · 那曼诗歌奖和达卡的卡达克文学奖.

下面还是书归正传,介绍一下本书的作者和本书的内容.

本书的作者有两位,一位是大卫 · P. 多恩,另一位是罗莉 · E. 苏华德.

大卫 · P. 多恩是美国统计协会公认的专业统计学家(PStat),他是奥克兰大学决策和信息科学系的名誉教授. 他在堪萨斯大学获得了数学和经济学学士学位,在普渡大学的Krannert研究生院获得了博士学位. 他的研究和教学兴趣包括应用统计学、预测和统计教育. 他同时接受了三个国家科学基金会的资助,开发软件来教授统计学和创建一个计算机教室. 他是美国统计协会的长期会员,2002年担任底特律市统计局(Detroit ASA)主席. 他还曾调研过政府、医疗保健机构和当地公司,在许多学术期刊上发表过文章. 他目前隶属于圣地亚哥和奥兰治县(长滩的)ASA分会.

罗莉 · E. 苏华德是科罗拉多大学博尔德分校利兹商学院运营管理高级讲师. 她在弗吉尼亚理工大学获得了理学学士学位和工业工程理学硕士学位. 在造纸和汽车工业领域担任了几年的质量工程师之后, 她获得了弗吉尼亚理工大学的博士学位, 并于 1998 年加入利兹商学院成为教员. 她是本科生核心商业统计课程的协调员, 目前为利兹全日制高级 MBA 课程教授并协调核心统计课程. 她还负责协调运营管理的本科课程. 她还担任2004年年度会议通知教师讲习班的主席. 她的教学兴趣集中在开发利用技术在大型本科和 MBA 统计课程中创建协作学习环境的教学方法. 她与大卫 · P. 多恩合著的最新文章发表在《统计教育杂志》(2011 年) 上.

关于本书的内容及编写动机作者是这样说的:

就在 10 年前, 我们的学生经常问我们, "我如何使用统计数据?" 今天我们更经常听到"我为什么要使用统计数据?" 商业和经济学中的应用统计学试图通过使用真实的商业情况和真实的数据来为我们世界上的统计数据的使用提供真正的意义, 并吸引您去了解为什么, 而不仅仅是如何使用.

在我们两人教授统计学超过 50 年的时间里, 我们觉得我们可以提供一些东西. 随着新世纪的到来, 看到学生的变化, 我们需要适应并寻求更好的教学方式. 因此, 我们编写了《贸易与经济中的应用统计学》, 以达到四个不同的目标.

目标 1: 传达在我们周围世界各地存在的商业环境变化中变化的意义. 成功的企业知道如何估计变化, 他们还知道如何判断什么时候应该对变化做出响应, 什么时候应该让它单独存在. 我们将展示企业如何做到这一点.

目标 2: 尽可能使用真实数据和真实业务应用程序示例、案例研究以及从已发布的研究或真实应用程序中提取的问题. 假设的数据是用来说明一个概念的最好方法时使用的, 你通常可以通过检查引用来源的脚注来分辨不同的概念.

目标 3: 结合当前的统计实践, 并提供切实可行的建议, 随着对计算机的依赖程度的增加, 统计从业人员改变了他们使用统计工具的方式. 我们将展示当前的一般做法, 并解释为什么使用这些方法. 我们还将告诉您何时不应使用何种技术.

目标4:提供关于原因的更深入的解释,并由软件获得如何理解与数据通信的重要性. 今天的计算机功能使汇总和显示数据比以往任何时候都容易得多. 我们使用现有的通用软件演示了容易掌握的软件技术. 我们还花了大量的时间在这样的想法上:决策中存在风险,这些风险应该在每个业务决策中被量化和直接考虑.

我们的经验告诉我们,学生们希望因他们在大学课堂上的参与而受到表扬. 我们试图通过选择例子和练习来实现这一点,这些例子和练习将利用学生已有的认知世界的丰富的知识和从其他课程中获得的知识. 重点是思考数据,选择适当的分析工具,有效地使用计算机,并认识到统计的局限性.

本书甫一出版,便大受欢迎,多次再版. 这一版已是第六版,那么与前面的5版相比有什么新内容呢? 据作者介绍:

> 在本版中,我们听取了读者的意见,并做了许多读者要求的更改. 我们向目前正在使用这本教科书的学生和教职员工、各种高校的评审员以及重点小组的参与者征求意见,这些小组的成员都在教授统计技术. 在序言的最后是一个详细的一章一章的改进清单,但以下只是其中的一些:
>
> 更新了 Excel 支持,包括屏幕截图、菜单和功能.
>
> 介绍分析主题以及它如何与商业统计相适应.
>
> 更多关注 Excel,将大多数屏幕截图从 Megastat 和 Minitab 移动到软件补充章节的末尾.
>
> 更新练习,强调与 Connect 的兼容性.
>
> 与主题和学习目标相匹配的最新试题库问题.
>
> 对回归的扩展处理,包括乘法模型、交互作用和逻辑回归的两个完整章节.
>
> 用分步解决方案重写教师指南.
>
> 新的和更新的经济和商业微型案例.
>
> 新的和更新的练习数据集、Web 链接、大数据集和相关阅读.
>
> 可从 Connect 下载的补充,包括学习统计演示和

视频教程(PC 和 Mac),用于 Excel、Megastat 和 Minitab.

软件

Excel 在本书中被广泛使用,因为它无处不在.有些计算是用 Megastat 来说明的,Megastat 是一个 Excel 插件,它的基于 Excel 的菜单和电子表格格式比 Excel 的数据分析工具提供了更多的功能.其中还包括迷你表菜单和示例,以指出这些工具的相似性和不同之处.为了帮助需要额外帮助或追赶工作的学生,文本网站包含有关使用 Excel、Minitab 或 Megastar 完成每章任务的教程或演示.在每一章的末尾是一个"学习统计"演示列表,说明了本章中的概念.这些演示可以在本文的 Connect 产品中找到.

数学水平

假定数学水平是微积分前的水平,尽管很少有微积分的参考文献,它可能有助于更好的训练读者.除了最简单的证明和推导外,所有的证明和推导都被省略了,尽管关键的假设被清楚地陈述了.当这些假设未得到满足时,建议初学者该做些什么.基本计算包括了工作实例,但教科书确实假定统计课结束后,计算机将进行计算,因此解释是最重要的,在章节末尾提供参考和推荐网站,以便感兴趣的读者能够加深他们的理解.

练习

简单的实践练习放在每一节中,章节末的练习往往更具整合性,或者嵌入更现实的环境中.注意修改练习,使其有与特定学习目标相匹配的明确答案.一些练习需要简短的回答,而不仅仅是引用公式.大多数奇数题号的练习题答案都在书的后面(所有答案都在教师手册中).

学习统计

Connect 用户可以获取每个章节的 Excel 电子表格、Word 文档和 PowerPoint 的汇总的一个"学习统计”.它的目的是让学生以自己的速度探索数据和概念,忽略他们已经知道的材料,专注于他们感兴趣的事情.学习状态包括对其他软件包中未包含的主题的解释,例如如何编写有效的报告、如何执行计算或如何制作有效的图表.它还包括课本中没有突出显示的主题(部分 F 检验、Durbin - Watson 检验、符号检验、引导模拟和逻辑回归).讲师可以在课堂上使用 PowerPoint 演示文稿,但 Connect 用户也可以将其用于自我指导.没有导师可以涵盖所有内容,但可以鼓励学生探索“学习统计”数据集(或演示),可能需要导师的指导.

关于本书的具体内容,我们可以从以下目录中了解详情.

C－1. 标准正态面积；
C－2. 累积标准正态分布
D. 学生的 t 临界值
E. Chi-Square 临界值
F. 关于 F_{10} 的临界值
G. 奇数节练习题的解
H. 考试复习题答案
I. 撰写和提交报告
J. Excel 统计函数

近年随着大数据的兴起,对传统的统计学又赋予了新的价值,正如蔡教授所言:

2008 年夏天,奥地利人维克托·迈尔·舍恩伯格出版了《大数据时代》,这是大数据研究的开先河之作,作者在书中前瞻性地指出,大数据带来的信息风暴正在改变我们的生活、工作和思维. 大数据不用抽样调查这类传统方法,而是对所有数据进行分析处理. IBM 公司提出了大数据的 5V 特点,即大量(Volume)、高速(Velocity)、多样(Variety)、价值(Value)和真实性(Veracity).

舍恩伯格认为大数据的核心就是预测. 早期的案例:洛杉矶警察局和加州大学合作利用大数据预测犯罪的发生;谷歌公司利用搜索关键词预测禽流感的散布趋势;统计学家内·西尔弗利用大数据预测美国选举结果;麻省理工学院利用手机定位和交通数据建立城市规划;梅西百货根据需求和库存数据对货品进行实时调价.

舍恩柏格最具洞见之处在于,他明确指出,大数据时代最大的转变就是,放弃对因果关系的渴求,取而代之的是关注相互关系. 也就是说只要知道“是什么”,而不必知道“为什么”. 这颠覆了千百年来人类的思维习惯,对我们的认知和与世界交流的方式提出了全新的挑战.

本书是为哈尔滨工业大学争创“双一流”工程而引进的原版图书,因其国际化所以直接原版引进,保证原汁原味,加之授课教师大多有海外经历,所以能胜任用英文直接教学.哈尔滨工业大学作为全国高校Top10的“985高校”,生源质量甚高,英文水平也足以承受国外原版教材.但是,这是我们的一厢情愿,至于学校采不采用无法预测.正如印度裔美国统计学家C.R.劳所说:“假如世上每件事均不可预测地随机发生,那我们的生活将无法忍受.反之,假如每件事情都是确定的、完全可以预测的,那我们的生活又将十分无趣.”

刘培杰

2019年2月24日

于哈工大

傅立叶级数和边值问题（第8版）

詹姆斯·沃德·布朗
卢埃尔·V.丘吉尔　著

编辑手记

本书是为了配合哈尔滨工业大学争创“双一流”工程而原版引进的.

为什么要原版引进？主要原因是中国目前虽可勉强算是世界数学大国,但却远远算不上世界数学强国.所以学习、借鉴,甚至全盘照搬都是十分必要的,正所谓“它山之石可以攻玉”.

关于我国的数学水平在世界上的排名,除了菲尔兹奖、沃尔夫奖、阿贝尔奖无一获奖这个残酷现实外,还有其他量化指标.

近日,QS官网公布了其2019年世界大学排名,同时公布了5个学科大类、48个学科小类的学科排名,我们当然只关注数学学科的排名.

数学学科排名方面,美国的院校依然霸榜,占据前十名中的七个席位,另外英国占据两席,最后一个席位被瑞士的一所学校占据.从第一到第十分别是:麻省理工学院(美国)、哈佛大学(美国)、斯坦福大学(美国)、普林斯顿大学(美国)、剑桥大学(英国)、牛津大学(英国)、加州大学伯克利分校(美国)、苏黎世联邦理工学院(瑞士)、加州大学洛杉矶分校(美国)、纽约大学(美国)(表1).

表 1　QS 世界大学数学学科排名(数学学科,2019)

全球排名	学　　校	国家/地区
1	麻省理工学院	美国
2	哈佛大学	美国
3	斯坦福大学	美国
4	普林斯顿大学	美国
5	剑桥大学	英国
6	牛津大学	英国
7	加州大学伯克利分校	美国
8	苏黎世联邦理工学院	瑞士
9	加州大学洛杉矶分校	美国
10	纽约大学	美国

亚洲方面的前十排名中,来自中国的高校占据了其中 6 个席位,其中 3 所高校来自中国大陆,3 所高校来自中国香港. 来自新加坡的新加坡国立大学排名第一,全球总排名第 13 名. 北京大学和日本的东京大学排名并列第二,全球总排名并列第 20 名. 第三到第十的高校分别为:清华大学(中国内地,第 25 名)、香港中文大学(中国香港,第 28 名)、京都大学(日本,并列第 36 名)、香港科技大学(中国香港,并列第 36 名)、上海交通大学(中国内地,第 42 名)、香港大学(中国香港,并列第 45 名)、首尔国立大学(韩国,并列第 47 名)(表 2).

表 2　QS 世界大学数学学科排名(亚洲,2019)

全球排名	学　　校	国家/地区
13	新加坡国立大学	新加坡
20(并列)	北京大学	中国内地
20(并列)	东京大学	日本

续表2

全球排名	学　　校	国家/地区
25	清华大学	中国内地
28	香港中文大学	中国香港
36(并列)	京都大学	日本
36(并列)	香港科技大学	中国香港
42	上海交通大学	中国内地
45(并列)	香港大学	中国香港
47(并列)	首尔国立大学	韩国

这本《傅立叶级数和边值问题》据作者自己所说:

本书介绍了傅立叶级数及其在工程和物理学偏微分方程边值问题中的应用.本书是为已经完成了常微分方程第一课的学生设计的.为了让本书有更广泛的读者群,书中有一些脚注,证明了高等微积分中偶尔需要的更微妙的结果,对物理学应用的详细解释也保持在一个相当基础的水平上.

本书的第一个目的是介绍标准正交函数集的概念及由这些集合中的一系列函数表示任意函数;用傅立叶级数表示函数,涉及了正弦和余弦函数;贝塞尔函数和勒让德多项式级数中的傅立叶积分表示和扩展.

第二个目的是介绍解决边界值问题的经典分离变量的方法,以及介绍对解法及其独特性的核实,不经过核实的方法是不能准确地展现在本书中的.

本书是第七版的修订版,其中前两版是丘吉尔教授独自撰写的.虽然这里保留了早期版本中的改进的地方,但整本书几乎已被彻底重写.在下面会提到本版本中的一些更改内容.

导致傅立叶余弦和正弦级数的正则斯图姆－刘维尔问题在一个单独的章节中处理，导致傅立叶余弦和正弦积分的奇异性问题也是如此．在主要介绍变量分离方法的章节中，想要得到这些特征值问题的解似乎有太多的干扰．由于它们的特殊性质和重要性，已经从问题集中提炼出了一些重点，并在它们自己的部分中进行了介绍．这方面的例子有吉布斯现象和泊松积分公式，以及得到该公式所需的涉及周期边界条件的斯图姆－刘维尔问题．另一个例子是推导出各种傅立叶－贝塞尔级数的系数中的积分的约简公式．

本版本中的很多更改都来自于读者对作者的建议．例如，杜哈梅原理得到了更深入的讨论，但是使用它会遇到更多的物理问题．贝塞尔函数的章节从伽玛函数的单独部分开始，以便更有效地展示贝塞尔函数．而且，傅立叶－贝塞尔级数被放在了附录中．虽然不同的作者使用不同的数学符号，但本书作者还是选择了参考书目中列出的巴特尔的经典文本，将单边导数的符号改为他的符号，但在定义单边极限时保留了他们自己的符号．最后，应该提到的是，为了更直接地关注刚刚介绍的内容，习题集出现的频率甚至比上一版还要高．

本书有专门的习题解答，书名叫《学生解题手册》(ISBN:978－007－745415－9)，它包含了本书中所有习题的解答方法．

本书作者指出：此版本和早期版本受益于与他有共同兴趣的朋友，包括现在的和以前的学生．已故的 Ralph P. Boas, Jr. 为克罗内克对分步积分法的推广提供了参考，美国《数学月刊》中 R. P. Agnew 的注释提出了圆柱坐标和球坐标下拉普拉斯方程的推导方法．最后，作者认为最重要的支持和鼓励来源于 McGraw-Hill 的工作人员和他的妻子 Jacqueline Read Brown.

为了便于阅读,我们将目录简译如下:

前言

1. 傅立叶级数

2. 傅立叶级数的收敛

3. 物理学的偏微分方程

4. 傅立叶方法

5. 边值问题

6. 傅立叶积分及其应用

7. 标准正交基

8. 刘维尔问题及其应用

9. 贝塞尔函数及其应用

10. 勒让德多项式及其应用

11. 解法及其独特性的核实

附录

索引

从中我们可以看出本书基本包含了傅立叶级数的所有一般性题材,另外国外教材与我们自己的教材相比,有一个非常好的习惯是配有索引,作为出版人笔者当然知道它很花时间,但它对读者确实非常有用,这是我们应当学习的.

为了使广大读者能够更好地理解本书内容,我们在这里简单地对历史背景做一点介绍. 数学史专家胡作玄先生指出:把函数表示成幂级数当然是最自然不过的事. 但是,能用幂级数表示的函数并不多,因为要想用幂级数表示,起码这个函数得无穷次连续可微,而且即使无穷次可微也不一定就行. 这样,要想用无穷级数表示一般的连续函数,就得另觅他途. 我们所熟悉的比多项式稍复杂的函数就是三角函数. 三角函数图像清楚,有表可查,当然是最有力的候补者. 但是,一个任意的(连续)函数能否被三角级数表示,在历史上还是有一番争论的. 这个争论的一方是丹尼尔·伯努利,他早在1732年就从物理上说明振动弦有较高的振动模式,并在后来的论文中说明振动弦的许多模式能够同时存在,他进而认为所有可能的振动初始曲线都可表示成

$$f(x) = \sum_{n=1}^{+\infty} a_n \sin \frac{n\pi x}{l}$$

因为有足够的常数 a_n，使级数适合任一曲线. 他对此并没有给出数学上的证明. 克莱洛在1757年的一篇论文中支持了这一观点. 与他们相对立，欧拉和达朗贝尔从不同的角度反对这种观点. 欧拉在1753年的一篇论文中说，正弦函数总是一个奇周期函数，但是任意的函数肯定不可能被如此表示. 达朗贝尔在1757年出版的《百科全书》第7卷中甚至不相信所有奇周期函数也能表为如上的三角级数，因为这种级数是二次可微的，而任意奇周期函数未必如此. 这一争论持续了二三十年. 1759年拉格朗日参加了争论，他用自己的计算支持欧拉，而且后来也一直坚持任意函数不一定能展成三角级数. 1779年拉普拉斯也加入争论，他支持达朗贝尔. 他们在函数的三角级数表示问题上都未能得出数学上正确的结论. 这个问题直到傅立叶才彻底解决. 但是，18世纪的大数学家都得出过特殊函数的三角级数展开式以及系数表达式. 例如，欧拉在1777年就从三角函数的正交性得到三角级数的系数，即从

$$f(x) = \frac{a_0}{2} + \sum_{k=1}^{+\infty} a_k \cos \frac{k\pi x}{l}$$

得出

$$a_k = \frac{2}{l}\int_0^l f(s)\cos \frac{k\pi s}{l}\mathrm{d}s$$

此即傅立叶级数系数表达式，但是整个三角级数理论应该归功于傅立叶一人的创造.

傅立叶本人也是一位很有故事的数学家，他1768年3月21日生于法国奥瑞尔省一个裁缝的家庭，8岁时父母双亡，被当地大主教送入市内军事学校，在学校中他对数学产生了极大兴趣，并显示出天分. 为了攻读数学，他收集学校的蜡烛头以供晚上自修. 他原来打算当军官，加入炮兵或工程兵部队，但由于出身微贱而被拒绝. 教士们把他送到圣奔诺伊的本尼迪克派教会中学，以便把他培养成教士. 1789年法国大革命改变了他的命运，他回到军事学校任数学教授，这是他走向数学事业的第一步. 1789年12月，他呈送给法国科学院一篇关于方程的数值解

的论文,发展了拉格朗日的工作. 从法国大革命开始,他就同情革命,但是恐怖时代的做法也使他痛心. 由于教师缺乏,1794 年巴黎高等师范学校成立后请他任教,但几个月后停办了. 1795 年巴黎综合工科学校建立,他被任命为助理讲师,协助拉格朗日和蒙日上课. 可是,他又被错划为罗伯斯庇尔的支持者而再度被捕,后来在学校同事的营救下获释. 1798 年,他参加了拿破仑的埃及远征. 1801 年 8 月底撤离并回到法国,重返巴黎综合工科学校. 可是,拿破仑看到他有行政的天分,就于 1802 年 2 月任命傅立叶为法国东南部伊泽尔省省长. 他的职责包括收税、监督征兵、执行法律等. 他积极努力消除从 1789 年大革命时期以来遗留下来的恶感. 他监督把 8 万平方千米沼泽地的水排干,并建造从伊泽尔省首府格勒诺布尔到意大利都灵的道路中的法国段. 傅立叶在格勒诺布尔时,完成了大部分关于热传导的数学问题的研究工作,那时已经称帝的拿破仑在 1808 年封他为男爵. 但是当拿破仑于 1814 年下台并被放逐到意大利海岸旁的厄尔巴岛时,傅立叶的处境变得相当困窘. 格勒诺布尔正处于拿破仑经过的路途上. 傅立叶懂得,要是向这个旧主子致意,那就会使他在新国王的统治下处境危险,路易十八对过去皇帝的老同事、老部下不会好眼相看. 于是,傅立叶利用自己的政治权力把拿破仑经过的道路加以改换,从而保住了自己的职务. 1815 年拿破仑回到法国,企图夺回他以前的帝国. 这一次,拿破仑路过格勒诺布尔时,傅立叶便离开这座城市而避免见到他. 三天之后,拿破仑封傅立叶为伯爵,并任命他为罗纳省省长. 这一次拿破仑的统治只延续了 110 天,傅立叶在地方的政治生涯从此也结束了. 于是,他移居巴黎,集中精力研究科学.

1816 年,傅立叶被法国科学院选为院士,但复辟的波旁王朝国王路易十八因为他是拿破仑的省长而拒绝批准. 1817 年他再度当选后才获得批准,1822 年成为法国科学院终身秘书,1827 年被选为法兰西学士院院士. 他帮助过许多年轻人,其中包括狄利克雷、阿贝尔、斯图姆、奥斯特等. 遗憾的是,他把伽罗瓦的第二篇论文丢掉了,但是这并非像伽罗瓦所想的那样是出于故意. 他于 1830 年 5 月 16 日在巴黎去世.

傅立叶最重要的成就当然是热传导理论及傅立叶级数,除此之外，他在方程论方面也有些贡献. 他 16 岁就给出笛卡儿符号规则一个新证明，这个证明后来成为教科书的标准证明. 他还推广笛卡儿符号法则，最后这个定理在1829 年由斯图姆发展成斯图姆定理. 他的结果收集在《确定方程的分析》一书中，但他只完成其中前两章，其余由纳维尔编辑，于 1831 年出版.

傅立叶除了计算方程根的近似方法之外，还推广丹尼尔·伯努利的法则. 他对线性不等式的解法及应用表明，他也是线性规划理论的先驱之一.

现在傅立叶虽主要以数学家知名，但他自认为是一位科学家，具体来讲是物理学家，而且不仅是理论物理学家，还是实验物理学家. 他在 1807 年发表他的论文之前，先做了两年热传导的实验，这些实验不仅有重复以前别人做过的，还有自己独创的. 虽然他的实验没有像法拉第和安培那样导致新发现、新理论，但他有意用实验检验自己的理论. 从这个意义上来讲，他做到了数学物理、理论物理和实验物理的结合. 他对数学的观点到现在仍是理论数学家及应用数学家争论的焦点：数学的主要目的是公众的需要和对自然现象的解释，数学家不应该把时间浪费在无用的研究上.

1807 年 12 月 21 日傅立叶向巴黎科学院递交了一篇关于热传导的论文 *Mémoire sur la propagation de la chaleur*，这篇论文经拉格朗日、拉普拉斯、勒让德等审查后没有被接受. 傅立叶在论文中，坚持认为任意函数可以展成三角函数的级数，这与拉格朗日的观点大相径庭. 拉格朗日怀疑这种展开的可能性，因为拉格朗日认为函数是由其在任意小区间上的值所决定的，而这实际上只对解析函数才正确. 过去欧拉也认为任意函数不可能展开成三角级数. 所以，拉格朗日批评傅立叶的论文缺乏严密性而不同意发表. 1808 年，傅立叶曾去巴黎访问，听取批评，并对拉普拉斯和拉格朗日的意见（热传导方程的推导以及展开成三角级数的合法性）做出答复. 但是，科学院为了鼓励傅立叶关于热传导的研究，于1810 年以热传导为题作为竞争科学院 1812 年大奖的题目. 傅立叶对自己 1807 年的论文加以修改，把题为《固体中的热运动理论》（*Théorie du mouvement de la chaleur daus les corps solides*）的论文于 1811 年送交评奖委员会. 1812 的 1 月,他获得了奖金,但仍受到批评,因“作者得出他的方程的方法并没有消除困难,而且他对求该方程的积分的分析在一般性及严密性方面还有不足之处”而没能马上发表,直到他成为科学院终身秘书之后,才把它们印出来(1819—1820,1824 年出版;1821—1822,1826 年出版). 他对热传导问题继续进行研究,于 1822 年出版《热的解析理论》(*Théorie analytique de la chaleur*),其中把 1811 年论文的第一部分原封不动地编进去.

他在书中首先提出求解热传导方程的特殊情形,即一根均匀的、各向同性的杆中,温度 T 的分布随时间 t 和地点 x 如何变化. 他第一次根据物理定律得出偏微分方程

$$\frac{\partial^2 T}{\partial x^2} = k^2 \frac{\partial T}{\partial t}$$

这是第一个不是从牛顿的《自然哲学的数学原理》中得出的方程,他同牛顿一样,直接从对自然规律的探求中得到数学方程. 为了使解有物理意义,他还给出边条件和初始条件. 边条件表示在传导杆两端的温度都保持恒定,而初始条件表示开始时,杆上各点的温度是如何不均匀地分布的,而这个方程则反映温度的分布随时间的变化而趋于平衡的过程. 牛顿发明了数学工具微积分去解决他的问题,傅立叶也发明了自己的数学工具来解决自己的问题,这就是傅立叶分析. 他想象杆上热的地方相当于正弦曲线的波峰,冷的地方相当于正弦曲线的波谷,由于温度分布不完全像正弦曲线那样均匀,实际上每点都是多个正弦曲线叠加的结果,而且每条正弦曲线随着时间的推移振幅逐步减少,这就使他产生把解析函数展成三角级数的想法,即

$$f(x) = \sum_{r=1}^{+\infty} b_r \sin rx \quad (0 < x < \pi)$$

而最困难的问题在于决定傅立叶系数 b_r. 他采用以前通用的幂级数展开法,用不严格的论证经过烦琐的求解,勉强得出正确的公式

$$b_r = \frac{2}{\pi}\int_0^{\pi} f(s) \sin rs\mathrm{d}s$$

其实克莱洛和欧拉已经把某些函数展开为傅立叶级数,并得到

系数的积分公式,而且欧拉得到系数的方法更为简单.但是,傅立叶断言,每个函数都可表为三角级数,甚至函数不一定连续,具有间断点也行.而且他还认为,不管$f(x)$是否有解析表达式,是否服从什么法则,它的级数总是收敛的.这些他都没有给出证明,他认为由几何图形的直观就可以看出这是真的.尽管如此,傅立叶级数的出现对物理学及数学都是极大的促进.在1867年英国物理学家汤姆逊写道:"傅立叶定理不仅是近代分析最漂亮的结果之一,而且可以说,它为讨论近代物理学中几乎每一道深奥难解的问题提供了一个不可缺少的工具."这正符合傅立叶的思想:"对自然界的深刻研究是数学最富饶的源泉."

傅立叶级数立即得到许多应用,特别是法国数学家泊松利用三角级数解决许多热传导问题,他的许多工作总结在1835年出版的《热的数学理论》(*Théorie mathématique de la chaleur*)一书中.而且傅立叶本人在研究半无界杆的热传导问题中得出傅立叶积分的概念.

本书其实是傅立叶级数理论的应用.数学家更关心的是对傅立叶级数理论打下严密的基础.傅立叶的论文所涉及的概念远远超出当时通常使用的(往往也没有得到严密处理的)理论,例如他已考虑不连续函数,甚至后来的δ函数的积分问题.它涉及定积分问题,而在以前积分只不过是反导数,在当时收敛还没有严密定义时,他已谈到函数级数的收敛问题.这样一来,傅立叶级数在函数概念、积分概念、三角级数的展开及收敛性等方面都大大扩展了以前的分析领域,最后推动集合论、测度论和积分论乃至泛函分析的发展.

为傅立叶级数论奠定严格数学基础的是狄利克雷.1822~1825年狄利克雷在巴黎学习,曾会见傅立叶,深受傅立叶的影响,对傅立叶级数产生兴趣.他在1829年发表的一篇重要论文"论三角级数的收敛性"中,第一次给出了表示给定的函数$f(x)$的傅立叶级数收敛,而且收敛到$f(x)$本身的充分条件.这组所谓狄利克雷条件是:

①$f(x)$是单值、有界的;

②$f(x)$是分段连续的;

③ $f(x)$ 是分段单调的，
这为傅立叶级数的存在性打下了基础.现在函数$f(x)$ 的傅立叶级数表示的标准写法是

$$\frac{a_0}{2}+\sum_{n=1}^{+\infty}(a_n\cos nx+b_n\sin nx)$$

其中

$$a_n=\frac{1}{\pi}\int_{-\pi}^{\pi}f(x)\cos nx\mathrm{d}x$$

$$b_n=\frac{1}{\pi}\int_{-\pi}^{\pi}f(x)\sin nx\mathrm{d}x$$

不过狄利克雷条件并不是充分必要条件.于是，狄利克雷的学生黎曼致力于研究这个问题，为此，他考虑更一般的函数以及它们的可积性问题.黎曼在1853年为取得讲师资格而写的论文“关于用三角级数表示函数的可能性”中，给出更一般的积分概念——黎曼积分，这样他把积分概念扩大到更大的函数类中.他进而证明：如果$f(x)$ 在$[0,\pi]$ 上有界且可积，那么当$n\to\infty$ 时，其傅立叶系数 a_n，b_n 趋向于0.黎曼还指出，有界可积函数f的傅立叶级数在一点处的收敛性仅依赖于$f(x)$ 在该点邻域中的性质，这就是所谓局部性原理.黎曼利用辅助函数证明了三个重要定理，前两个给出三角级数表示存在的充分必要条件，第三个给出三角级数在一个特殊点收敛的充分必要条件.黎曼的论文在1867年才发表，不过在此之前的所有考虑都还有一些缺陷：

① 级数收敛最多只考虑条件收敛，而没有考虑一致收敛，这样问题就只涉及函数在一点处的值而非一个区间上的问题，这一点由海涅在1870年首先指出.

② 虽然已考虑不连续函数，但还没有办法考虑有无穷个不连续点或无穷次振荡的函数.这一点由汉克尔在1870年首次考虑.

③ 一般的唯一性问题首先由海涅在1870年提出.他证明，如果一个函数$f(x)$ 除有限多点之外连续，且表示它的三角级数一致收敛，那么表示唯一.他鼓励G.康托研究更一般的情况，这导致G.康托创立点集论乃至一般集合论.

三角级数的研究从 19 世纪起至今仍相当活跃,对整个数学的发展产生巨大影响. 三角级数作为连续函数的表示所遗留下的一些基本问题,直到 20 世纪才被解决. 其中一个基本问题是连续函数的傅立叶级数是否一定处处收敛. 很长时期,大家认为这不成问题,直到 1873 年杜布瓦 - 瑞蒙首先给出一个反例,一个连续函数的傅立叶级数在某一点上不收敛. 后来,又发现有的连续函数,其傅立叶级数在无穷多点,甚至所有有理点上发散. 1913 年鲁金猜想在$[-\pi,\pi]$上平方可积的函数的傅立叶级数在$[-\pi,\pi]$上几乎处处收敛,但 1923 年柯尔莫哥洛夫却举出一个可积函数,其傅立叶级数几乎处处发散. 直到 1966 年,鲁金猜想才由瑞典数学家卡勒松用极为精巧的方法证明出来. 这时积分的概念也有所发展,由黎曼积分过渡到勒贝格积分.

本书的作者多年从事傅立叶级数及边值问题相关的教学,是此方向的专家. 西方讲究技术性,所以对学者的最高评价是"专家"(Specialist);中国讲究贯通包容性,所以陈寅恪先生被人称为"通儒" 人文主义者(Humanist).

西方学者容易头痛医头,脚痛医脚,缺乏整体感,而中国学者易流于空泛,大而无当. 幸好本书没有这样的毛病.

刘培杰

2019 年 4 月 15 日

于哈工大

编辑手记

英国著名诗人莎士比亚说:

> “书籍是全世界的营养品.生活里没有书籍,就好像没有阳光;智慧里没有书籍,就好像鸟儿没有翅膀.”

按莎翁的说法书籍应该是种生活必需品.读书应该是所有人的一种刚需,但现实并非如此.提倡“全民阅读”“世界读书日”等积极的措施也无法挽救书籍在中国的颓式.甚至有的图书编辑也对自己的职业意义产生了怀疑.有人在网上竟然宣称:我是编辑我可耻,我为祖国霍霍纸.

本文既是一篇为编辑手记图书而写的编辑手记,也是对当前这种社会思潮的一种“反动”.我们先来解释一下书名.

姚洋是北京大学国家发展研究院院长,教育部长江学者特聘教授,国务院特殊津贴专家.

在一次毕业典礼上,姚洋鼓励毕业生“去做一个唐吉诃德吧”,他说“当今的中国,充斥着无脑的快乐和人云亦云的所谓‘醒世危言’,独独缺少的,是‘敢于直面惨淡人生’的勇士.”

“中国总是要有一两个这样的学校,它的任务不是培养‘人材’(善于完成工作任务的人)”,“这个世界得有一些人,他出来之后天马行空,北大当之无愧,必须是一个”.

姚洋常提起大学时对他影响很大的一本书《六人》,这本书借助6个文学著作中的人物,讲述了六种人生态度,理性的浮士德、享乐的唐·璜、犹豫的哈姆雷特、果敢的唐吉诃德、悲天悯人的梅达尔都斯与自我陶醉的阿夫尔丁根.

他鼓励学生,如果想让这个世界变得更好,那就做个唐吉诃德吧.因为“他乐观,像孩子一样天真无邪;他坚韧,像勇士一样勇往直前;他敢于和大风车交锋,哪怕下场是头破血流!”

在《藏书报》记者采访著名书商——布衣书局的老板时有这样一番对话:

> 问:您有一些和大多数古旧书商不一样的地方,像一个唐吉诃德式的人物,大家有时候批评您不是一个很会赚钱的书商,比如很少参加拍卖会.但从受读者的欢迎程度来讲,您绝对是出众的.您怎样看待这一点?
>
> 答:我大概就是个唐吉诃德,他的画像也曾经贴在创立之初的布衣书局墙壁上.我也尝试过参与文物级藏品的交易,但是我受隆福寺中国书店王玉川先生的影响太深,对于学术图书的兴趣更大,这在金钱和时间两方面都影响了我对于古旧书的投入,所以,不能在这个领域有一席之地,是正常的.我不是个“很会赚钱”的书商,知名度并不等于钱,这中间无法完全转换.由于关注点的局限,普通古旧书的绝对利润很低,很多旧书的售价才几十块甚至于几块,利润可想而知,且旧书无大量复本,所以消耗的单品人工远高于新书,这是制约发展的一个原因.我的理想是尝试更多的可能,把古旧书很体面地卖出去,给予它们尊严,这点目前我已经做到了,不足的就是赚钱不多,维持现状可以,发展很难.

这两段文字笔者认为已经诠释了唐吉诃德在今日之中国的意义:虽不合时宜,但果敢向前,做自己认为正确的事情.

再说说加号后面的西西弗斯.笔者曾在一本加缪的著作中读到以下这段:

> 诸神判罚西西弗,令他把一块岩石不断推上山顶,而石头因自身重量一次又一次滚落.诸神的想法多少有些道理,因为没有比无用又无望的劳动更为可怕的惩罚了.
>
> 大家已经明白,西西弗是荒诞英雄.既出于他的激情,也出于他的困苦.他对诸神的蔑视,对死亡的憎恨,对生命的热爱,使他吃尽苦头,苦得无法形容,因此竭尽全身解数却落个一事无成.这是热恋此岸乡土必须付出的代价.有关西西弗在地狱的情况,我们一无所获.神话编出来是让我们发挥想象力的,这才有声有色.至于西西弗,只见他凭紧绷的身躯竭尽全力举起巨石,推滚巨石,支撑巨石沿坡向上滚,一次又一次重复攀登;又见他脸部绷紧,面颊贴紧石头,一肩顶住,承受着布满黏土的庞然大物;一腿蹲稳,在石下垫撑;双臂把巨石抱得满满当当的,沾满泥土的两手呈现出十足的人性稳健.这种努力,在空间上没有顶,在时间上没有底,久而久之,目的终于达到了.但西西弗眼睁睁望着石头在瞬间滚到山下,又得重新推上山巅.于是他再次下到平原.
>
> ——(摘自《西西弗神话》,阿尔贝·加缪著,沈志明译,上海译文出版社,2013)①

丘吉尔也有一句很有名的话:“*Never! Never! Never Give Up!*”永不放弃!套用一句老话:保持一次激情是容易的,保持一辈子的激情就不容易,所以,英雄是活到老、激情到老!顺境要有

① 这里及封面为尊重原书,西西弗斯称为西西弗.——编校注

激情,逆境更要有激情.出版业潮起潮落,多少当时的"大师"级人物被淘汰出局,关键也在于是否具有逆境中的坚持!

其实西西弗斯从结果上看他是个悲剧人物.永远努力,永远奋进,注定失败!从精神上他又是个人生赢家,永不放弃的精神永在,就像曾国藩所言:屡战屡败,屡败屡战.如果光有前者就是个草包,但有了后者,一定会是个英雄.以上就是我们书名中选唐吉诃德和西西弗斯两位虚构人物的缘由.至于用"+"号将其联结,是考虑到我们终究是有关数学的书籍.

现在由于数理思维的普及,连纯文人也不可免俗地沾染上一些.举个例子:

文人聚会时,可能会做一做牛津大学出版社网站上关于哲学家生平的测试题.比如关于加缪的测试,问:加缪少年时期得了什么病导致他没能成为职业足球运动员?四个选项分别为肺结核、癌症、哮喘和耳聋.这明显可以排除癌症,答案是肺结核.关于叔本华的测试中,有一道题问:叔本华提出如何减轻人生的苦难?是表现同情、审美沉思、了解苦难并弃绝欲望,还是以上三者都对?正确答案是最后一个选项.

这不就是数学考试中的选择题模式吗?

本套丛书在当今的图书市场绝对是另类.数学书作为门槛颇高的小众图书本来就少有人青睐,那么有关数学书的前言、后记、编辑手记的汇集还会有人感兴趣吗?但市场是吊诡的,谁也猜不透只能试.说不定否定之否定会是肯定.有一个例子:实体书店受到网络书店的冲击和持续的挤压,但特色书店不失为一种应对之策.

去年岁末,在日本东京六本木青山书店原址,出现了一家名为文喫(*Bunkitsu*)的新形态书店.该店破天荒地采用了入场收费制,顾客支付1 500日元(约合人民币100元)门票,即可依自己的心情和喜好,选择适合自己的阅读空间.

免费都少有人光顾,它偏偏还要收费,这是种反向思维.

日本著名设计杂志《轴》(*Axis*)主编上条昌宏认为,眼下许多地方没有书店,人们只能去便利店买书,这也会对孩子们培养读书习惯造成不利的影响.讲究个性、有情怀的书店,在世间还是具有存在的意义,希望能涌现更多像文喫这样的书店.

因一周只卖一本书而大获成功的森冈书店店主森冈督行称文喫是世界上绝无仅有的书店,在东京市中心的六本木这片土地上,该店的理念有可能会传播到世界各地. 他说,"让在书店买书成为一种非日常的消费行为,几十年后,如果人们觉得去书店就像去电影院一样,这家书店可以说就是个开端."

本书的内容大多都是有关编辑与作者互动的过程以及编辑对书稿的认识与处理.

关于编辑如何处理自来稿,又如何在自来稿中发现优质选题? 这不禁让人想起了美国童书优秀的出版人厄苏拉·诺德斯特姆,在她与作家们的书信集《亲爱的天才》中,我们看到了她和多名优秀儿童文学作家和图画书作家是如何进行沟通的. 这位将美国儿童文学推入"黄金时代"的出版人并不看重一个作家的名气和资历,在接管哈珀·柯林斯的童书部门后,她甚至立下了一个规矩:任何画家或作家愿意展示其作品,无论是否有预约,一律不得拒绝. 厄苏拉对童书有着清晰的判断和理解,她相信作者,不让作者按要求写命题作文,而是"请你告诉我你想要讲什么故事",这份倾听多么难得. 厄苏拉让作家们保持了"自我",正是这份编辑的价值观让她所发现的作家和作品具有了独特性. 编辑从自来稿中发现选题是编辑与作家双向选择高度契合的合作,要互相欣赏和互相信任,要有想象力,而不仅仅从现有的图书品种中来判断稿件. 在数学专业类图书出版领域中,编辑要具有一定的现代数学基础和出版行业的专业能力,学会倾听,才能像厄苏拉一样发现她的桑达克.

在巨大的市场中,作为目前图书市场中活跃度最低、增幅最小的数学类图书板块亟待品种多元化,图书需要更多的独特性,而这需要编辑作为一个发现者,不做市场的跟风者,更多去架起桥梁,将优质的作品从纷繁的稿件中遴选出来,送至读者手中.

我们数学工作室现已出版数学类专门图书近两千种,目前还在以每年 200 多种的速度出版. 但科技的日新月异以及学科内部各个领域的高精尖趋势,都使得前沿的学术信息更加分散、无序,而且处于不断变化中,时不时还会受到肤浅或虚假、不实学术成果的干扰. 可以毫不夸张地说,在互联网时代学术动态也已经日益海量化. 然而,选题策划却要求编辑能够把握学科发展走势、热点领域、交叉和新兴领域以及存在的亟须解决的难点问题.面对互联网时代的巨量信息,编辑必须通过查询、搜索、积累原始选题,并在积累的过程中形成独特的视角.在海量化的知识信息中进行查询、搜索、积累选题,依靠人力作用非常有限.通过互联网或人工智能技术,积累得越多,挖掘得越深,就越有利于提取出正确的信息,找到合理的选题角度.

复旦大学出版社社长贺圣遂认为中国市场上缺乏精品,出版物质量普遍不尽如人意的背后主要是编辑因素:一方面是"编辑人员学养方面的欠缺",一方面是"在经济大潮的刺激作用下,某些编辑的敬业精神不够".在此情形下,一位优秀编辑的意义就显得特别突出和重要了.在贺圣遂看来,优秀编辑的内涵至少包括三个部分.第一,要有编辑信仰,这是做好编辑工作的前提,"从传播文化、普及知识的信仰出发,矢志不渝地执着于出版业,是一切成功的编辑出版家所必备的首要素养",有了编辑信仰,才能坚定出版信念,明确出版方向,充满工作热情和动力,才能催生出精品图书.第二,要有杰出的编辑能力和极佳的编辑素养,即贺圣遂总结归纳的"慧根、慧眼、慧才",具体而言是"对文化有敬仰,有悟性,对书有超然的洞见和感觉""对文化产品要有鉴别能力,要懂得判断什么是好的,优秀的,独特的,杰出的,不要附庸风雅,也不要被市场愚弄""对文字加工、知识准确性,对版式处理、美术设计、载体材料的选择,都要有足够熟练的技能".第三,要有良好的服务精神,"编辑依赖作者、仰仗作者,因为作者的配合,编辑才能体现个人成就,因此,编辑要将作者作为'上帝'来敬奉,关键时刻要不惜牺牲自我利益".编辑和作者之间不仅仅是工作上的搭档,还应该努力扩大和延伸编辑服务范围,成为作者的生活上的朋友和创作上的知音.

笔者已经老了,接力棒即将交到年轻人的手中.人虽然换了,但唐吉诃德 + 西西弗斯的精神不能换,以数学为核心以数理为硬核的出版方向不能换.一个日益壮大的数学图书出版中心在中国北方顽强生存大有希望.

出版社业是构建、创造和传播国家形象的重要方式之一.国际社会常常通过认识一个国家的出版物,特别是通过认识关于这个国家内容的重点出版物,建立起对一个国家的印象和认识.莎士比亚作品的出版对英国国家形象,歌德作品的出版对德国国家形象,卢梭、伏尔泰作品的出版对法国国家形象,安徒生作品的出版对丹麦国家形象,《丁丁历险记》的出版对比利时国家形象,《摩柯波罗多》的出版对印度国家形象,都具有很重要的帮助.

中国优秀的数学出版物如何走出去,我们虽然一直在努力,也有过小小的成功,但终究由于自身实力的原因没能大有作为.所以我们目前是以大量引进国外优秀数学著作为主,这也就是读者在本书中所见的大量有关国外优秀数学著作的评介的缘由.正所谓:他山之石,可以攻玉!

在写作本文时,笔者详读了湖南教育出版社曾经出版过的一本朱正编的《鲁迅书话》,其中发现了一篇很有意思的文章,附在后面.

青　年 必读书	从来没有留心过, 所以现在说不出.
附　注	但我要趁这机会,略说自己的经验,以供若干读者的参考—— 我看中国书时,总觉得就沉静下去,与实人生离开;读外国书——但除了印度——时,往往就与人生接触,想做点事. 中国书虽有劝人入世的话,也多是僵尸的乐观;外国书即使是颓唐和厌世的,但却是活人的颓唐和厌世. 我以为要少——或者竟不——看中国书,多看外国书. 少看中国书,其结果不过不能作文而已.但现在的青年最要紧的是“行”,不是“言”.只要是活人,不能作文算什么大不了的事. (二月十日)

少看中国书这话从古至今只有鲁迅敢说,而且说了没事,

笔者万万不敢.但在限制条件下,比如说在有关近现代数学经典这个狭小的范围内,窃以为这个断言还是成立的,您说呢?

刘培杰
2019 年 10 月 15 日
于哈工大

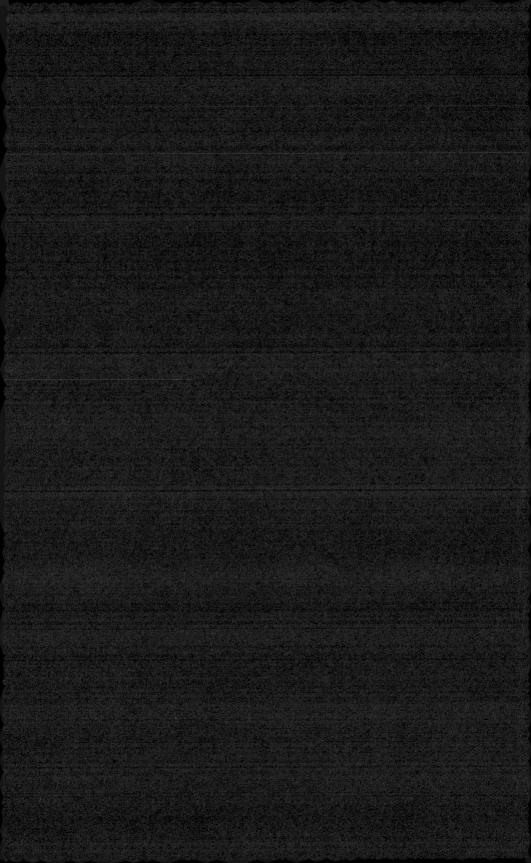